高等院校计算机技术"十二五"规划教材

Office 软件高级应用实践教程

主　编　潘巧明
副主编　胡伟俭　沈伟华
编著者　周体强　曹　红　王选勇

U0363944

ZHEJIANG UNIVERSITY PRESS
浙江大学出版社

内容简介

本书以微软公司的 Office 2010 为基础,内容涉及 Word 高级应用、Excel 高级应用、PowerPoint 高级应用、Access 高级应用、Visio 高级应用以及宏和 VBA 基础。同时依据编著者多年实际教学经验,结合最新的教学改革成果,以 CDIO 工程教育理念为指导,进行教材的整体设计。突出以工作需求为导向,将实际工作中所用到的最主要的技术提炼出来,通过情景教学及项目驱动的方式,用实际例子来讲解知识,避免了纯理论的说教,具有重点突出、简明扼要、可操作性强等特点。全书共 19 个项目,均来自生活和工作实际案例加工提炼,每个项目均从项目描述、知识要点、制作步骤、项目小结等 4 个方面进行描述,每一章最后安排了若干个实践练习题。其内容丰富,语言精练,通俗易懂,是 Office 基本功能的补充。通过学习本教材,读者不仅可以体会办公软件的强大功能,掌握办公软件的使用技巧,而且可以学会综合运用办公软件来处理复杂的实际问题。

本书在内容设计与编排上充分考虑了计算机技术的最新发展和现有社会工作的实际需求,同时与我国教育部对大学生计算机技能要求相符。因而,它既可作为高等院校学生公共课程的教材,也可作为各级、各类学校教师培训或继续教育课程的教材。同时,也可供普通高等院校计算机专业相关的人员阅读。

图书在版编目（CIP）数据

Office 软件高级应用实践教程 / 潘巧明主编. —杭州：
浙江大学出版社，2012.7(2016.5 重印)
ISBN 978-7-308-10295-7

Ⅰ.①O… Ⅱ.①潘… Ⅲ.①办公自动化—应用软件
—教材 Ⅳ.①TP317.1

中国版本图书馆 CIP 数据核字（2012）第 170490 号

Office 软件高级应用实践教程

潘巧明 主编

责任编辑	吴昌雷	
封面设计	刘依群	
出版发行	浙江大学出版社	
	（杭州市天目山路 148 号 邮政编码 310007）	
	（网址：http://www.zjupress.com）	
排　版	杭州中大图文设计有限公司	
印　刷	浙江海虹彩色印务有限公司	
开　本	787mm×1092mm　1/16	
印　张	20.5	
字　数	486 千	
版 印 次	2012 年 8 月第 1 版　2016 年 5 月第 7 次印刷	
书　号	ISBN 978-7-308-10295-7	
定　价	39.00 元	

版权所有　翻印必究　　印装差错　负责调换

浙江大学出版社发行中心联系方式:0571—88925591;http://zjdxcbs.tmall.com

高等院校计算机技术"十二五"
规划教材编委会

顾　问

李国杰　中国工程院院士,中国科学院计算技术研究所所长,浙江大学计算机学院院长

主　任

潘云鹤　中国工程院常务副院长,院士,计算机专家

副主任

陈　纯　浙江大学计算机学院常务副院长、软件学院院长,教授,浙江省首批特级专家

卢湘鸿　北京语言大学教授,教育部高等学校文科计算机基础教学指导委员会副主任

冯博琴　西安交通大学计算机教学实验中心主任,教授,2006—2010 年教育部高等
　　　　学校计算机基础课程教学指导委员会副主任委员,全国高校第一届国家级
　　　　教学名师

何钦铭　浙江大学软件学院副院长,教授,2006—2010 年教育部高等学校理工类计
　　　　算机基础课程教学指导分委员会委员

委　员(按姓氏笔画排列)

马斌荣　首都医科大学教授,2006—2010 年教育部高等学校医药类计算机基础课程
　　　　教学指导分委员会副主任,北京市有突出贡献专家

石教英　浙江大学 CAD&CG 国家重点实验室学术委员会委员,浙江大学计算机学
　　　　院教授,中国图像图形学会副理事长

刘甘娜　大连海事大学计算机学院教授,原教育部非计算机专业计算机课程教学指
　　　　导分委员会委员

庄越挺　浙江大学计算机学院副院长,教授,2006—2010 年教育部高等学校计算机
　　　　科学与技术专业教学指导分委员会委员

许端清　浙江大学计算机学院教授

宋方敏　南京大学计算机系副主任,教授,2006—2010 年教育部高等学校理工类计算机基础课程教学指导分委员会委员

张长海　吉林大学计算机学院副院长,教授,2006—2010 年教育部高等学校理工类计算机基础课程教学指导分委员会委员

张　森　浙江大学教授,教育部高等学校文科计算机基础教学指导委员会副主任,全国高等院校计算机基础教育研究会副理事长

邹逢兴　国防科技大学教授,全国高校第一届国家级教学名师

陈志刚　中南大学信息学院副院长,教授,2006—2010 年教育部高等学校计算机科学与技术专业教学指导分委员会委员

陈根才　浙江大学计算机学院副院长,教授,2006—2010 年教育部高等学校农林类计算机基础课程教学指导分委员会委员

陈　越　浙江大学软件学院副院长,教授,2006—2010 年教育部高等学校计算机科学与技术教学指导委员会软件工程专业教学指导分委员会委员

岳丽华　中国科学技术大学教授,中国计算机学会数据库专委会委员,2006—2010 年教育部高等学校计算机科学与技术专业教学指导分委员会委员

耿卫东　浙江大学计算机学院教授,CAD&CG 国家重点实验室副主任

鲁东明　浙江大学计算机学院教授,浙江大学网络与信息中心主任

序　言

　　在人类进入信息社会的 21 世纪，信息作为重要的开发性资源，与材料、能源共同构成了社会物质生活的三大资源。信息产业的发展水平已成为衡量一个国家现代化水平与综合国力的重要标志。随着各行各业信息化进程的不断加速，计算机应用技术作为信息产业基石的地位和作用得到普遍重视。一方面，高等教育中，以计算机技术为核心的信息技术已成为很多专业课教学内容的有机组成部分，计算机应用能力成为衡量大学生业务素质与能力的标志之一；另一方面，初等教育中信息技术课程的普及，使高校新生的计算机基本知识起点有所提高。因此，高校中的计算机基础教学课程如何有别于计算机专业课程，体现分层、分类的特点，突出不同专业对计算机应用需求的多样性，已成为高校计算机基础教学改革的重要内容。

　　浙江大学出版社及时把握时机，根据 2005 年教育部"非计算机专业计算机基础课程指导分委员会"发布的"关于进一步加强高等学校计算机基础教学的几点意见"以及"高等学校非计算机专业计算机基础课程教学基本要求"，针对"大学计算机基础"、"计算机程序设计基础"、"计算机硬件技术基础"、"数据库技术及应用"、"多媒体技术及应用"、"网络技术与应用"六门核心课程，组织编写了大学计算机基础教学的系列教材。

　　该系列教材编委会由国内计算机领域的院士与知名专家、教授组成，并且邀请了部分全国知名的计算机教育领域专家担任主审。浙江大学计算机学院各专业课程负责人、知名教授与博导牵头，组织有丰富教学经验和教材编写经验的教师参与了对教材大纲以及教材的编写工作。

　　该系列教材注重基本概念的介绍，在教材的整体框架设计上强调针对不同专业群体，体现不同专业类别的需求，突出计算机基础教学的应用性。同时，充分考虑了不同层次学校在人才培养目标上的差异，针对各门课程设计了面向不同对象的教材。除主教材外，还配有必要的配套实验教材、问题解答。教材内容丰富，体例新颖，通俗易懂，反映了作者们对大学计算机基础教学的最新探索与研究成果。

　　希望该系列教材的出版能有力地推动高校计算机基础教学课程内容的改革与发展，推动大学计算机基础教学的探索和创新，为计算机基础教学带来新的活力。

中国工程院院士
中国科学院计算技术研究所所长
浙江大学计算机学院院长

前　言

　　大学计算机基础是大学生的必修课,这门课程在培养学生的技术应用能力方面起着重要的作用。本书是一本高起点的"计算机基础"课程的新教材。教材紧密围绕全国高等学校计算机基础教育教学大纲,力求以适应社会需求为目标,以培养技术应用能力为主线,理论上以必需、够用为度,以讲清概念、强化应用为重点,并加强针对性和实用性,注重使读者在掌握计算机基础知识和基本应用的基础上具备一定的可持续发展能力。

　　全书以 Office 2010 软件为基础,共分6章。第1章介绍 Word 的高级应用,主要包括文档的版面设计、样式设置、域和修订等知识。第2章介绍 Excel 的高级应用,主要包括工作表美化、公式和常用函数、数据处理、图表创建和美化等知识。第3章介绍 Power-Point 的高级应用,主要包括背景、主题、母片、模板的使用、多媒体素材效果、幻灯片放映和演示文稿的输出等知识。第4章介绍 Access 的高级应用,主要包括数据表、查询、窗体、报表和数据的导入导出等知识。第5章介绍 Visio 的高级应用,主要包括模板使用、图表创建、格式设置、数据处理、协同办公等知识。第6章介绍宏和 VBA 基础,主要包括宏录制、宏运行、VBA 基础知识、VBA 编程、用户窗体、控件等知识。

　　本书的编写得益于编写组成员的鼎力合作。在潘巧明的主持下,所有编写老师都参与了统稿和审稿工作。本教材在编写过程中还得到了丽水学院教务处和丽水学院工学院等单位的全力支持,同时还得到了丽水学院计算机学系所有教师的大力帮助,在此表示衷心的感谢!

　　本书所配套的电子教案和教学相关资源可以联系作者或编辑索取:潘巧明,lsxypqm@163.com;吴昌雷,chang_wu@zju.edu.cn

　　由于时间匆促,加上编者水平所限,书中难免会出现不足之处,恳请读者批评指正。

编　者

2012 年 9 月

目　　录

第1章

Word 高级应用

【学习目的及要求】掌握 Word 2010 的高级应用技术,能够熟练掌握文档的版面设计、样式设置、域和修订等,具体地说,掌握以下内容。

1.版面设计

(1)掌握设置页面效果相关技巧,能熟练进行封面设计、页面背景设计、页面边框设计等操作。

(2)掌握分节、分页、分栏的概念,能够熟练使用分节符和分页符及页面分栏。

(3)掌握页面设置相关技巧,能熟练进行页面纸张设置、页边距设置、版式设置等操作。

(4)掌握页眉和页脚设置技巧,能熟练插入页码,进行不同页面的页眉和页脚设置等操作。

2.样式设置

(1)掌握样式的创建和使用,可规范全文的格式,便于文档内容的修改和更新。

(2)掌握注释的相关操作,能熟练使用脚注、尾注和题注注释文档。

(3)掌握多种引用的创建,能熟练地为脚注、题注、编号项等创建交叉引用,熟练目录创建、索引创建等操作。

(4)掌握文档和模板间的相互关系,能熟练创建模板和使用模板,在模板中管理样式。

3.域和修订

(1)掌握域的概念,能熟练插入域、编辑域、更新域等操作。

(2)掌握文档修订的方式,能熟练文档修订、批注的相关操作。

1.1 Word 高级应用主要技术

1.1.1 版面设计

要使一篇文档美观、规范,仅仅进行简单的文字段落格式化操作并不能满足实际需要,必须对文档进行整体的版面设计,通过编排达到文档的整体效果。因此,要完成一篇文档的高质量排版,首先应当根据文档的性质和用途进行版面设计。

1. 设置页面效果

在 Word 中编辑好文档后,为了使文档更加美观,常常要对其页面进行适当的设置,设置页面主要包括在合适的位置插入封面、插入页面背景、定义稿纸和设置页眉\页脚等。

(1)插入封面

在编辑文档的过程中,封面默认是插入文档的首页。操作步骤如下。

①打开要插入封面的文档,选择"插入"选项卡,单击"页"组中的"封面"按钮,弹出"内置"封面列表,如图 1-1 所示。

②选择需要的封面样式选项,即可在文档首页插入封面,然后根据实际需要进行修改。

(2)添加页面背景

为了使制作的 Word 文档不单调,可以给文档页面添加漂亮且合适的背景,在插入页面背景时还可设置页面的水印效果、页面颜色和页面边框等。

一旦在文档中插入设置的水印效果,将应用于整篇文档。插入水印效果主要有插入软件提供的水印样式和自定义水印样式两种情况。自定义水印效果操作步骤如下。

①打开需要插入水印效果的文档,选择"页面布局"选项卡,单击"页面背景"组中的"水印"按钮。

②在弹出的下拉列表中选择"自定义水印"命令,打开"水印"对话框。

③若要使用电脑中的图片做水印,可选中"图片水印"单选按钮,然后单击"选择图片"按钮,通过打开的"插入图片"对话框选择需要的图片,在"缩放"下拉列表框中选择缩放比例选项即可。

④若要使用文字水印,可选中"文字水印"单选按钮,然后设置水印文字的语言、文字、字号、颜色和版式等,如图 1-2 所示。

⑤设置完毕后,单击"确定"按钮,即可将所设置的水印样式应用于整篇文档。

在 Word 文档中使用漂亮的页面颜色,可以使文档从视觉上感到清新。设置页面颜色操作步骤如下。

①打开需要设置页面颜色的文档,选择"页面布局"选项卡,单击"页面背景"组中的"页面颜色"按钮。

②在弹出的下拉菜单的"主题颜色"栏和

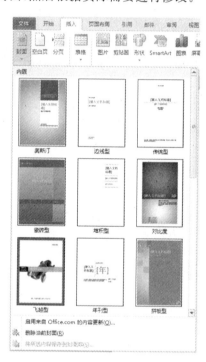

图 1-1 "内置"封面列表

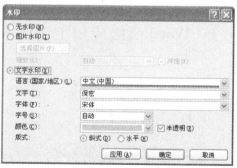

图 1-2 "水印"对话框

"标准颜色"栏中可选择需要的颜色,如图1-3所示,也可选择"其他颜色"命令,通过打开"颜色"对话框,自定义需要的颜色。

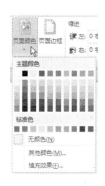

③选择"填充效果"命令,打开"填充效果"对话框。在"渐变"选项卡中可设置填充效果的颜色、透明度、底纹样式和变形等,如图 1-4 所示。在"纹理"选项卡中可选择一种纹理样式,也可单击"其他纹理"按钮,选择需要的图片做纹理。在"图案"选项卡中可选择一种图案样式,还可在"前景"和"背景"下拉列表框中选择需要的颜色为页面设置前景色和背景色;在"图片"选项卡中可单击"选择图片"按钮,通过打开的对话框选择需要的图片作为页面背景。

图1-3　主题颜色

在 Word 文档中设置页面边框的操作步骤如下。

①打开需要设置页面边框的文档,选择"页面布局"选项卡,单击"页面背景"组中的"页面边框"按钮,弹出"边框和底纹"对话框。

②在"页面边框"选项卡的"设置"栏中可选择需要的边框样式,在"样式"列表框中可选择边框线的样式,在"宽度"数值框中可输入线的宽度大小,在"艺术型"下拉列表框中可选择边框图案形式,在"应用于"下拉列表框中可选择应用边框的范围,如图 1-5 所示。

③单击"确定"按钮,可将设置的边框样式应用于需要的文档中。

图1-4　设置渐变效果

图1-5　"边框和底纹"对话框

2. 分节和分页

(1) 节和分节符

在文档中加入分节符后,就将文档分为了节,这时用户可以根据需要对每一节的格式进行设置,这些格式类型包括:页边距、页面边框、纸型或方向、打印机纸张来源、垂直对齐方式、页眉和页脚、页码编排等。插入分节符的操作步骤如下。

①打开文档,单击要插入分节符的位置,然后单击"页面布局"选项卡的"页面设置"组中的"分隔符"按钮,弹出"分隔符"列表,如图 1-6 所示。

②在"分节符"类型选项组中选择要插入的分节符类型。

如果需要删除分节符,可在草稿视图中单击要删除的分节符,再按"Delete"键即可。

(2)页和分页符

在编辑文档时,如果文字或图形填满了一页,Word 会自动插入一个分页符,并开始新的一页。而在实际操作中,有时需要在特定位置手动插入分页符,或者需要对 Word 自动插入的分页符进行一定的设置以保持所需的外观效果。

手动插入分页符的操作步骤如下。

①单击新页的起始位置。

②然后单击"页面布局"选项卡的"页面设置"组中的"分隔符"按钮,出现"分隔符"列表(见图1-6)。

③在"分隔符"列表中的"分页符"下选择"分页符"选项,则在光标所在位置插入分页符。

设置分页符的操作步骤如下。

①选定需要设置分页符位置的段落。

②单击"开始"选项卡下"段落"组中的对话框启动器,打开"段落"对话框,切换到"换行和分页"选项卡,如图1-7所示。在该对话框中进行设置。如果选定了多个段落,并选中"与下段同页"复选框,则多个段落都将始终保持在同一页面上。

③完成所需设置后,单击"确定"按钮关闭"段落"对话框,则分页符的设置将对选定段落生效。

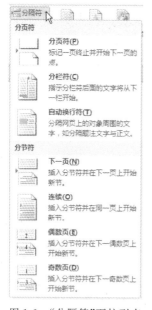

图1-6 "分隔符"下拉列表

图1-7 "换行和分页"选项卡

3.分栏

分栏经常用于报纸、杂志、论文的排版中,它将一篇文档分成多个纵栏,而其内容会从一栏的顶部排列到底部,然后再延伸到下一栏的开端。在一篇没有设置"节"的文档中,整个文档都属于同一节,此时改变栏数,将改变整个文档版面中的栏数。如果只想改变文档某部分的栏数,就必须将该部分独立成一个节。

（1）创建分栏

如果希望对文档或其中的部分内容进行分栏,操作步骤如下。

①按以下方法选定需要进行分栏的文档内容。如果是对整篇文档进行分栏,则选择整篇文档;如果是对部分文档进行分栏,则选中这部分文本;如果是对分过节的文档中的某节或某些节进行分栏,则单击要分栏的节或选定多个节。

②单击"页面布局"选项卡下"页面设置"组中的"分栏"按钮,出现如图 1-8 所示的下拉列表。

③根据需要单击合适的分栏类型,则所选部分即按选定栏数进行分栏了。

（2）对分栏进行设置

进行分栏之后,用户还可以通过"分栏"对话框来设置每栏的栏宽、栏之间的间距,以及是否插入分隔线等。设置分栏操作步骤如下。

①选定要进行分栏设置的文本。

②单击"页面布局"选项卡的"页面设置"组中的"分栏"按钮,在出现的下拉列表中单击"更多分栏"选项。打开如图 1-9 所示的"分栏"对话框,在该对话框中可以进行设置。

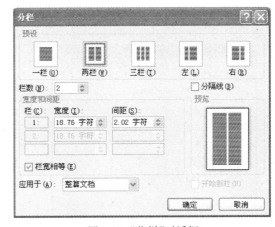

图 1-8　"分栏"下拉列表　　　　图 1-9　"分栏"对话框

（3）分栏中的文本操作

正常情况下,只有文本填满了一栏之后才会转到下一栏中。但是,有时需要将文本提前转入下一栏以使得外观效果更好,这时需要插入"分栏符"来开始新的分栏。另外,当要创建跨多个分栏的标题时,则需要将该标题与分栏内容隔离开。将文本转入新的分栏的操作步骤如下。

①在页面视图下单击需要开始新栏的位置。

②单击"页面布局"选项卡的"页面设置"组中的"分隔符"按钮,在出现的列表中单击"分栏符"选项,则插入点后的文本将被移到下一栏的顶部。

4.页面设置

一篇文档的页面设置包括:页面纸张设置、页边距设置、版式设置和文档网格。页面设置是版面设计的重要组成部分。要想打印出来的效果令人满意,需要根据实际情况来设置页边距和页面方向,以及纸张大小等。

(1)设置页边距和纸张方向

设置页边距的操作步骤如下。

①选择"页面布局"选项卡,单击"页面设置"组中的对话框启动器,在弹出的"页面设置"对话框中打开"页边距"选项卡,如图1-10所示,设置相应的选项。

②完成所需的设置后,单击"确定"按钮,关闭"页面设置"对话框,页边距和纸张方向设置将在所选应用范围中生效。

(2)选择纸张大小

在Word中,用户可以自由设置纸张的大小,单击"页面布局"选项卡下"页面设置"组中的"纸张大小"按钮,在出现的选择列表中选择纸张大小,如图1-11所示。

如果没有合适的纸型,则选择"其他页面大小"选项,在弹出的"页面设置"对话框(见图1-10)中的"纸张"选项卡下设置纸张大小,完成所需设置后,单击"确定"按钮,纸张大小设置将在所选范围中生效。

图1-10 "页边距"选项卡

图1-11 "纸张大小"下拉列表

5. 插入页码

当一篇文档页数较多时,为了便于查看和排序,应插入页码。插入页码的操作方法如下。

①单击"插入"选项卡的"页眉和页脚"组中的"页码"按钮,在出现的菜单中选择页码的插入位置,在插入位置的级联菜单中选择页码样式,如图1-12所示。再单击"关闭页眉和页脚"按钮即可。

②设置页码可以单击"插入"选项卡下"页眉和页脚"组中的"页码"按钮，在出现的菜单中单击"设置页码格式"命令，打开"页码格式"对话框，如图 1-13 所示，进行相应设置。

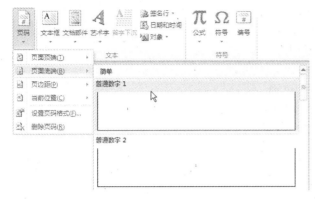

图 1-12　插入页码　　　　　　　　　　　　　　图 1-13　页码格式

如果要删除页码，单击"插入"选项卡下"页眉和页脚"组中的"页码"按钮，在出现的菜单中单击"删除页码"命令即可。

6. 设置页眉和页脚

页眉和页脚分别是指文档中每个页面页边距的顶部和底部区域。一般来说，用户可以在页眉、页脚位置插入页码、日期、标题等文本或图形。

（1）创建页眉和页脚

创建页眉的操作步骤如下。

①单击"插入"选项卡的"页眉和页脚"组中的"页眉"按钮，在出现的页眉列表中选择页眉样式，如图 1-14 所示。

②在插入的页眉中键入文本或插入图形。

③选择"页眉和页脚工具"下"设计"选项卡，单击"位置"组中的"插入对齐方式选项卡"按钮，在弹出的"对齐制表位"对话框中设置文本的对齐方式，如图 1-15 所示。

④单击"关闭页眉和页脚"按钮即可。

创建页脚的操作步骤和创建页眉的步骤相同。

（2）在首页上创建不同的页眉或页脚

在实际操作中，首页上经常要求不显示页眉或页脚，或要求创建不同的首页页眉或页脚。在首页上创建不同的页眉或页脚的操作

图 1-14　"页眉"列表

图 1-15　"对齐制表位"对话框

步骤如下。

①单击"插入"选项卡的"页眉和页脚"组中的"页眉"按钮,在出现的页眉列表中选择页眉样式(见图1-14)。

②选择"页眉和页脚工具"下"设计"选项卡,单击"选项"组中的"首页不同"复选框。还可以单击"页面布局"选项卡的"页面设置"组中的对话框启动器,打开"页面设置"对话框,切换到"版式"选项卡,在"页眉和页脚"选项组中选中"首页不同"复选框,如图1-16所示,然后单击"确定"按钮。

③在"首页页眉"中插入文本或图片,单击"导航"组中的"转至页脚"按钮,则切换到"首页页脚"区域,设置首页页脚。

④创建文档首页的页眉或页脚。如果不想在首页使用页眉或页脚,可将页眉或页脚区保留为空白。

⑤设置结束后,单击"关闭页眉和页脚"按钮即可。

图 1-16 "版式"选项卡

设置好页眉后,若不希望在页眉区域出现下框线,可以将页眉设置为"无框线",操作步骤如下。

①单击"插入"选项卡的"页眉和页脚"组中的"页眉"按钮,在出现的页眉列表中选择"编辑页眉",在页眉编辑区选中页眉中的所有内容,包括结束标记。

②选择"开始"选项卡,单击"段落"组中的"边框"按钮。在出现的下拉列表中选择"无框线",即可删除页眉区域中的下框线,如图1-17所示。

(3)为奇偶页创建不同的页眉或页脚

为奇偶页创建不同的页眉或页脚的操作步骤如下。

①单击"插入"选项卡的"页眉和页脚"组中的"页眉"按钮,在出现的页眉列表中选择页眉样式(见图1-14)。

②选择"页眉和页脚工具"下"设计"选项卡,选中"选项"组中的"奇偶页不同"复选框。

图 1-17 选择"无框线"

③分别单击"导航"组中的"转至页脚"按钮、"上一节"按钮或"下一节"按钮,切换到奇数页或偶数页的页脚、上一节或下一节的页眉页脚区域。

④在"奇数页页眉"和"奇数页页脚"区域为奇数页创建页眉和页脚;在"偶数页页眉"和"偶数页页脚"区域为偶数页创建页眉和页脚。

⑤完成设置后,单击"关闭"组中的"关闭页眉和页脚"按钮即可。

1.1.2　样式设置

一篇文档包括文字、图、表、脚注、题注、尾注、目录、书签、页眉、页脚等多种元素,其中可见的页面元素都应该以适当的样式加以驾驭和管理,无须逐一调整。样式不仅可规范全文格式,更与文档大纲逐级对应,可由此创建题注、页码的自动编号、文档的目录、文档结构图、多级编号等。

1.样式

(1)应用内置样式

在文本中应用某种内置样式的操作步骤如下。

①单击需要应用样式的段落或选中要应用样式的文本。

②单击"开始"选项卡下"样式"组中的"其他"按钮,出现如图 1-18 所示的样式库列表。

③在"请选择要应用的格式"列表中列出了可选的样式,单击需要应用的样式即可。如果熟悉了某种样式的格式设置内容,以后就可以直接单击"开始"选项卡下"样式"组中的对话框启动器,打开"样式"任务窗格,如图 1-19 所示。

图 1-18　样式库列表

图 1-19　"样式"任务窗格

(2)修改样式

如果所有的内置样式都无法完全满足某格式设置的要求,则可以在某内置样式的基础上进行修改。例如,将"标题 1"格式设置中的字体由宋体改为黑体,将段前和段后间距均改为 20 磅,其操作步骤如下。

①选中标题,单击"开始"选项卡的"样式"组中的对话框启动器,打开"样式"任务窗格(见图 1-19)。

②在要修改的样式名,如"标题 1"上右击,在弹出的快捷菜单中选择"修改"命令,打开如图 1-20 所示的"修改样式"对话框。单击该对话框中的"格式"按钮,即出现一个下拉菜单,如图 1-21 所示。选择其中的"字体"命令,出现"字体"选项卡。在"字体"选项卡的"中文字体"下拉列表框中选择"黑体",然后单击"确定"按钮。

图 1-20 "修改样式"对话框

图 1-21 "格式"下拉列表

③返回到"修改样式"对话框,单击"格式"按钮,在其下拉列表中选择"段落"命令,则打开"段落"对话框。

④在"缩进和间距"选项卡的"间距"选项组的"段前"和"段后"文本框中,输入"20磅",然后单击"确定"按钮。

⑤返回到"修改样式"对话框,单击"确定"按钮,"标题 1"的样式即被成功修改。

如果希望将此修改后的样式应用于其他的文档,则可以在"修改样式"对话框中选中"添加到快速样式列表"复选框,这样修改后的样式就被添加到该文档应用的模板中,以后凡是加载了该模板的文档就都可以应用该样式。

(3)创建样式

当文档现有的内置样式与所需格式设置相差甚远时,创建一个新样式将是最有效的办法。以创建一个段落样式为例来介绍创建样式,操作步骤如下。

①选中标题,单击"开始"选项卡的"样式"组中的对话框启动器,打开"样式"任务窗格。

②单击"新建样式"图标按钮,打开如图 1-22 所示的"根据格式设置创建新样式"对话框。

③单击"格式"按钮,打开下拉列表(见图 1-21),用户可以根据需要选择其中的格式

选项来进行设置。完成各项设置后,单击"确定"按钮。

④返回"根据格式设置创建新样式"对话框,单击"确定"按钮即成功新建了一个段落样式。

如果要按照已经进行了段落格式或字符格式设置的文本来新建样式,则可以选中该文本,然后在"样式"任务窗格中单击"新建样式"按钮,在打开的"根据格式设置创建新样式"对话框的"名称"文本框中键入样式名,单击"确定"按钮即可。

(4)删除样式

删除样式时,单击"开始"选项卡的"样式"组中的对话框启动器,打开"样式"任务窗格,将鼠标置于"样式"任务窗格中将要删除的样式上,如"样式 1"上,在"样式 1"右侧出现一个下三角按钮,单击该按钮,在打开的列表中单击"删除样式 1"选项,如图 1-23 所示,将打开确认删除提示框。单击"是"按钮,即可删除该样式。

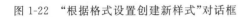

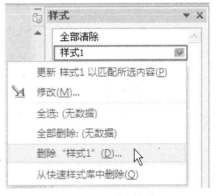

図 1-23　删除样式

图 1-22　"根据格式设置创建新样式"对话框

2. 模板

模板就是将各种类型的文档预先编排成一种"文档框架"。每一个文档都是在模板的基础上建立的。在同一类型的所有文档中,文字、图形、页面设置、样式、自动图文集词条、工具栏和快捷键等元素的设置都相同。另外,Word 带有一些常用的文档模板,如传真、信函、备忘录以及出版物等,用户可以使用这些模板来快速地创建文档。

(1)创建模板

在创建新的模板时,有根据现有文档创建和根据现有模板创建两种方法。

根据现有文档创建模板操作步骤如下。

①打开所需的文档。

②单击"文件"选项卡按钮,选择"另存为"命令,弹出"另存为"对话框。在该对话框的

"保存类型"下拉列表框中选择"Word 模板",并选择模板的保存位置,如图 1-24 所示。

③在"文件名"文本框中键入新建模板的名称。

④单击"保存"按钮,则该文档就被保存为一个模板文件。此后对其的修改将不影响原文档。

图 1-24　将文档另存为"Word 模板"

根据现有模板创建模板操作步骤如下。

①单击"文件"选项卡按钮,选择"新建"命令,打开"新建文档"对话框。

②单击"样本模板"选项,在"可用模板"列表中,选择"基本报表"模板,如图 1-25 所示。

图 1-25　根据现有模板创建模板

③在"新建文档"对话框的"新建"选项组中,单击"模板"单选按钮,然后单击"创建"按钮。

④在新模板中添加必要的文本和图形,进行必要的设置修改。

⑤修改完毕后,将该新建模板按新的模板名另存为 Word 模板。

(2)修改模板

修改模板中的设置操作步骤如下。

①单击"文件"选项卡,选择"打开"命令,弹出"打开"对话框,在"文件类型"下拉列表框中选择"Word 模板",通过"查找范围"下拉列表框和文件列表,查找并选择需要进行修改的模板文件,然后单击"打开"按钮。

②更改模板中的文本和图形、样式、格式、自动图文集词条、工具栏和快捷键等设置。

③在快速访问工具栏中单击"保存"按钮,则所作修改将被保存到当前打开的模板中。

④修改完毕后,单击"关闭"按钮关闭模板文件即可。

3. 脚注和尾注

在写长篇的论文时,经常需要对文中的一些内容进行注释,并对一些引用的文字标注具体出处,此时就需要用到 Word 的脚注和尾注功能。

脚注和尾注主要分为两个部分:一个是插入到文档中的引用标记;另一个就是处于页面底端或文档结尾处的注释文本。另外,还有用分隔符将脚注或尾注与文档正文分隔开,如图 1-26 所示,图中的标注 1 为脚注和尾注引用标记,标注 2 为分隔符线,标注 3 为脚注文本,标注 4 为尾注文本。

(1)插入脚注和尾注

当需要插入脚注和尾注时,其操作步骤如下。

①单击要插入脚注和尾注的位置。

②单击"引用"选项卡的"脚注"组中的对话框启动器,打开如图 1-27 所示的"脚注和尾注"对话框,在对话框中可进行设置。

③单击"插入"按钮,则脚注或尾注引用标记将插入到相应的文档位置,而光标则将自动置于设定的位置,此时键入脚注或尾注注释文本即可。

④以后在设定的应用范围内插入其他脚注和尾注时,Word 将按该范围内的编号设置自动为这些脚注和尾注编号。

(2)编辑脚注和尾注

要移动、复制或删除脚注或尾注时,所处理的事实上是注释标记,而非注释窗口中的文字。

图 1-26　脚注和尾注示意图

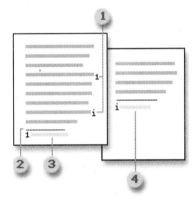

图 1-27　"脚注和尾注"对话框

①移动脚注或尾注:可以在选取脚注或尾注的注释标记后,将它拖至新位置。注释标记如图1-28所示。

②删除脚注或尾注:可以在选取脚注或尾注的注释标记后,按"Delete"键将它删除。此时若使用自动编号的脚注或尾注,Word会重新替换脚注或尾注编号。可使用查找替换功能,查找脚注或尾注标记并替换为空格,以此删除全文中的脚注或尾注。

图 1-28　注释标记

③复制脚注或尾注:可以在选取脚注或尾注的注释标记后,按住"Ctrl"键,再将它拖至新位置。Word会在新的位置复制该脚注或尾注,并在文档中插入正确的注释编号,相对应的脚注或尾注文字也复制到适当位置。

（3）脚注和尾注的转换

在 Word 中,可以实现将脚注转换为尾注,将尾注转换为脚注,以及脚注和尾注的相互转换,单击"引用"选项卡的"脚注"组中的对话框启动器,在弹出的"脚注和尾注"对话框中单击"转换"按钮即可设置,如图1-29所示。右击页面底部创建的脚注编号,选择"转换为尾注",也可按照同样方法将尾注转换为脚注。

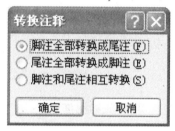

图 1-29　"转换注释"对话框

4. 题注

在 Word 中,可为表格、图片或图形、公式或方程式以及其他选定项目加上自动编码的题注。"题注"由标签及编号组成。用户可以选择 Word 所提供的一些标签的项目编号方式,也可以自己创建标签项目,并在标签及编号之后加入说明文字。

（1）插入题注

若要插入题注,在"引用"选项卡的"题注"组中选择"插入题注"工具。弹出"题注"对话框,如图1-30所示。可以使用"题注"对话框插入题注,新建题注标签、建立题注编号或者自动插入题注。

可在"标签"下拉列表中选取所选项目的标签名称,默认的标签有表格、公式、图表。在"位置"下拉列表框中,可选择题注的位置:所选项目下方、所选项目上方。一般论文中,图片和图形的题注标注在其下方,表格的题注在其上方。若 Word 自带的标签无法满足需要,可单击下方的新建标签按钮,自定义标签,如输入"图 4-"标签。

（2）样式、多级编号与题注编号

为图形、表格、公式或其他项目添加题注时,可以根据需要设置编号的格式。设置方式与页码格式中的编号方式相似。

在"题注"对话框中单击编号按钮,弹出"题注编号"对话框,在"格式"下拉列表中选择一种编号的格式,如果希望编号中包含章节号,则选中"包含章节号"复选框,并设置"章节起始样式",以及章节号与编号之间的"使用分隔符",如图1-31所示。设置完毕,单击"确定"按钮,返回"题注"对话框。

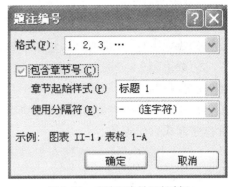

图 1-30 "题注"对话框　　　　　　　　　图 1-31 "题注编号"对话框

（3）自动插入题注

通过设置"自动插入题注"，当每一次在文档中插入某种项目或图形对象时，Word 能自动加入含有标签及编号的题注，在"题注"对话框中，单击对话框中的"自动插入题注"按钮，出现"自动插入题注"对话框，如图 1-32 所示。

在"插入时添加题注"列表中选取对象类别（可用的列表项目依所安装 OLE 应用软件而定），然后通过"新建标签"按钮和"编号"按钮，分别决定所选项目的标签、位置和编号方式。

设置完成后，一旦在文档插入设定类别的对象时，Word 会自动根据所设定的格式，为该图形对象

图 1-32 "自动插入题注"对话框

加上题注。如果要中止自动题注，可在"自动插入题注"对话框中清除不想自动设定题注的项目。

5．书签

在日常阅读书本时，若需要记录阅读到的位置，可以通过插入一个书签来进行标识。在 Word 文档中也可以插入这样的"书签"来标识文档位置，以便在文档中进行快速定位。

（1）添加书签

当需要记录某文档位置，例如，要标识以后需要修订的文档部分时，就可以在该位置添加一个书签。操作步骤如下。

①单击要添加书签的位置或选定要添加书签的项目。

②单击"插入"选项卡的"链接"组中的"书签"按钮，打开如图 1-33 所示的"书签"对话框。

③在"排序依据"选项组中选择是按"名称"还是按插入"位置"来排序。

④在该对话框的"书签名"文本框中键入书签名称。书签名必须以汉字或字母开头，可包含数字但不能有空格，可以用下划线字符来分隔文字。例如，这里键入"修改 1"。

⑤单击"添加"按钮，则在选定位置添加了一个书签。

（2）定位书签

插入书签的目的就是要快速定位到标识的文档位置或项目，定位书签的操作步骤如下。

①单击"插入"选项卡的"链接"组中的"书签"按钮，打开"书签"对话框（见图 1-33）。

②在该对话框"排序依据"选项组中选择一种排序方式以便查找。

③在"书签名"下面的列表中单击要定位的书签。

④单击"定位"按钮，则光标将自动移动到该书签标识的文档位置，如果书签标识的是某项目，则该项目将被突出显示。

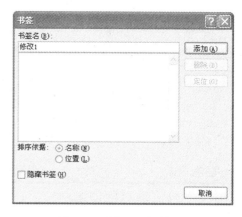

图 1-33 "书签"对话框

（3）删除书签

当需要删除书签时，打开"书签"对话框。在该对话框的"书签名"列表框中选择要删除的书签，然后单击"删除"按钮，则该书签即被删除。如果要删除书签和其所标记的项目，则可以先通过书签定位到该项目，然后按"Delete"键删除该项目即可。

6. 交叉引用

交叉引用可以将文档插图、表格、公式等内容与相关正文的说明内容建立对应关系，既方便阅读，又为编辑操作提供自动更新手段，用户可以为编号项、标题、脚注、尾注、书签、题注标签等多种类型进行交叉引用。

（1）题注的交叉引用

在为图片插入题注后，需要在图片前面的正文中添加交叉引用，就可以使用交叉引用来实现，操作步骤如下。

①在文档中输入交叉引用开始部分的介绍文字"如所示"，并将插入点放在要出现引用标记的位置，即文字"如"之后。

②单击"插入"选项卡的"链接"组中的"交叉引用"按钮，出现如图 1-34 所示的"交叉引用"对话框。

③在"引用类型"列表框中选择新建的"图 4-"标签。注意：下拉列表中并没有名为题注的选项，题注的标签直接显示在下拉列表中。

④在"引用内容"列表框中，选取要插入到文档中的有关项目内容，即为"只有标签和编号"。

⑤在"引用哪个题注"项目列表框中，选定要引用的指定项目，单击插入，完成设置。

（2）脚注的交叉引用

当文档中某一段文字添加了脚注，若在同一页面中的另一段文字需要添加相同的脚注，可以通过插入交叉引用实现，在第二次插入的位置引用第一个脚注。操作步骤如下。

①将插入点置于希望显示引用标记的位置。

②进入"交叉引用"对话框，如图 1-35 所示。

③在"引用类型"框中,选择"脚注",在"引用内容"框中,选择"脚注编号"。

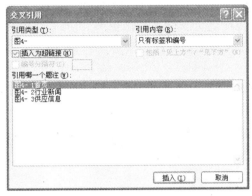

图 1-34　题注的交叉引用

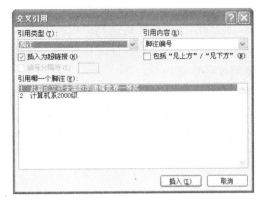

图 1-35　脚注的交叉引用

注意:在"引用内容"下拉列表中,选择"脚注编号",则该编号在论文中显示为正文样式,需自行将其设为上标。另可选择脚注编号(带格式)选项,会自动将引用标志设置为上标形式。但通过这两个选项生成的引用标志都不采用脚注标志的内建样式"脚注引用"样式。如有需要,可以按住"Shift"键,在"格式"工具栏的样式下拉列表中选择"脚注引用"样式。

④在"引用哪个题注"项目列表框中,选定要引用的指定项目,单击插入,完成设置。

(3)编号项的交叉引用

前文脚注和尾注章节提到,可以通过尾注的形式为论文中的参考文献与正文位置实现一一对应。事实上,参考文献也可以通过交叉引用到编号项来实现。操作步骤如下。

①将论文中的参考文献设定为项目符号和编号。选中全部参考文献,右击,设定项目符号和编号。若论文规范要求编号项需要两侧使用中括号,则可在编号选项卡中设置自定义编号,在编号项两边输入中括号。

②进入"交叉引用"对话框。

③在"引用类型"框中,选择"编号项",选择引用内容为"段落编号",如图 1-36所示。

④ 在"引用哪个题注"项目列表框中,选定要引用的指定项目,单击插入,完成设置。

(4)更新注释编号和交叉引用

如果对脚注和尾注进行了位置变更或删除等操作,Word 会即时将变动的注释标记更新。而题注和交叉引用发生变更后却不会主动更新,需要用户要求"更新域",Word 才会将其自动调整。对于域内容的更新可以采用统一的方法处理,方法如下。

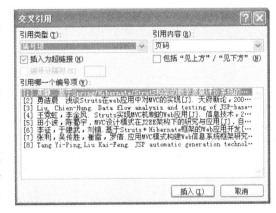

图 1-36　编号项的交叉引用

①在该域上右击,然后在快捷菜单中选择"更新域"命令,即可更新域中的自动编号。如果有多处域需要更新,可以选取整篇文档,然后在文档中右击,在快捷菜单中选择"更新域"命令,即可更新全篇文档中所有的域。采用快捷键更新全文的域更为方便,全选的快捷键是"Ctrl+A",更新域的快捷键是"F9",只需要在文档修改完成后,使用这两个快捷键即可更新域。

②在题注中更新域主要是针对自动编号的更新,如果需要调整题注的标签,则无法实现。因此在文章最初设定题注标签时,还请谨慎确定,否则在长文档中更改标签会是一个浩大的工程。交叉引用是对题注标签、编号、分隔符的整体引用,所以即便手动更新了题注标签,在交叉引用中仍然可以自动更新。

7. 目录

当文档中的内容非常繁杂时,编制一个目录可以帮助读者快速了解文档的主要内容。

目录将显示各级标题文本(需要先对标题应用标题样式或设置大纲级别)、各级标题下内容的起始页码,用户可以通过目录中的超链接直接跳转到想要查看的内容。

(1)根据内置标题样式或大纲级别编制目录

对标题应用了内置的标题样式或大纲级别格式后再编制目录,是编制目录最简单的方法。操作步骤如下。

①单击文档要插入目录的位置。

②单击"引用"选项卡下"目录"组中的"目录"按钮,在出现的列表中选择目录样式,如图 1-37 所示。

③光标所在位置将插入目录选定样式的目录。

(2)根据自定义标题样式编制目录

当对各级标题应用了自定义的标题样式,而且也希望应用自定义标题样式的标题出现在目录中时,也可以根据自定义标题样式编制目录,操作步骤如下。

①单击要插入目录的位置。

②单击"引用"选项卡下"目录"组中的"目录"按钮,在出现的列表中单击"插入目录"按钮,打开"目录"对话框,如图 1-38 所示。

图 1-37　目录样式列表

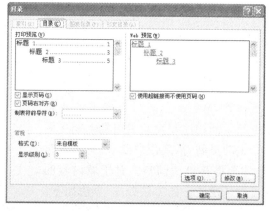

图 1-38　"目录"对话框

③在"显示级别"文本框中键入目录中要显示的标题级别数或大纲级别数,例如"3",则目录中将显示标题 1 至标题 3 或大纲级别 1 至大纲级别 3 的内容。

④在该对话框中单击"选项"按钮,则打开如图 1-39 所示的"目录选项"对话框。

⑤在"有效样式"选项组中查找要出现在目录中的标题样式,然后在其右方的"目录级别"文本框中键入相应的样式级别(即出现在目录中的级别)。

⑥对每个要出现在目录中的标题样式重复步骤⑤的操作。

⑦单击"确定"按钮返回到"目录"选项卡。单击"确定"按钮,则将根据自定义标题样式在选定位置插入一个目录。

(3)更新目录

当更改了文档中的标题内容和样式后,或标题所在页码有了变化时,需要及时更新目录以反映这些变动。更新目录的操作步骤如下。

①在页面视图中,右击目录中的任意位置,此时目录区域将变灰,并打开如图 1-40 所示的快捷菜单。

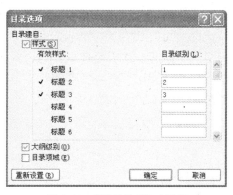

图 1-39　"目录选项"对话框

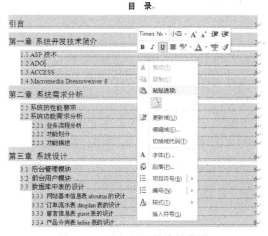

图 1-40　更新目录的快捷菜单

②在该快捷菜单中选择"更新域"命令,打开如图 1-41 所示的"更新目录"对话框。

③在该对话框中选择更新类型,如果选中"更新整个目录",则目录将根据所有标题内容以及页码的变化进行更新。

④单击"确定"按钮,目录将根据步骤③所选的类型进行更新。

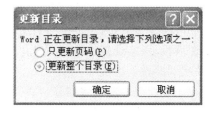

图 1-41　"更新目录"对话框

除了上述方法外,还可以单击"引用"选项卡的"目录"组中的"更新目录"按钮,来对目录进行更新。在单击该按钮后也将出现如图 1-41 所示的"更新目录"对话框,根据需要选择更新方式,然后单击"确定"按钮即可。

(4)删除目录

当要删除目录时,可以手动选定需要删除的整个目录,然后按"Delete"键即可。

1.1.3 域和修订

在前面介绍的页码、目录、索引、题注、标签等内容中,域已自动插入到文档中。本节将进一步讨论域概念、域操作和常用域的应用。

文档在最终形成前,往往要通过多人或多次修改才能确定。如何跟踪修订标记和对修订进行审阅也是本章讨论的主题。运用文档"审阅"功能可以有效地提高文档编辑效率。

1. 什么是域

（1）域的概念

在文档中插入日期、页码和建立目录和索引过程中,域会自动插入文档,如在文档中插入"日期和时间",如果选定了格式后按"确定",将按选定格式插入系统的当前日期和时间的文本;如果在"日期和时间"对话框中勾选了"自动更新"对话框,再单击"确定",则以选定格式插入日期和时间域。如图 1-42 所示。

图 1-42 插入"日期和时间"

虽然两种操作的显示是相同的,但是文本是不会再发生变化的,而域是可以更新的。单击日期时间域,可以看到域以灰色底纹突出显示。

域是文档中可能发生变化的数据或邮件合并文档中套用信封、标签的占位符。可能发生变化的数据包括了目录、索引、页码、打印日期、储存日期、编辑时间、作者、文件名、文件大小、总字符数、总行数、总页数等,在邮件合并文档中收信人单位、姓名、头衔等。

通过域可以提高文档的智能性,在无需人工干预的条件下自动完成任务,例如编排文档页码并统计总页数;按不同格式插入日期和时间并更新;通过链接与引用在活动文档中插入其他文档;自动编制目录、关键词索引、图表目录;实现邮件的自动合并与打印;为汉字加注拼音等。

（2）域的构成

域代码一般由三部分组成:域名、域参数和域开关。域代码包含在一对花括号"{ }"中,"{ }"称为域特征字符。

域代码的通用格式为:{域名[域参数][域开关]},其中在方括号中的部分是可选的域代码,不区分英文大小写。

①域名:是域代码的关键字,是必选项。域名表示了域代码的运行内容。Word 提供了 70 多个域名,此外的域名不能被 Word 识别,Word 会尝试将域名解释为书签。

例如,域代码"{AUTHOR}",AUTHOR 是域名,域结果是文档作者的姓名。

②域参数:是对域名作进一步的说明。

例如,域代码"{DocPropertyCompany\ * MERGEFORMAT }",域名是 DocProperty,DocProperty 域的作用是插入指定的 26 项文档属性中的一项,必须通过参数指定。代码中的"Company"是 DocProperty 域的参数,指定文档属性中作者的单位。

③域开关:是特殊的指令,在域中可引发特定的操作。域开关通常可以让同一个域出现不同的域结果。域通常有一个或多个可选的开关,开关与开关之间使用空格分隔。

域开关和域参数的顺序有时是有关系的,但并不总是这样。一般开关对整个域的影响会优先于任何参数,影响具体参数的开关通常会立即出现在它们影响的参数后面。

三种类型的普通开关可用于许多不同的域并影响域的显示结果,它们分别是文本格式开关、数字格式开关和日期格式开关,这三种类型域开关使用的语法分别由"\ *"、"\ #"和"\@"开头。一些开关还可以组合起来使用,开关和开关之间用空格进行分隔。

2. 域的操作

(1)插入域

有时域会作为其他操作的一部分自动插入文档,如插入"页码"和插入"日期和时间"操作都能自动在文档中插入 Page 域和 Date 域。

①菜单操作:单击"插入"选项卡下"文本"组中的"文档部件"按钮,选择"域"选项,打开如图 1-43 所示的"域"对话框。在"域"对话框中选择"类别"和"域名",还可以进一步对于"域属性"和"域选项"进行设置,单击"确定",在文档中插入指定的域。

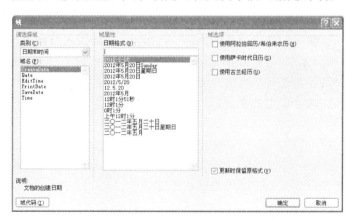

图 1-43　"域"对话框

在"域"对话框中单击"域代码"按钮,则会在对话框中右上角显示域代码和域代码格式。可以在域代码编辑框更改域代码,也可以借助域代码显示来熟悉域代码中域参数、域开关的用法。

②键盘操作:如果对域代码十分熟悉,也可以通过键盘操作直接输入域代码。在开始输入域代码之前,按"Ctrl"+"F9"快捷键,先键入域特征符"{ }",然后在花括号内开始输入域代码。键盘操作输入域代码后不直接显示为域结果,必须更新域后才能显示域结果。

(2)编辑域

在文档中插入域后,可以进一步修改域代码,也可以对域格式进行设置。

①显示或隐藏域代码：单击"文件"选项卡，打开"Word 选项"对话框，切换到"高级"选项卡，如图 1-44 所示。在"显示文档内容"区域选中或取消"显示域代码而非域值"复选框，并单击"确定"按钮，即可选择显示域代码或显示域值，如要隐藏则不选该复选框。

图 1-44 "Word 选项"对话框

②修改域代码：修改域的设置或域代码，可以在"域"对话框中操作，也可以在文档的域代码中进行编辑。方法一：右击域，单击"编辑域"，打开"域"对话框，重新设置域。方法二：右击域，单击"切换域代码"，直接对域代码进行编辑。

③设置域格式：域也可以被格式化。可以将字体、段落和其他格式应用于域，使它融合在文档中。

在使用"域"对话框插入域时，许多域都有"更新时保留原有格式"选项，一旦选中，则域代码中自动加上"\ ＊MERGEFORMAT"域开关，这个开关会让 Word 保留任何已应用于域的格式，以便在以后更新域时保持域的原有格式。

（3）删除域

与删除其他对象一样删除域。

（4）更新域

在键盘输入域代码后必须更新域后才能显示域结果，在域的数据源发生变化后也需要手动更新域后才能显示最新的域结果。

①打印时更新域：选择"文件"选项卡，单击"选项"命令，弹出"Word 选项"对话框，切换到"显示"选项卡。在"打印选项"区域选中"打印前更新域"复选框，并单击"确定"按钮即可。

②切换视图时自动更新域：在页面视图和 Web 版式视图方式切换时，文档中所有的域自动更新。

③手动更新域：选择要更新的域或包含所有要更新域的文本块，通过快捷菜单"更新

域"或快捷键"F9"手动更新域。

有时更新域后,域显示为域代码,必须切换域代码后才可以看到更新后的域结果。

3. 文档修订

(1)开启和关闭修订功能

在 Word 2010 中启用修订功能,审阅者对文档的每一次插入、删除或是格式更改操作都会被标记出来。当作者查看审阅者所作的修订时,可以接受或拒绝每处更改。

要启动修订功能以标记每一次对文档的修改时,首先打开需要修订的文档,选择"审阅"选项卡,单击"修订"组中的"修订"按钮,在出现的下拉列表中单击"修订"选项,此时"修订"按钮呈橙色,表示"修订"功能处于激活状态。

完成修改后,单击"审阅"选项卡的"修订"组中的"修订"按钮,在出现的下拉列表中单击"修订"选项,即可关闭"修订"功能。

(2)插入和修改批注

使用批注功能,审阅者可以更详细地向作者表达自己的意见。

在文档中插入文字批注时,需先选中要设置批注的文本内容,或单击文本的尾部,然后单击"审阅"选项卡下"批注"组中的"新建批注"按钮,页面右边的页边距中将出现如图 1-45 所示的标注框,在该标注框中输入批注文字即可。

图 1-45　批注

如果作者要对审阅者所做的批注做出响应,可以单击要响应的批注,单击"审阅"选项卡下"批注"组中的"新建批注"按钮,在分支批注标注框中输入文字,如图 1-46 所示的"谢谢!"

然后按<Delete>键即可。

批注 [微软用户1]:即删除键

批注 [微软用户2R1]:谢谢!

图 1-46　响应的批注

(3)显示或隐藏修订和批注

在 Word 中可以浏览文档中所有标记的修订,或限定所显示的修订类型,也可只显示特定审阅者所做的批注和更改,而隐藏其他审阅者的批注和更改。

快速显示或隐藏批注和修订的具体操作步骤如下。

①单击"审阅"选项卡下"修订"组中的"最终:显…"按钮,在出现的列表中选择"最终:显示标记"选项,如图 1-47 所示,即可显示全部的批注和修订。

②按照同样的方法再次单击"审阅"选项卡的"修订"组中的"最终:显…"按钮,在出现的列表中选择"最终状态"选项,即可隐藏全部的批注和修订。

按类型查看标记的操作步骤如下。

①单击"审阅"选项卡的"修订"组中的"显示标记"按钮。

②在其下拉列表中选中或清除标记类型左边的复选框即可。

可供选择的标记类型有"批注"、"墨迹"、"插入和删除"、"设置格式"和"标记区域突出显示"等。

按审阅者查看标记的操作步骤如下。

①单击"审阅"选项卡的"修订"组中的"显示标记"按钮,在其下拉列表中选择"审阅者"命令,弹出"审阅者"级联菜单,如图 1-48 所示。

②在"审阅者"级联菜单中,选中或清除某个审阅者(例如,微软用户),即可显示或隐藏该审阅者所做的修订和批注。选中或清除"所有审阅者"菜单项左边的复选框,则可以显示或隐藏所有审阅者所做的修订和批注。

图 1-47 "最终:显示标记"选项   图 1-48 "审阅者"级联菜单

（4）审阅修订和批注

审阅文档的修订和批注可以进行以下审阅操作。

①若要逐个审阅所有的修改,可以单击"审阅"选项卡的"更改"组中的"上一条"按钮,或单击"下一条"按钮查看标记。

②接受所有修订时,单击"审阅"选项卡的"更改"组中的"接受"按钮,在其下拉列表中选择"接受对文档的所有修订"命令即可。

③拒绝所有修订或删除全部标注时,单击"拒绝"按钮,在其下拉列表中选择"拒绝对文档的所有修订"命令即可。

④审阅显示在句子中的各处批注时,单击"审阅"选项卡的"批注"组中的"上一条"按钮或"下一条"按钮查看批注标记。

（5）打印带有修订和批注显示的文档

要在打印文档内容时同时打印出指定的标记,需先切换到页面视图,显示所有要和文档内容一起打印出来的标记,然后选择"文件"选项卡,单击"打印"命令,在"打印"对话框中单击"打印"按钮即可。

1.2　项目 1　产品使用说明书的设计与制作

1.2.1　项目描述

　　某电脑销售公司为了配合产品销售的需要,决定制作一份产品说明书,用于所有在售产品的详细介绍和使用说明,并要求在制作完成说明书的相关内容之后,在文档末尾附加几页热点产品推荐的相关内容,用于介绍新型热点产品的主要功能、特点等信息。

　　本节以制作笔记本电脑使用说明书为例,分析如何制作一份完善的产品使用说明书。

1.2.2　知识要点

　　(1)制作封面。
　　(2)设置首字下沉效果。
　　(3)创建图片项目符号。
　　(4)利用样式格式化文档。
　　(5)"导航"窗格的应用。
　　(6)为文档添加图片水印。
　　(7)设置页眉页脚。
　　(8)使用分栏。
　　(9)插入并设置图片。

1.2.3　制作步骤

1. 制作说明书封面效果

　　在文档中插入封面的操作步骤如下。

　　①打开要插入封面的文档,选择"插入"选项卡,单击"页"组中的"封面"按钮。弹出"内置"封面列表(见图 1-1)。

　　②选择需要的封面样式选项,如选择"奥斯丁"模板,即可在文档首页插入封面。

　　③在"[键入文档标题]"处,输入"电脑使用保养说明书",然后根据实际需要进行修改即可,效果如图 1-49 所示。

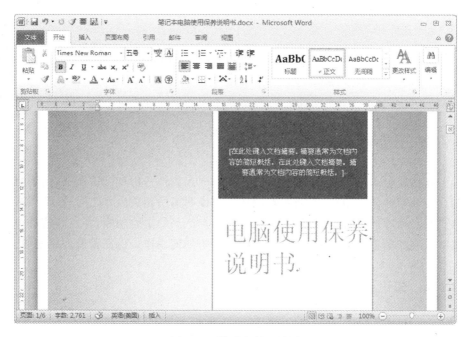

图 1-49　说明书封面效果

2. 设置首字下沉效果

首字下沉可以使文档显得充满活力，设置首字下沉操作步骤如下。

①将插入点定位于要设置"首字下沉"的段落中，单击"插入"选项卡下"文本"组中的"首字下沉"按钮，在下拉列表中选择"首字下沉选项"选项。

②弹出"首字下沉"对话框，在"位置"选项区域中显示了下沉和悬挂两种下沉方式，单击"下沉"选项。

③设置下沉文字格式，在"首字下沉"对话框中的"字体"下拉列表中，选择下沉文字字体，在"下沉行数"文本框中设置下沉的行数，单击"确定"，效果如图 1-50 所示。

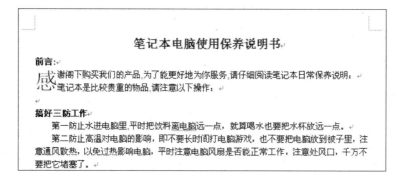

图 1-50　"首字下沉"效果图

3. 创建图片项目符号

在 Word 文档中,可以将图片设为项目符号,从而制作出更美观的文档。创建图片项目符号的操作步骤如下。

①输入说明书内容,并为其设置字体格式。

②选择所有内容,拖动水平标尺中的"首行缩进"标记,设置段落首行缩进两个字符。

③选择需要设置项目符号的段落,选择"开始"选项卡,在"段落"组中单击"项目符号"下拉三角按钮。在打开的"项目符号"下拉列表中选择"定义新项目符号"命令,如图 1-51 所示。

④弹出"定义新项目符号"对话框,此时需要设置图片项目符号,单击"图片"按钮,弹出"图片项目符号"对话框,在此选择需要作为段落项目符号的图片,单击"确定"按钮返回文档中,添加图片项目符号的效果如图 1-52 所示。

图 1-51　"项目符号"下拉列表

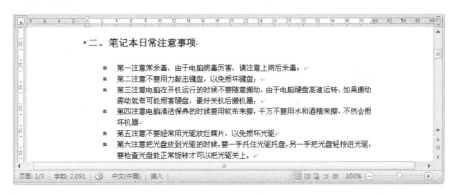

图 1-52　添加图片项目符号的效果

4. 利用样式格式化文档

Word 为用户提供了多种内建样式,并允许用户根据需要对样式进行修改。应用 Word 内置标题样式步骤如下。

①将插入点定位在第一行标题处,选择"开始"选项卡,单击"样式"组中的"标题 1"样式按钮。

②此时可以看到第一个段落应用了"标题 1"的样式,单击"段落"组中的"居中"按钮,设置段落居中对齐。

③按住"Ctrl"键选择文档中需要应用"标题 2"样式的内容,在"样式"组中单击"标题 2"选项,此时可以看到文档中所选内容已经应用了"标题 2"样式,如图 1-53 所示。

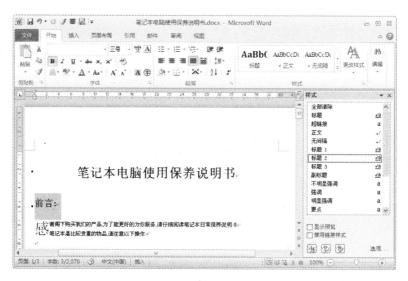

图 1-53　应用样式效果

5. 通过"导航"窗格查看文档

如果需要查看文档的结构、定位文档,可以使用"导航"窗格进行操作。

①选择"视图"选项卡,勾选"显示"组中的"导航窗格"复选框。此时可以看到在文档的左侧出现了"导航"窗格。

②在"导航"窗格中,显示了文档中应用了样式的标题,单击需要定位到的标题,显示定位文档的效果。此时立即定位到了标题所在的位置,如图 1-54 所示。

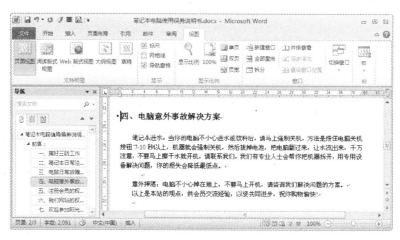

图 1-54　通过"导航"窗格查看文档

6. 为文档添加图片水印

①选择"页面布局"选项卡,单击"页面背景"组中的"水印"按钮,单击"自定义水印"

命令。

②在弹出的"水印"对话框中,选择"图片水印"单选按钮,单击"选择图片"按钮。

③在弹出"插入图片"对话框中,选择需要的图片,单击"插入"按钮。

④返回"水印"对话框中,选择"缩放"下拉列表中的 150％选项(或合适的选项)。

⑤取消勾选"冲蚀"复选框,单击确定按钮,返回文档中,此时可以看到设置了图片水印后的效果,如图 1-55 所示。

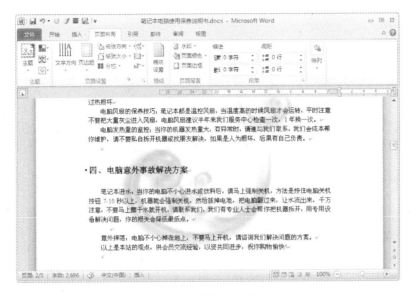

图 1-55　设置图片水印效果

7. 设置页眉和页脚

①选择"插入"选项卡,单击"页眉和页脚"组中的"页眉"按钮,在下拉列表中选择"空白"选项。

②切换至文档第 2 页页眉区域,输入文字"笔记本电脑使用说明书",再设置其字体格式。

③在"页眉页和页脚"选项卡下"设计"选项卡中,勾选"选项"组中的"首页不同"复选框,此时可以看到第一页文档没有显示页眉。

④单击"导航"组中的"转至页脚"按钮,切换至第 2 页页脚区域,单击"页眉和页脚"组中的"页码"按钮,在下拉列表中将指针指向"页面底端"选项,选择"带状物"样式。

⑤单击"页眉页脚"组中的"页码"按钮,在下拉列表中选择"设置页码格式"选项,打开"页码格式"对话框。

⑥选择编号格式。弹出"页码格式"对话框,并在"起始页码"文本框中输入"0",单击"确定"按钮,此时可以看到设置的页码。

⑦单击"关闭"组中的"关闭页眉页脚"按钮完成设置。设置了页眉和页脚后的效果如图 1-56 所示。

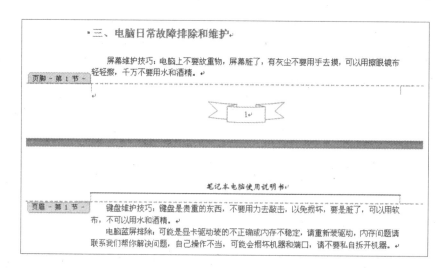

图 1-56　设置页眉和页脚后的效果

8. 制作产品展示页面

在制作完成说明书的相关内容之后,在文档末尾附加几页热点产品推荐的相关内容,用于介绍新型热点产品的主要功能、特点等信息。

展示页设置分栏。

①在文档末尾插入一页空白页,选择"页面布局"选项卡,单击"页面设置"组中的"分栏"按钮,在展开的下拉列表中选择"更多分栏"选项。

②在弹出的"分栏"对话框中,选择"两栏"选项,单击"应用于"下三角按钮,在展开下拉列表中选择分栏应用的范围。在此选择"插入点之后"选项。

③在设置好分栏的栏数和应用范围之后,如果需要在文档中显示分隔线,则勾选"分隔线"复选框,再单击"确定"按钮。

④选择"插入"选项卡,单击"插图"组中的"图片"按钮,在弹出的"插入图片"对话框中选择需要插入的图片,单击插入按钮。此时可以看到在插入点定位的位置处显示了插入的图片,并出现了"图片工具"选项卡,如图 1-57 所示。

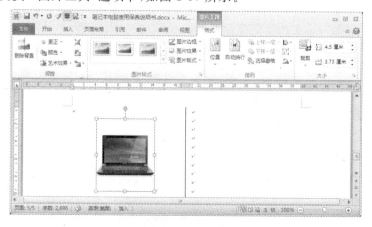

图 1-57　插入图片

　⑤在"图片工具"下"格式"选项卡，单击"调整"组中的"更正"按钮，在展示的库中选择需要的亮度和对比度的效果。

　⑥单击"图片样式"组中的"其他"按钮，在下拉列表的样式中选择需要的图片样式，如图 1-58 所示。

图 1-58　设置图片样式

　⑦重复前面的步骤，插入需要的图片后，输入相应的文本，并设置字体格式，完成后的效果如图 1-59 所示。

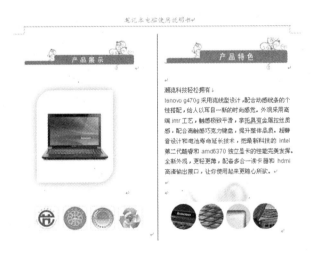

图 1-59　产品展示页面效果

1.2.4　项目小结

产品使用说明书是向人们简要介绍使用过程中注意事项的一种手册类型的应用文

体。这种手册最适合于制作各种产品和服务的使用说明书,公司内部使用的文档,如规章制度,聘用合同等。熟练使用 Word 提供的排版功能,可以很方便地制作出一份完善的产品使用说明书。

1.3　项目 2　毕业论文的版式设计与制作

1.3.1　项目描述

小王即将大学毕业,大学要完成的最后一项作业是对写好的毕业论文进行排版。毕业论文文档不仅篇幅长、格式比较多,且处理起来比一般文档复杂。如为章节和正文等快速设置相应的格式、自动生成目录、为奇偶页创建不同的页眉和页脚等。这些都是小王从来没有遇到过的问题,不得已只好去请教老师。经过老师的讲解,他顺利完成了毕业论文的排版工作。

小王按照老师的指点,通过利用样式来快速设置相应的格式、利用大纲级别的标题自动生成目录、利用域命令灵活插入页眉和页脚等方法,对毕业论文进行有效的编辑排版。

1.3.2　知识要点

(1)设置文档属性。
(2)创建和使用样式。
(3)使用分节和分页。
(4)设置奇偶页页眉和页脚。
(5)图、表的自动编号及交叉引用。
(6)创建目录。
(7)使用修订和批注。

1.3.3　制作步骤

1.页面设置

将毕业论文文档的页面大小设置为 16 开(18.4 厘米×26 厘米),设置文档每行输入 30 个字符,每页 36 行。

①打开毕业论文文档后,选择"页面布局"选项卡,单击"页面设置"组中的"纸张大小"按钮,在出现的选择列表中选择"16 开(18.4×26 厘米)"选项,如图 1-60 所示。

②选择"页面布局"选项卡,单击"页面设置"组中的对话框启动器,在弹出的"页面设

置"对话框中打开"文档网格"选项卡,选中"网络"单选框中的"指定行和字符网格"选项,在"字符数"中输入每行为"30",在"行数"中输入每页为"36",如图 1-61 所示。

③单击"确定"按钮,页面设置完毕。

图 1-60　设置纸张大小

图 1-61　"文档网格"标签

2. 属性设置

选择"文件"选项卡。选择"信息"命令,在"标题"文本框中输入"基于 ASP 的农产品交易平台设计与实现",在"作者"文本框中输入"0001 小王",在"单位"文本框中输入"班级"即可。

3. 使用样式

论文标题的多级符号可以采用 Word 中 Normal 模板的内置样式的"标题 1"、"标题 2"或"标题 3"等样式,也可以自己新建样式。样式可以根据论文排版的要求修改。

根据论文标题使用多级符号的要求,按照表 1-1 所示的参数,对 Word 模板内置样式进行修改。

表 1-1　毕业论文格式要求

名称	字体	字号	间距	对齐方式
标题 1	黑体	小三	固定行距 20 磅,段后间距 30 磅	居中
标题 2	黑体	四号	固定行距 20 磅,段后间距 20 磅	左对齐
标题 3	黑体	小四	固定行距 20 磅,段后间距 18 磅	左对齐
正文	宋体	小四	固定行距 20 磅	首行缩进 2 字符

　　①单击"开始"选项卡下"样式"组中的对话框启动器,打开"样式"任务窗格。将鼠标指针移到"标题1"样式名处,单击其右边的下拉箭头,在弹出的菜单中单击"修改"命令。

　　②打开"修改样式"对话框(见图1-20),在"字体"下拉列表中选择"黑体"、在"字号"下拉列表中选择"小三"、单击"居中对齐"按钮。

　　③在"修改样式"对话框中,选择"格式"下拉菜单中的"段落"选项,打开"段落"对话框。选择"缩进和间距"选项卡,在"行距"下拉列表中选择"固定值",在"设置值"中输入"20磅",在"段后"数值框中输入"30磅",如图1-62所示。

　　④依次单击"确定"按钮即可。

　　⑤按照上述方法,根据表1-1所示参数要求设置其他格式。

　　样式修改后,即可应用样式。选中文档中要应用样式的文字,或将插入点置于要应用样式所在段落的任意位置,然后再单击"样式"组中相应的样式名称即可。

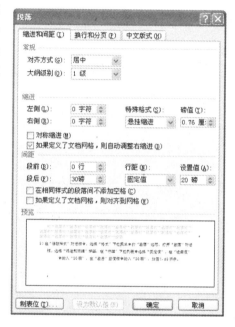

图1-62　"段落"对话框

4. 多级符号

　　标题是论文的眉目,应该突出,简明扼要,层次清楚,如图1-63所示。

　　设置论文的标题层次格式如下所示:

　　一××××(居中)　　一级标题

　　1.1××××(顶头)　　二级标题

　　1.1.1××××(顶头)　　三级标题

　　①随意选中一个使用"标题1"样式的段落,比如"引言[标题1]"。

　　②单击"开始"选项卡下"段落"组中的"多级列表"按钮,在"列表库"中选择第二行第三个选项。

　　③单击"定义新的多级列表"按钮,打开"定义新多级列表"对话框,在"编号样式"下拉列表中选择"一,二,三(简)"样式,单击"更多"按钮,在"将级别链接到样式"下拉列表框中选择"标题1"样式。接着单击"级别"列表框中的"2",在"编号样式"框中选择"1,2,3,…"样式,在"将级别链接到样式"下拉列表框中选"标题2"样式,选中"正规形式编号"复选框(否则符号二级标题只能显示为"一.1")。同样方法,单击"级别"列表框中的"3",选择"编号样式"下拉列表框中的"1,2,3,…"样式,在"将级别链接到样式"下拉列表框中选择"标题3"样式,选中"正规形式编号"复选框,如图1-64所示。

图1-63　论文中的标题

④依次单击"确定"按钮即可，设置好的多级符号，如图 1-65 所示。

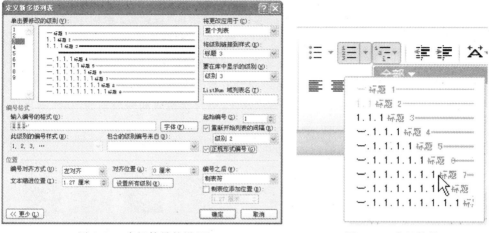

图 1-64　多级符号的设置　　　　　　　　　图 1-65　多级符号

5. 创建图、表的自动编号

论文中创建好图、表后要对其进行编号，如"图 4-1，图 4-2，表 4-1，表 4-2"等。但如果图、表的引用较多，在插入或删除图、表时，手动修改图、表编号和引用就容易出错。因此在有大量图、表的论文编辑时，图、表一定要实现自动编号。

(1)为论文中的图添加题注，格式设置为"图 4-×"。插入题注操作步骤如下。

①打开"论文图表"Word 文档，如图 1-66 所示。

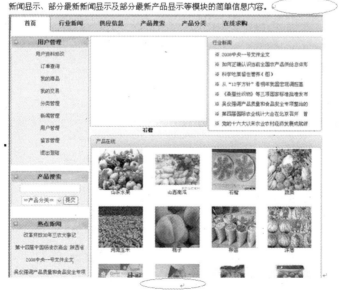

图 1-66　论文图表文档

②选中要设置编号的图，单击"引用"选项卡下"题注"组中的"插入题注"按钮，打开"题注"对话框（见图 1-30）。

③单击"新建标签"按钮，在"新建标签"对话框中的"标签"文本框中输入"图 4-"，如图 1-67 所示。再设置"编号"格式为"1,2,3…"，"位置"为"所选项目下方"。

④依次单击"确定"按钮。这样，在图的下方就插入了一行文本，内容就是刚才新建标签的文字和自动生成的序号，此时可以在序号后输入文字说明"首页"。选中该行文字，设置字体格式。用同样的方法插入其他图片题注，当再次插入同一级别的图时，则直接单击"引用"选项卡下"题注"组中的"插入题注"按钮就可以了，Word 会自动按图在文档中出现的顺序为图编号。为图片插入题注的效果如图 1-68 所示。

图 1-67　新建标签　　　　　　　　　图 1-68　插入题注显示

（2）交叉引用

引用论文文档中题注"图 4-1 首页"。

①光标定位到需要引用题注编号的地方，单击"引用"选项卡下"题注"组中的"交叉引用"命令，打开"交叉引用"对话框。该对话框的"引用类型"下拉列表中选择刚刚添加的题注标签"图 4-"（见图 1-34）。

②右侧的"引用内容"下拉列表框中选择"只有标签和编号"选项，然后在下方的列表中选择要引用的题注，例如"图 4-1 首页"，然后单击"插入"按钮，即可将"图 4-1"插入到光标处，完成对题注的引用，如图 1-69 所示。

图 1-69　交叉引用显示

需要引用题注的地方重复执行单击"引用"选项卡下"题注"组中的"交叉引用"命令，这时直接选择要引用的题注就可以了，不用再重复选择引用类型和引用内容。

（3）创建图、表的目录

根据排版要求，论文一般需要在文档末尾列一个图、表的目录。为论文文档创建图、表目录步骤如下。

①插入点定位在需要创建图、表目录的位置。

②单击"引用"选项卡下"题注"组中的"插入表目录"按钮，打开"图表目录"对话框。在"题注标签"下拉菜单中选择要创建索引的内容对应的题注"图 4-"，如图 1-70 所示。单击"确定"按钮即可完成目录的创建，如图 1-71 所示。

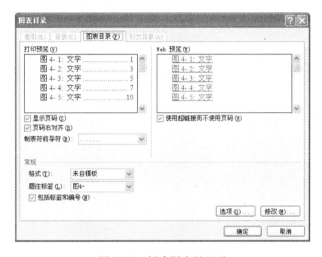

图 1-70　创建图表的目录

图表目录

图 1-71　创建的目录

图的编号制作成题注，实现了图的自动编号。比如在第一张图前再插入一张图后，Word 会自动把原来第一张图的题注"图 4-1"改为"图 4-2"，后面图片的题注编号以此类推。

当图的编号改变时，文档中的引用有时不会自动更新，可右击引用文字，在弹出的菜单中选"更新域"命令。

表格编号需要插入题注，也可以选中整个表格后单击右键，选择"题注"命令，但要注意表格的题注一般在表格上方。

6. 插入分节符

在论文文档的适当位置插入分节符，操作步骤如下。

①光标定位到需要插入分节符的位置。

②单击"页面布局"选项卡下"页面设置"组中的"分隔符"按钮。

③在"分节符"单选框(见图 1-6)中选择"下一页"选项。

创建节后,可以为只应用于该节的页面进行设置。由于在没有分节前,Word 整篇文档被视为一节,所以文档中节的页面设置与在整篇文档中的页面设置相同。只要在"页面设置"对话框的"版式"标签中,单击"应用于"下拉列表框选择"本节"选项即可,如图 1-72 所示。

分节后的文档,可以设置不同的页码格式。还可以为该节的页码重新编号,并且能够设置新的页眉、页脚,不影响文档中其他节的页眉和页脚。

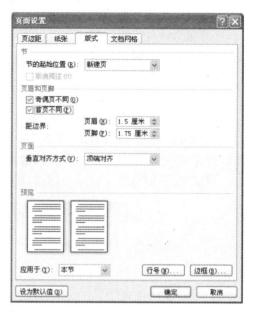

图 1-72　页面设置和节的使用

7. 添加页眉和页脚

在论文文档中,为奇偶页创建不同的页眉和页脚。具体操作步骤如下。

①单击"插入"选项卡下"页眉和页脚"组中的"页眉"按钮,选择"空白"样式,打开"页眉和页脚工具"选项卡,如图 1-73 所示。

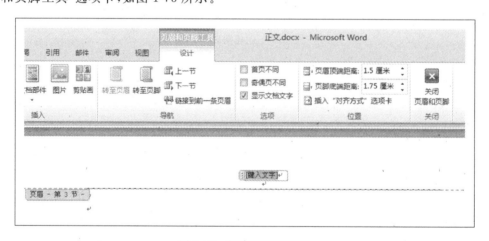

图 1-73　创建页眉和页脚

②键入文字后,如果要插入页码、日期和时间,单击"页眉和页脚"组或"插入"组中相应的按钮即可。

③在"选项"组中选中"奇偶页不同"和"首页不同"两个复选框。单击"导航"组中的"转至页脚"按钮或"转至页眉"按钮,可在页眉页脚编辑区之间切换。单击"上一节"按钮或"下一节"按钮,可以在不同节的页眉之间转换。

④单击"转至页脚"按钮,单击"页眉和页脚"组中的"页码"按钮,在"页面底端"列表中

选择"普通样式 3"样式,插入页码。

　　⑤页眉和页脚设置完成后,单击"关闭页眉页脚"按钮即完成奇偶页创建不同的页眉和页脚,如图 1-74 所示。

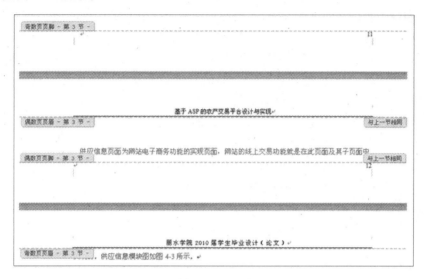

图 1-74　奇偶页不同的页眉和页脚

8. 添加目录

　　在文档的开始位置为论文文档添加论文目录,并对其进行更新。操作步骤如下。

　　①目录都是单独占一页,将插入点定位到"引言"页前面,单击"页面布局"选项卡下"页面设置"组中的"分隔符"按钮,选择"分节符"选项组中的"下一页",因为使用分节符可以使目录的页眉与正文的页眉不同。

　　②插入目录。将插入点定位到空白页,单击"引用"选项卡下"目录"组中的"目录"按钮,单击"插入目录"命令,

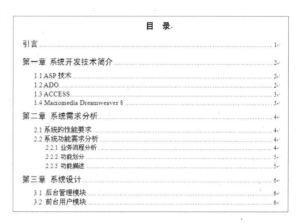

图 1-75　生成的目录

弹出"目录"对话框,在"常规格式"下拉列表框中选择"正式",单击"确定"按钮,效果如图 1-75 所示。

　　③更新目录。若添加完目录后,又对正文内容进行了改动,并影响了目录中的页码,就需要更新目录。右击目录区域,从弹出的快捷菜单中选择"更新域"命令即可更新目录。

1.3.4　项目小结

本案例以毕业论文的排版为例,介绍了长文档的排版方法与技巧,重点掌握样式、节、页眉和页脚的设置方法。

在 Word 中可以使用三种样式:内置样式、自定义样式和其他文档或模板中的样式。

在创建标题样式时,要明确各级别之间的相互关系及正确设置标题编号格式等,否则,将会导致排版出现标题级别的混乱状况。

分节符可以将文档分成若干个"节",不同的节可以设置不同的页面格式。在使用"分节符"时不要与"分页符"混淆。

可以为文档自动创建目录,使目录的制作变得非常简便,但前提是要为标题设置样式。当目录标题或页码发生变化时,注意及时更新目录。

通过本实例的学习,还可以对调查报告、实用手册、讲义、小说等长文档进行有效的排版。

1.4　项目 3　合同的设计与制作

1.4.1　项目描述

在各种商务活动中,合同是最常用的商务文档之一,人们通过签订合同来确认合同双方的权利义务关系。制作合同时应注意版面简洁、清晰,以传递基本信息为准,不宜使用过多的字体和过于花哨的设计。

下面以制作一份技术转让合同为例来分析合同的制作。其效果图如图 1-76 所示。

对于一份已经制作好的合同,很有可能在不久的将来又要制作一份类似的文档,那么 Word 中提供的模板功能可以将其保存为一份模板样本,留待下次开发时使用。

1.4.2　知识要点

(1)插入水印。

(2)强制保护文件。

(3)修订文件。

(4)保存为模板。

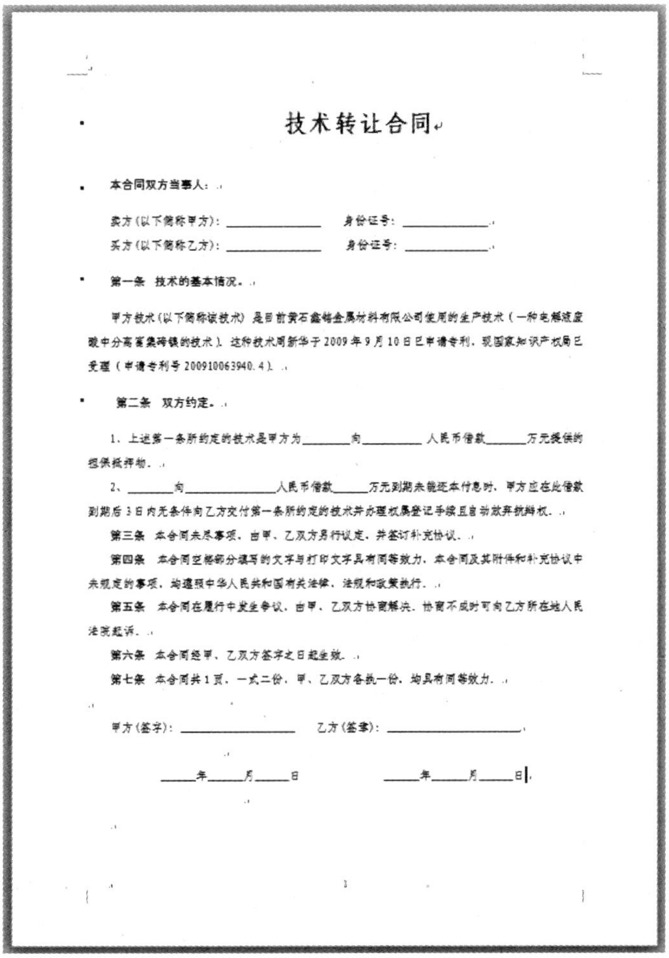

技术转让合同

本合同双方当事人：

卖方(以下简称甲方)：________　身份证号：________

买方(以下简称乙方)：________　身份证号：________

第一条　技术的基本情况。

甲方技术(以下简称该技术)是目前黄石鑫铬金属材料有限公司使用的生产技术(一种电解液废酸中分离富集铬镍的技术)。这种技术周新华于 2009 年 9 月 10 日已申请专利，现国家知识产权局已受理(申请专利号 200910063940.4)。

第二条　双方约定。

1、上述第一条所约定的技术是甲方为________向________人民币借款________万元提供的担保抵押物。

2、________向________人民币借款________万元到期未能还本付息时，甲方应在此借款到期后 3 日内无条件向乙方交付第一条所约定的技术并办理权属登记手续且自动放弃抗辩权。

第三条　本合同未尽事项，由甲、乙双方另行议定，并签订补充协议。

第四条　本合同空格部分填写的文字与打印文字具有同等效力。本合同及其附件和补充协议中未规定的事项，均遵照中华人民共和国有关法律、法规和政策执行。

第五条　本合同在履行中发生争议，由甲、乙双方协商解决。协商不成时可向乙方所在地人民法院起诉。

第六条　本合同经甲、乙双方签字之日起生效。

第七条　本合同共 1 页，一式二份，甲、乙双方各执一份，均具有同等效力。

甲方(签字)：________　乙方(签字)：________

____年____月____日　　　____年____月____日

图 1-76　技术转让合同

1.4.3　制作步骤

1. 制作与设置合同内容

利用之前学习过的相关格式设置合同内容，参照图 1-76 所示的效果。

2. 插入水印

由于技术转让合同属于商业机密文件，完成合同的内容条款后可以在每页上加上“绝密”水印字样，以提示合同双方处理文件时必须谨慎，承担保密责任及履行合同义务。操作步骤如下。

①单击“页面布局”选项卡下“页面背景”组中的“水印”按钮，在弹出的下拉列表中选择“自定义水印”，打开“水印”对话框，这里可以选择为文档添加图片或文字水印，本项目

选择"文字水印",并按图 1-77 作相关设置。

②单击"应用"后,"关闭"该窗口即可。完成后效果如图 1-78 所示。

图 1-77　"水印"对话框

图 1-78　"水印"效果

3.保护合同文件

常见的文档保护有:格式的保护、仅允许用户插入修订和仅允许用户插入批注。启用强制保护操作如下。

①单击"审阅"选项卡下"保护"组中的"限制编辑"按钮,打开"限制格式和编辑"任务窗格,如图 1-79 所示。

②在"2.编辑限制"下勾选"仅允许在文档中进行此类型的编辑"复选框,此时下方的选项变为可选状态,在其下拉菜单中选择"修订"选项(仅允许对文档进行"修订"操作;如果选择"批注"选项,将仅允许对文档进行"批注"操作)。

③单击如图 1-80 所示的"3.启动强制保护"选项区域中的"是,启动强制保护"按钮,弹出"启动强制保护"对话框,在"新密码"文本框中输入密码后再次确认密码后单击"确定"按钮,即可开始执行强制保护。

④此时"保护文档"任务窗格显示如图 1-81 所示。

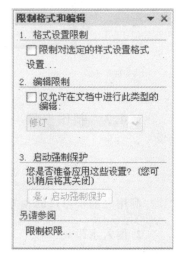

图 1-79　"保护文档"任务窗格

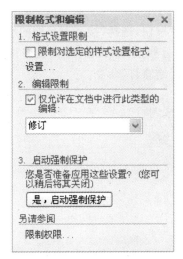

图 1-80　启动强制保护　　　　　　　　图 1-81　显示文档受保护

⑤如果用户要停止保护时,单击该窗格中的"停止保护"按钮,在弹出的"取消保护文档"对话框中输入密码即可。

4. 审阅合同文件

制订合同的对方在收到文件后,如果对合同中的内容不甚满意,可以在文档中进行修改,该受保护的文档将显示其修改和删除的内容,以确保条款在双方共同监督下完全明化。具体的操作方法如下:

①若文件出现修改和删除等情况,其文件将自动显示更改内容,如图 1-82 所示。

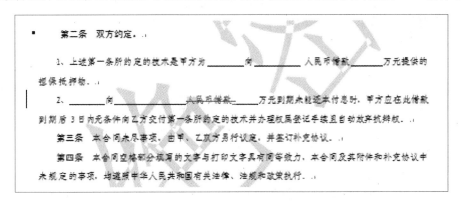

图 1-82　显示删除情况

②在文件保护功能下,即使客户将该文档另存为一个新文档,文档保护功能仍然不会解除。

③当该合同文件寄回后,如果想再审阅当初的原稿,可通过单击"审阅"选项卡下"修订"组中的"最终:显示标记"下拉列表中的"原始状态"菜单项来实现,如图 1-83 所示。

④如果经合同双方讨论后决定接受其条件时,首先要解除文档的保护状态,单击"审阅"选项卡下"保护"组中的"限制编辑"按钮,单击该窗格中的"停止保护"按钮,在弹出的

"取消保护文档"对话框中输入密码即可。

　　⑤单击"审阅"选项卡下"更改"组中的"接受"按钮,选择"接受对文档的所有修订",如图 1-84 所示,即可接受全部修改;如果只接受部分修改,那么选择"接受修订"再单击"上一条"或"下一条";如果不接受修改,可以选择"拒绝修订"命令。

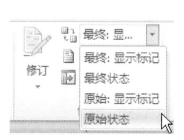

图 1-83　"原始状态"菜单项

图 1-84　接受修订

5. 保存为模板文件

　　完成文档中各种设置后,可以将该文档作为同类文件的模板,留待下次使用。操作方法如下。

　　①清除合同中无需保留的内容,只保留合同名称、主要条目等。

　　②单击菜单"文件"选项卡下的"另存为"命令,弹出"另存为"对话框,选择"保存类型"为"Word 模板",输入模板的名称后单击"保存"按钮即可。

　　③如果今后需要再次制作类似合同,只需执行菜单"文件"选项卡下的"新建"命令,在"新建文档"任务窗格中选择所存的模板文件名,单击"确定"按钮即可。

1.4.4　项目小结

　　文档的保护和审阅修订及模板的制作是常用的 Word 处理技术。本节通过技术转让合同的制订来学习相关处理技术,以便今后可以灵活使用。

1.5　项目 4　邀请函的设计与制作

1.5.1　项目描述

　　在日常生活中,经常要发送一些信函或邀请函之类的邮件给客户或合作伙伴,邀请对方参加展会、庆典和会议等活动,以增进友谊及拓展业务,如图 1-85 所示。邀请函的开头部分通常包含对客户的称呼和简单问候，主体部分说明致函的事项、时间、地点和活动内容等，必要的话还要附上回执，落款部分则写明联系人、联系方式等。为了宣传企业的形象，还可以在邀请函中插入企业的图标等信息。

使用 Word 提供的“邮件合并”功能可以很好地解决这个问题。它可以将内容有变化的部分（如姓名或地址等）制作成数据源，将文档内容固定的部分制作成一个主文档，然后将其结合起来。这样就可以一次性发送给所有的客户。

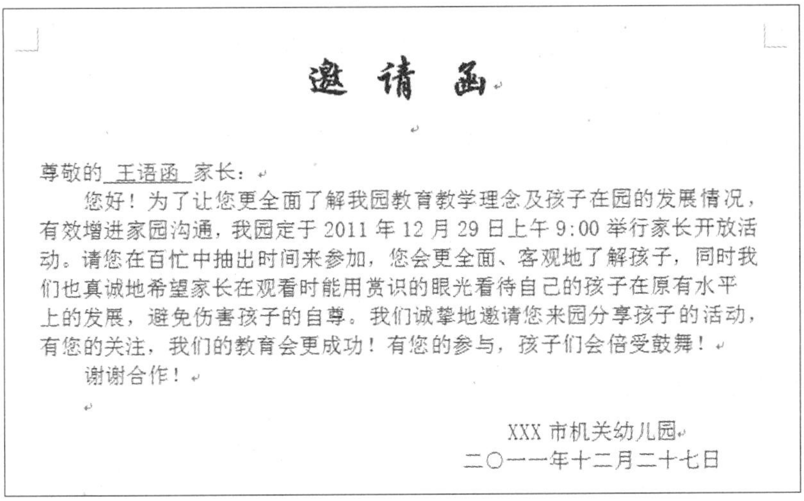

邀 请 函

尊敬的 王语函 家长：

您好！为了让您更全面了解我园教育教学理念及孩子在园的发展情况，有效增进家园沟通，我园定于 2011 年 12 月 29 日上午 9:00 举行家长开放活动。请您在百忙中抽出时间来参加，您会更全面、客观地了解孩子，同时我们也真诚地希望家长在观看时能用赏识的眼光看待自己的孩子在原有水平上的发展，避免伤害孩子的自尊。我们诚挚地邀请您来园分享孩子的活动，有您的关注，我们的教育会更成功！有您的参与，孩子们会倍受鼓舞！

谢谢合作！

XXX 市机关幼儿园

二〇一一年十二月二十七日

图 1-85　邀请函效果图

1.5.2　知识要点

(1)主文档的创建。

(2)数据源(收件人列表)的创建。

(3)合并数据(域的使用)。

(4)文档的输出。

1.5.3　制作步骤

会议邀请函是公司常用的一种信函，一封大方美观的邀请函将有助于展示会议主办者的良好形象，向受邀者展示会议的水平。下面将利用之前学习过的相关知识点来制作一份会议邀请函。具体操作步骤如下。

1. 合并之前相关准备

①单击“页面布局”选项卡下“页面设置”组中的“页面设置”对话框启动器，在“页边距”选项卡中将上、下、左、右页边距均设置为 1 厘米，纸张方向为“纵向”，页面垂直对齐方式为“居中”，并设置纸张大小为“自定义大小”，宽度为“23 厘米”，高度为“21 厘米”，如图 1-86 所示。

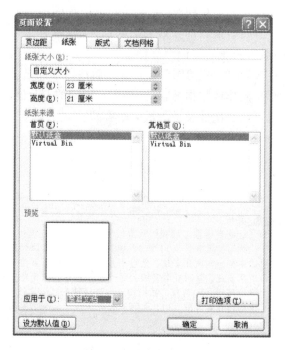

图 1-86   纸张大小设置

②输入与设置邀请函内容，及数据源。最终效果及其参数设置如图 1-85 所示。将 Excel 中已有的幼儿资料整合到本例邀请函中，幼儿资料全部保存在 Excel 工作表中，如图 1-87 所示。

	A	B	C	D	E
1	学号	幼儿姓名	性别	出生年月	家庭住址
2	1	王语函	女	2007-8-12	花园二村54幢601
3	2	应姗珊	女	2007-4-21	天宁公寓3幢302
4	3	留若惜	女	2007-7-31	天宁二村5幢303
5	4	吴书恒	男	2007-6-11	银苑小区214幢204
6	5	林宸沛	女	2007-7-21	汇泽新村4幢308

图 1-87   幼儿资料表

2. 邮件合并

下面使用 Word 提供的邮件合并功能将 Excel 中已有的客户资料合并到邀请函中，即将一个主文档同一个收件人列表合并起来，最终生成一系列输出文档。

①单击"邮件"选项卡下"开始邮件合并"组中的"开始邮件合并"按钮，选择"邮件合并分步向导"，弹出"邮件合并"任务窗格，如图 1-88 所示。

②在"选择文档类型"栏中选中"信函"单选项，然后单击任务窗格下方步骤栏中的"下一步：正在启动文档"。

③在弹出的任务窗格中选中"使用当前文档"单选项，然后单击"下一步：选取收件人"，弹出"选取收件人"任务窗格，如图 1-89 所示。

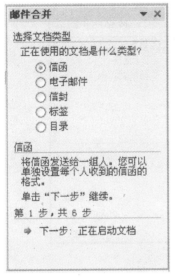
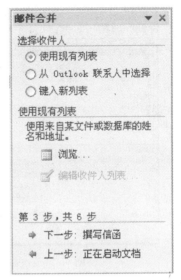

图 1-88　"邮件合并"任务窗格　　　　图 1-89　"选取收件人"任务窗格

④选中"使用现有列表"单选按钮,单击"浏览…"按钮,在弹出的"选取数据源"对话框中选择已有的"市机关二幼 2010 小一班通讯录.xlsx"Excel 文件,然后单击"打开按钮",弹出如图 1-90 所示的"选择表格"对话框,其中显示了该 Excel 工作簿中包含的 3 个工作表。

图 1-90　"选择表格"对话框

⑤选择数据所在的 Sheet1 工作表,单击"确定"按钮,弹出如图 1-91 所示的"邮件合并收件人"对话框。这里列出了邮件合并的数据源中的所有数据,可以通过该对话框对数据进行修改、排序、选择和删除等操作,单击"确定"按钮即可将所选的数据源与邀请函建立连接。

⑥单击"邮件合并"任务窗格下方步骤栏中的"下一步:撰写信函",任务窗格中显示"撰写信函"相关内容,效果如图 1-92 所示。

⑦下面为邀请函插入所需要的域,而这些域就取自于刚刚连接的数据源。将光标定位至文中"尊敬的"文字后,单击任务窗格中的"其他项目…"超链接,弹出"插入合并域"对话框,如图 1-93 所示。

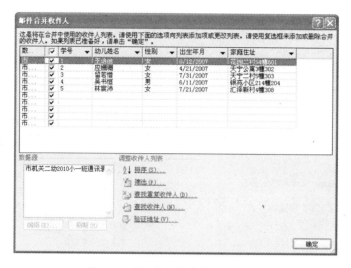

图 1-91 "邮件合并收件人"对话框

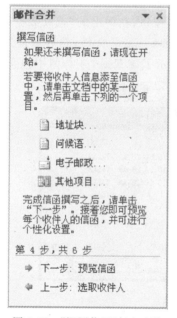

图 1-92 "撰写信函"任务窗格

图 1-93 "插入合并域"对话框

⑧选择"幼儿姓名"域,单击"插入"按钮,将其插入到文档中,再单击"关闭"按钮,效果如图 1-94 所示。

⑨单击"邮件合并"任务窗格中的"下一步:预览信函"超链接,此时将显示合并后的第一位收件人的文档效果(见图 1-85)。可以通过单击"邮件合并"任务窗格中的左右箭头在每一个合并到邀请函的收件人的信函间进行切换浏览。

⑩完成预览后单击任务窗格中的"下一步:完成合并"超链接,显示如图 1-95 所示的"完成合并"窗格。

⑪此时可通过以下方法处理合并后的邀请函文档。

邀 请 函

尊敬的«幼儿姓名»家长：

您好！为了让您更全面了解我园教育教学理念及孩子在园的发展情况，有效增进家园沟通，我园定于 2011 年 12 月 29 日上午 9:00 举行家长开放活动。请您在百忙中抽出时间来参加，您会更全面、客观地了解孩子，同时我们也真诚地希望家长在观看时能用赏识的眼光看待自己的孩子在原有水平上的发展，避免伤害孩子的自尊。我们诚挚地邀请您来园分享孩子的活动，有您的关注，我们的教育会更成功！有您的参与，孩子们会倍受鼓舞！

谢谢合作！

XXX 市机关幼儿园

二〇一一年十二月二十七日

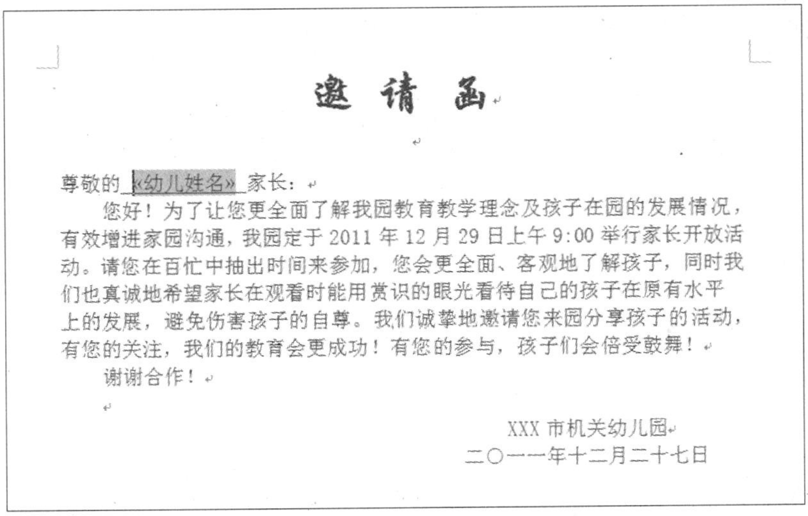

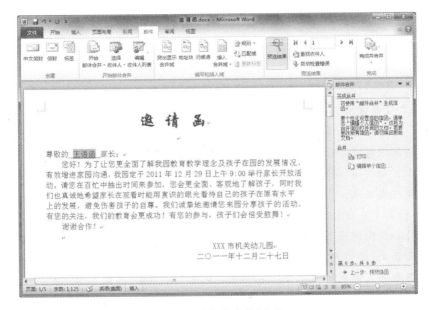

图 1-94　“插入合并域”后的文档

图 1-95　“完成合并”窗格

- 合并：单击如图 1-95 所示窗格中的“打印...”超链接，弹出如图 1-96 所示的“合并到打印机”对话框，选中“全部”单击项后单击“确定”按钮即可通过打印机将包含了所有客户的邀请函文档打印出来，每一份邀请函对应 Excel 工作表中的一条客户记录，这样便于通过邮寄的方式将邀请函递交给相应的客户。
- 合并到新文档：单击如图 1-95 所示窗格中的“编辑单个信函...”超链接，弹出如图 1-97 所示的“合并到新文档”对话框，选择“全部”记录后单击“确定”按钮，该操作将会创建一个新的文档，该文档包含多份自动生成的邀请函，每一份邀请函对应 Excel 工作表中的一条客户记录。

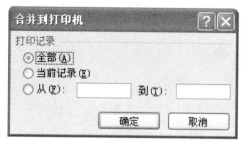

图 1-96 "合并到打印机"对话框   图 1-97 "合并到新文档"对话框

1.5.4 项目小结

在日常工作中,"邮件合并"功能除了可以批量处理信函、信封等与邮件相关的文档外,还可以轻松地批量制作工资条、成绩单等。熟练使用"邮件合并"工具栏可以大大降低工作强度,提高操作效率。

1.6 实践练习题

1.结合本校的专业设置情况,设计一份"专业介绍"文档。文档制作要求如下:

(1)设计和美化封面页;

(2)应用默认样式,新建样式及应用;

(3)插入页眉页脚,插入页码,要求首页不显示页码;

(4)自动生成目录。

2.设计一篇毕业设计论文,完成文档排版。文档制作要求如下:

(1)设计和美化封面页;

(2)论文正文、参考文献、致谢等各章节标题分别套用标题1和标题2样式;

(3)为标题样式设置多重编号。第一级标题为"第1章","第2章",…;第二级标题为"1.1","1.2",…;

(4)为参考文献页设置项目编号和符号,编号方式为[1],[2],[3],…。插入分页符,设置参考文献页、致谢页单独成页;

(5)对正文中的图添加题注"图",位于图下方,居中。要求:编号为"章标题序号"-"图在章中的序号"(例如第1章中第2幅图,题注编号为1-2)。图的说明使用图下一行的文字,格式同编号,图居中;

(6)对正文中的表添加题注"表",位于表上方,居中。编号为"章序号"-"表在章中的序号"(例如第1章中第1个表,题注编号为1-1),表的说明使用表上一行的文字,格式同编号,表居中;

(7)在正文前使用"引用"中的"索引和目录"功能,按序分别插入目录、图目录和表目

录。要求每部分内容均单独成页。"目录"、"图目录"、"表目录"字体大小同标题1,但无需添加到目录;

(8)在目录页前整理摘要页的格式,要求"××系统的设计与实现"字体大小同标题1,但无需添加到目录。摘要、关键字等字样同正文样式;

(9)设定分节符,并完成相应的页眉页脚设置。

3.通过页面设置、文本框的格式设置以及表格运用等手段设计一张学生体能测试成绩报告单模板,并运用邮件合并技术,在设计好的模板上,根据数据源中数据填写姓名和成绩等信息,并提醒总评不合格的学生参加补考,效果参考图1-98。数据源数据格式如图 1-99 所示。

图 1-98　成绩单参考图

	A	B	C	D
1	姓名	身体素质	运动技能	总评
2	王一平	80	75	合格
3	朱佩	45	64	不合格
4	露梁才	90	95	优秀
5	李阳阳	85	90	优秀
6	汪腾	77	82	合格

图 1-99　成绩单数据源示例

4.某位同学想开一家网店,为了了解市场需求,先需要进行市场调查。请设计一份调查问卷,并通过文档保护手段,仅允许用户在括号内填写选项选择结果,效果参考图1-100。

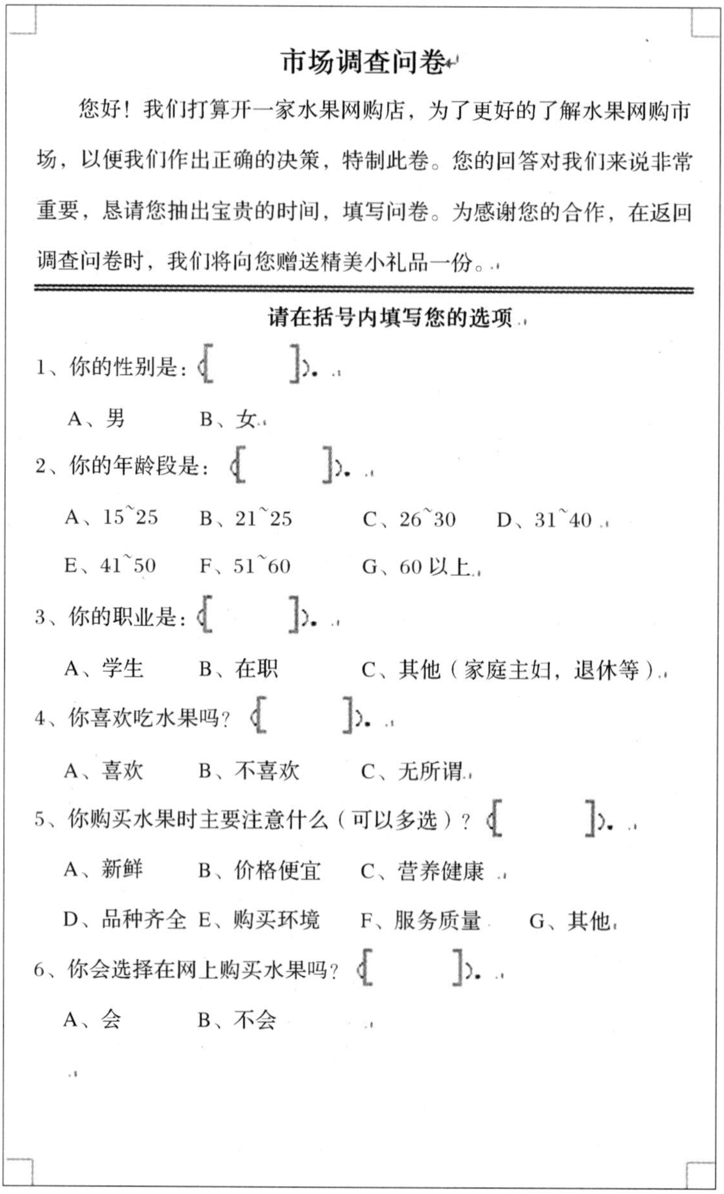

市场调查问卷

您好！我们打算开一家水果网购店，为了更好的了解水果网购市场，以便我们作出正确的决策，特制此卷。您的回答对我们来说非常重要，恳请您抽出宝贵的时间，填写问卷。为感谢您的合作，在返回调查问卷时，我们将向您赠送精美小礼品一份。

请在括号内填写您的选项

1、你的性别是：〔   〕.

    A、男　　　　B、女

2、你的年龄段是：〔   〕.

    A、15~25　　B、21~25　　　C、26~30　　D、31~40

    E、41~50　　F、51~60　　　G、60 以上

3、你的职业是：〔   〕.

    A、学生　　　B、在职　　　C、其他（家庭主妇，退休等）

4、你喜欢吃水果吗？〔   〕.

    A、喜欢　　　B、不喜欢　　C、无所谓

5、你购买水果时主要注意什么（可以多选）？〔   〕.

    A、新鲜　　　B、价格便宜　　C、营养健康

    D、品种齐全 E、购买环境　　F、服务质量　　G、其他

6、你会选择在网上购买水果吗？〔   〕.

    A、会　　　　B、不会

图 1-100　市场调查问卷参考图

第 2 章

Excel 高级应用

【学习目的及要求】掌握 Excel 2010 的高级应用技术,能够熟练掌握工作表美化、公式和常用函数、数据处理、图表创建和美化等知识,具体掌握以下内容。

1. 工作表美化
(1)掌握单元格字体、边框、填充等设置。
(2)掌握套用表格样式和条件格式设置。
(3)掌握图形对象修饰工作表。

2. 公式和常用函数
(1)掌握公式审核和求值。
(2)掌握 Excel 中函数的使用。
(3)掌握常用的函数。

3. 数据处理
(1)掌握数据筛选和排序。
(2)掌握分类汇总和合并计算。
(3)掌握数据透视表和透视图。

4. 图表创建和美化
(1)掌握创建和设计图表方法。
(2)掌握图表美化方法。

2.1 Excel 高级应用主要技术

2.1.1 工作表美化

在 Excel 2010 中,美化工作表主要是设置工作表的文本格式、对齐方式、边框、填充样式以及使用形状、图片等工具修饰工作表。美化工作表可以使表格更加美观,重点突出。本小节将介绍美化工作表的基本操作。

1. 设置字体、字号、字形和颜色

在 Excel 2010 中默认的字体为宋体，可以根据实际需要自行设置单元格中的字体。下面介绍设置字体、字号和颜色等操作方法。

①在打开的 Excel 2010 窗口中，选择准备设置字体的单元格。选择"开始"选项卡，在"字体"组中单击"字体"下拉按钮，在弹出的下拉列表中选择所需的字体样式，如图 2-1 所示。

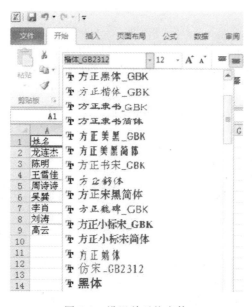

图 2-1　设置单元格字体

②在打开的 Excel 2010 窗口中，选择准备设置字号的单元格，选择"开始"选项卡，在"字体"组中单击"字号"下拉按钮，在弹出的下拉列表中选择所需的字号。

③单元格中文字的字形有三种，默认是常规，另外两种分别是加粗和倾斜。选择需要更改字形的单元格，在"字体"组中单击"加粗"按钮"**B**"，将单元格文字加粗；单击"倾斜"按钮"*I*"，使单元格文字倾斜。再次单击对应按钮可去掉字形效果。

④Excel 2010 中默认的文本颜色是黑色，为了使工作表不单调或者强调重要的内容，可以设置文本的颜色。在打开的 Excel 2010 窗口中，选择准备设置字体颜色的单元格，选择"开始"选项卡，在"字体"组中单击"字体颜色"下拉按钮，在弹出的下拉列表中，选择所需的字体颜色。

⑤字体、字号、字形和颜色的设置也可通过快捷方式实现。选择准备设置的单元格，右击，可利用系统弹出的浮动工具栏设置文字格式，如图 2-2 所示。

2. 设置对齐方式

设置对齐方式是指设置数据在单元格中显示的位置，包括居中、文本左对齐、文本右对齐三种横向对齐方式，以及顶端对齐、垂直居中、底端对齐三种垂直对齐方式。

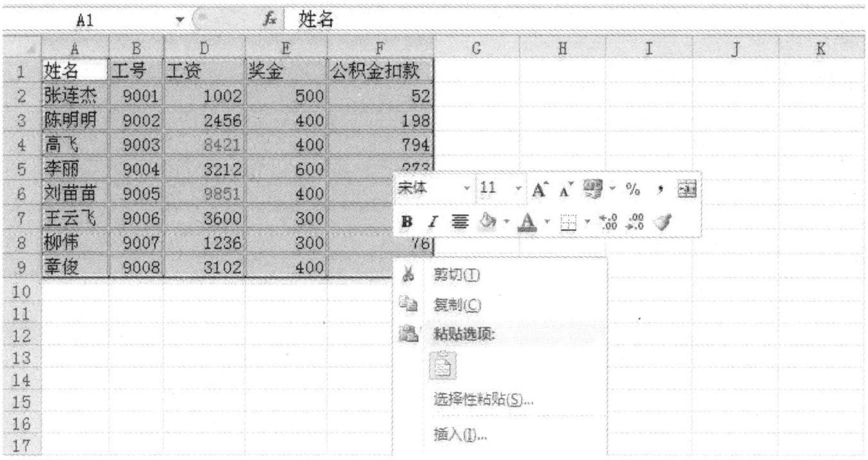

图 2-2　浮动工具栏

在 Excel 2010 工作表中文本的对齐是相对单元格的边框而言的，与设置单元格字体格式相类似，也是通过功能区设置。下面以文本居中对齐为例，介绍通过功能区设置对齐方式的操作方法。在打开的 Excel 2010 窗口中，选择设置字体的单元格，在"开始"选项卡的"对齐方式"组中，单击"居中"按钮"≡"。

3. 设置边框与填充

在 Excel 2010 工作表中，设置边框与填充格式包括设置表格边框、填充图案与颜色、背景和底纹。下面详细介绍设置边框与填充格式的方法。

（1）设置表格边框

①在打开的 Excel 2010 窗口中，选择准备设置边框格式的单元格或单元格区域，在"开始"选项卡的"单元格"组中，单击"格式"按钮，如图 2-3 所示。

②在弹出的"格式"下拉菜单中，选择"设置单元格格式"命令。

③在弹出"设置单元格格式"对话框中，选择"边框"选项卡；在"线条"区域设置线条样式；在颜色下拉框选择线条颜色；在"预置"或"边框"区域中，选择边框线位置。单击"确定"按钮，如图 2-4 所示设置了表格的边框为红色虚线。

④设置单元格格式时，要注意按照先设置线条样式、颜色，再设置预置、边框的顺序操作。

（2）填充图案与填充效果

为达到突出显示或美化单元格的效果，可以对单元格填充图案与颜色。下面详细介绍在单元格中填充图案和颜色的方法。

①填充图案。选择单元格区域，打开"设置单元格格式"对话框，选择"填充"选项卡。在"图案颜色"下拉列表框中选择所需的颜色，在"图案样式"下拉列表框中选择所需的图案样式，单击"确定"按钮。

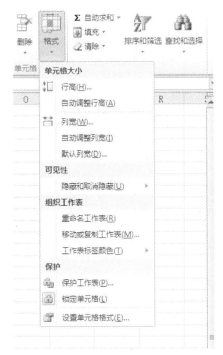

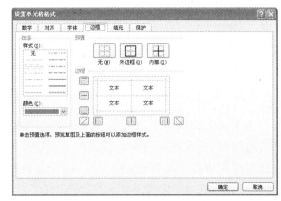

图 2-3　单元格组　　　　　　　　　　图 2-4　"设置单元格格式"对话框

②设置填充效果。选择单元格区域,打开"设置单元格格式"对话框,选择"填充"选项卡。单击"填充效果"按钮,出现"填充效果"对话框,选择渐变的两种颜色和底纹样式,单击"确定"按钮,如图 2-5 所示。

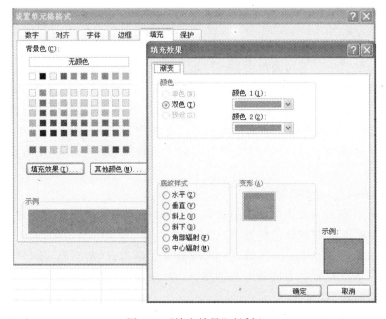

图 2-5　"填充效果"对话框

4. 设置对话框启动器

对单元格区域的字体、对齐方式的设置,除了可以在对应功能区设置外,还可以通过对话框启动器快速启动相应的对话框来进行设置。启动器位于功能区的右下角,如图 2-6 所示为"数字"功能区的对话框启动器。

启动器

5. 快速套用表格样式

图 2-6   对话框启动器

(1)快速套用表格样式是指将 Excel 2010 中内置格式设置应用于单元格区域,以快速完成单元格设置和工作表美化的目的。首先,选择需设置的单元格区域,选择"开始"选项卡,在"样式"组中,单击"套用表格格式"按钮,弹出"套用表格格式"下拉列表,选择所需的表格样式,单击"确定"按钮。

(2)在套用表格格式中自定义表格样式。

①首先单击"开始"选项卡,单击"样式"组中的"套用表格格式"按钮,弹出"套用表格格式"下拉列表。

②单击下方的"新建表样式",弹出如图 2-7 所示的"新建表快速样式"对话框。

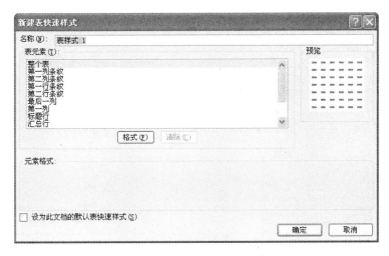

图 2-7   "新建表快速样式"对话框

③在"名称"文本框中输入准备设置的表格样式名称,比如"a1"。

④设置表格各元素的格式,对不满意的设置可单击"清除"按钮清除,单击"确定"则完成自定义表格样式的设置。

⑤选择准备设置的单元格区域,单击"套用表格格式"按钮,在弹出的下拉列表中,单击"自定义"区域中表格样式名称"a1",弹出"套用表格格式"对话框,单击"确定"按钮,完成表格样式的自定义和套用。

6. 条件格式

Excel 2010 中提供了功能更加强大的条件格式，完成各种复杂的设置，允许指定多个条件确定单元格区域的行为。首先选择待设置的单元格区域，单击"开始"选项卡，在"样式"组中单击"条件格式"，弹出如图 2-8 所示的下拉列表。

（1）突出显示单元格规则。选定的单元格区域的值满足大于、小于、介于、等于、文本包含、发生日期、重复值等条件时，设置相应的填充或文字或边框的格式，以突出显示某些单元格。此外，也可在此设置自定义规则。

（2）项目选取规则。选定的单元格区域的值满足最大前 n 项、最大前 $n\%$、最小前 n 项、最小前 $n\%$、高于平均值、低于平均值等条件时，设置相应的填充或文字或边框的格式，以突出显示某些单元格。

（3）数据条。根据选定的单元格区域的值的大小填充对应色条。操作步骤如下。

①单击"开始"选项卡，选择需要设置条件格式的单元格区域。

图 2-8 "条件格式"列表

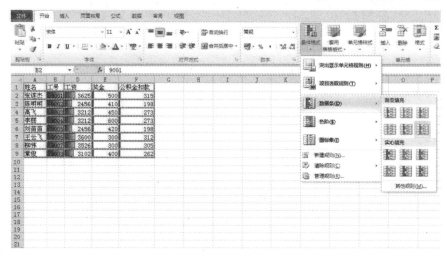

图 2-9 "数据条"条件格式

②单击"样式"组中的"条件格式"下拉按钮。

③单击"数据条"子菜单，选择子菜单中的"紫色条渐变填充"，如图 2-9 所示。

④"数据条"条件格式会在每个单元格根据数据大小填充长短不一的实心或渐变颜色条。

(4)色阶。"色阶"条件格式和"数据条"条件格式的不同之处在于:根据列数据的大小不同形成颜色的深浅渐变。

(5)图标集。"图标集"条件格式可根据单元格区域数据的大小显示对应的图标,有"方向"、"形状"、"标志"、"等级"等不同类型的图标集。也可根据实际自定义图标集规则。

(6)新建规则。如果已有的条件格式都不满足实际需求,可使用"新建规则"。如图 2-10 所示,"新建格式规则"有"基于各自值设置所有单元格的格式"、"只为包含以下内容的单元格设置格式"、"仅对排名靠前或靠后的数值设置格式"、"仅对高于或低于平均值的数值设置格式"、"仅对唯一值或重复值设置格式"、"使用公式确定要设置格式的单元格"等类型。选择每种类型后,可在"编辑规则说明"区域设置具体条件。

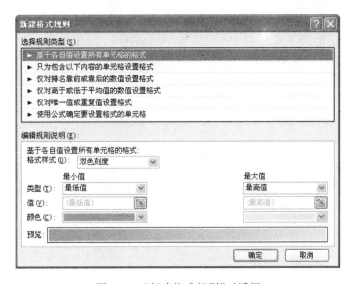

图 2-10 "新建格式规则"对话框

7. 主题

主题是一套统一的设计元素和配色方案,是为文档提供的一套完整的格式集合。其中包括主题颜色、主题字体(标题文字和正文文字)和相关主题效果(线条或填充效果)等。设置主题操作如下。

①选择需要设置主题的单元格区域。

②选择"页面布局"选项卡,单击"主题"组中的"主题"下拉按钮,如图 2-11 所示。

③选择"华丽"主题。

④也可根据需要,选择"主题"组中的"颜色"、"字体"、"效果"下拉列表进行自定义操作。

8. 图形对象

(1)使用剪贴画、图片、形状

①单击要插入剪贴画的单元格。

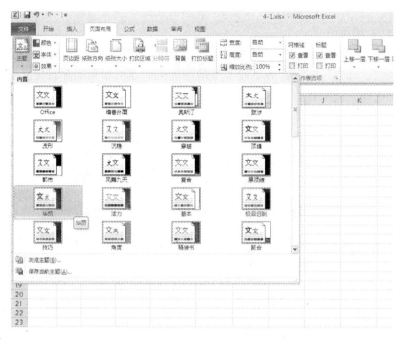

图 2-11　主题设置

②选择"插入"选项卡,单击"插图"组的"剪贴画"按钮,如图 2-12 所示。

图 2-12　插图面板

③在"剪贴画"窗口中搜索所需的剪贴画并选中,选择"格式"选项卡。

④单击"调整"组中相应按键,可更改"颜色"、"艺术效果"、"删除背景"等,如图 2-13 所示。

⑤插入图片、形状的操作与插入剪贴画类似。

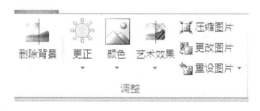

图 2-13　调整组

（2）插入 SmartArt 图形

SmartArt 图形是信息和观点的视觉表示，SmartArt 图形种类繁多，根据不同类型的 SmartArt 图形显示，可快速、轻松、有效地传递信息。插入 SmartArt 图形的具体操作如下。

①单击工作表任意单元格。

②选择"插入"选项卡，单击"插图"组中的"SmartArt"按钮，如图 2-14 所示。

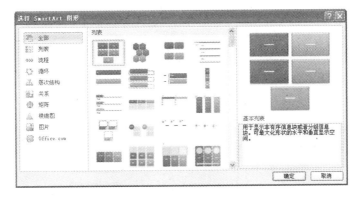

图 2-14　"选择 SmartArt 图形"对话框

③选择"层次结构"，如图 2-15 所示。

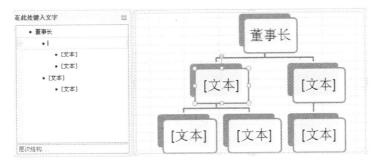

图 2-15　层次结构

④左侧"文本框"区域输入"层次结构"中要表述的文本。

（3）设置 SmartArt 图形格式

①单击"SmartArt 图形"的文本框。

②在"格式"选项卡的"形状样式"组中，单击"形状轮廓"按钮。

③选择"粗细"选项，在级联菜单中设置具体数值，如图 2-16 所示。

（4）更改 SmartArt 图形布局

①选择需要更改布局的 SmartArt 图形。

②选择"设计"选项卡，单击"布局"组中的"更改布局"下拉按钮。

③在弹出的下拉列表中选择所需的图形布局。

④完成图形布局修改。

图 2-16　设置 SmartArt 图形格式

2.1.2　公式与函数

1. 公式概述

公式是 Excel 2010 工作表中进行数值计算的等式,公式输入是从"＝"开始的。通常情况下,公式由函数、参数、常量和运算符组成。下面分别介绍公式的组成部分。

(1)函数:在 Excel 中包含的许多预定义公式,可以对一个或多个数据执行运算,并返回一个或多个值,函数可以简化或缩短工作表中的公式。

(2)参数:函数中用来执行操作或计算单元格或单元格区域的数值。

(3)常量:是指在公式中直接输入的数字或文本值,并且不参与运算且不发生改变的数值。

(4)运算符:用来连接公式中准备进行计算的数据的符号或标记。运算符可以表达公式内执行计算的类型,有引用、算术、连接和关系运算符,具体见表 2-1。

表 2-1　运算符

类　　型	运算符	含义或示例
引用运算符	:(冒号)	生成对两个引用之间所有单元格的引用
	(空格)	生成在两个引用中共有的单元格引用
	,(逗号)	将多个引用合并为一个引用

续表

类　型	运算符	含义或示例
算术运算符	一(负数)	一5
	%(百分比)	37%
	^(乘方)	2^3
	*、/(乘除)	3 * 2
	+、一(加减)	3+2
文本连接运算符	&(连接)	两个文本连接起来产生一个连续的文本值
关系运算符	=(等于)	A1=B1
	<、>(大于、小于)	A1>B1
	<=(小于等于)	A1<=B1
	>=(大于等于)	A1>=B1
	<>(不等于)	A1<>B1

2. 公式审核

(1)错误检查

公式如果输入有误,将会产生一系列错误。利用 Excel 2010 提供的审核功能可以检查出工作表与单元格之间的关系,并找到错误原因。

①单击任意一个单元格,选择"公式"选项卡,单击"公式审核"组中的"错误检查"按钮,如图 2-17 所示。

图 2-17　公式审核的错误检查

②弹出"错误检查"对话框,可单击对话框中的"在编辑栏中编辑"按钮,在对应编辑栏修改公式。

③编辑栏的编辑框中出现闪烁的光标,在编辑框中输入正确的公式;单击"错误检查"对话框中的"继续"按钮,会改正此错误,若工作表中已经无错误单元格,则会显示"已完成

对整个工作表的错误检查”，单击“确定”按钮。

④或者单击“显示计算步骤”按钮，会显示将要出错步骤的提示。

通过 Excel 公式审核功能，可以查找出现错误的公式，进而可以更正错误。

（2）追踪引用单元格

追踪引用单元格是指追踪当前单元格中引用的单元格。追踪引用单元格的操作步骤如下：

①单击任意一个包含公式的单元格，选择“公式”选项卡，单击“公式审核”组中的“追踪引用单元格”按钮，如图 2-18 所示。

②通过上面步骤即可完成追踪引用单元格的操作，其中从 C3 指向 B11 的实线就是出现除数为 0 这种错误的单元格。

（3）追踪从属单元格

在 Excel 2010 工作表中，追踪从属单元格是指追踪当前单元格被引用公式的单元格。追踪从属单元格的操作步骤如下。

①单击任意一个被公式包含的单元格，选择“公式”选项卡，单击“公式审核”组的“追踪从属单元格”按钮，如图 2-19 所示。

②通过上面步骤即可完成追踪从属单元格的操作。

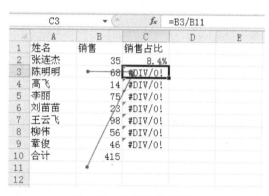

图 2-18　追踪引用单元格

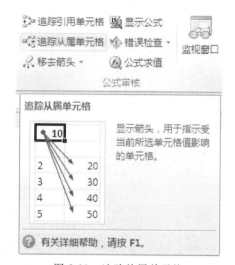

图 2-19　追踪从属单元格

（4）显示公式

显示公式可以显示出参加公式运算的单元格，以方便查阅和修改。显示公式的操作步骤如下。

①选择编辑区中的任意单元格，选择“公式”选项卡，单击“公式审核”组的“显示公式”按钮。

②通过上面的方法即可完成显示公式的操作。

（5）公式求值

在计算公式的结果时，对于复杂的公式可以利用 Excel 2010 提供的公式求值命令，按计算公式的先后顺序查看公式的结果。公式求值的操作步骤如下。

①单击准备进行公式求值的单元格，选择"公式"选项卡，单击"公式审核"组的"公式求值"按钮。

②在"求值"文本框中显示公式内容，其中带下划线的部分是下次将计算的部分。

③单击"求值"按钮，显示公式的计算结果。

④单击"步入"按钮，将公式代入。

⑤单击"关闭"按钮，即可完成公式求值的操作，如图 2-20 所示。

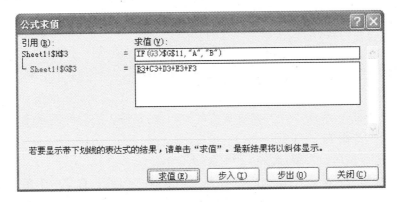

图 2-20　公式审核中的公式求值

3. 函数基础

在 Excel 2010 中，可以使用内置函数对数据进行分析和计算，用函数计算数据的方式与用公式计算数据的方式大致相同，函数的使用不仅简化了公式而且节省了时间，从而提高了工作效率。

（1）函数的概念与语法结构

函数是 Excel 2010 中预定义的公式，即使用一些称为参数的特定数值来完成特定的顺序或结构并执行计算。大多数情况下，函数的计算结果是数值，同时也可以返回文本、数组或逻辑值等信息。与公式相比较，函数可用于执行复杂的计算。

在 Excel 2010 中，调用函数时需要遵守 Excel 对于函数所制定的语法结构，否则将会产生语法错误。函数的语法结构由等号、函数名称、括号和参数组成。

①等号：函数一般以公式的形式出现，必须在函数名称前面输入"＝"号。

②函数名称：用来标识调用功能函数的名称。

③参数：参数既可以是数字、文本、逻辑值和单元格引用，也可以是公式或其他函数。

④括号：用来输入函数参数，各参数之间用逗号隔开。

⑤逗号：各参数之间用来表示间隔的符号。

如"＝SUM(B3:B5,B7:B10)"表示将 B3 到 B5，B7 到 B10 单元格数据相加求和。

（2）函数的分类

在 Excel 2010 中，为了方便不同的计算，系统提供了丰富的函数，一共有 300 多个，主要分为财务函数、逻辑函数、查找与引用函数、文本和数据函数、统计函数、日期与时间函数、数学与三角函数、信息函数、自定义函数等。

4. 常用函数

（1）IF 函数

例如根据工龄计算员工年假。年假规则规定：公司工龄小于 1 年的，享受 10 天年假；大于 1 年小于 10 年的，工龄每增加一年，年假增加 1 天；增长到 20 天不再增加。使用 IF 函数嵌套实现假定单元格 F3 为工龄。

＝IF(F3<1,10,IF(F3<10,9+F3,20))

（2）IF 和 OR、AND 嵌套使用

可用于执行更为复杂的判断。

IF(OR(条件 1,条件 2,…),条件成立的返回值,条件不成立的返回值)

IF(AND(条件 1,条件 2,…),条件成立的返回值,条件不成立的返回值)

（3）ISERROR 函数

Excel 中存在错误的类型，比如 $1/0=\sharp DIV/0$。

ISERROR 是一个逻辑函数，用以判断某个单元格内的值是否是一个错误，是错误则返回 TRUE，不是错误则返回 FALSE。ISERROR 有时可以和 IF 函数嵌套进行一些较为复杂的判断，隐藏错误提示：

＝IF(ISERROR(表达式),"",表达式)（4）COUNTIF 条件计数

用来计算区域中满足给定条件的单元格的个数。

格式：COUNTIF(range,criteria)

其中，range 为进行条件计数的单元格区域；criteria 为确定哪些单元格将被计算在内的条件，其形式可以为数字、表达式或文本。

COUNTIF(A1:A100,">60")，统计全班及格的人数。

（5）SUMIF 条件求和

根据指定条件对若干单元格求和。如果满足某个条件，就对该记录里的指定数值字段求和。在第一个参数所在的区域里面查找第二个参数指定的值，找到后对第三个参数指定的字段进行求和。

格式：SUMIF(range,criteria,sum_range)；

其中 range 为用于条件求和的单元格区域；criteria 为确定哪些单元格将被相加求和的条件，其形式可以为数字、表达式等；sum_range 是需要求和的实际单元格；只有在区域中相应的单元格符合条件的情况下，sum_range 中的单元格才求和，如果忽略了 sum_range，则对区域中的单元格求和。SUMIF(A1:A100,"??? 海 *",E1:E100)对 A 列中第 4 个字为海的 E 列的值求和。

注："?"表示任意一个字符，"*"表示任意个字符，用通配符可实现模糊条件求和。

(6)LEFT 函数

例:LEFT(A1,2)从字符串的左边取字符。

(7)RIGHT 函数

例:RIGHT (A1,2)从字符串的右边取字符。

(8)MID 函数

例:MID (A1,2,3)从字符串的指定位置取指定长度的字符。

(9)WEEKDAY 函数

例:WEEKDAY(A1,2) 参数 2 决定了返回星期一到星期日数字分别为 1 到 7。

(10)RANK 函数

返回某数字在一列数字中的大小排名。其中排序方式参数:0 或忽略表示降序,非 0 表示升序。

(11)ISODD 函数

判断单元格数据奇偶性,如果为奇数,函数返回值为 TRUE,否则为 FALSE。

(12)GCD 函数

计算多个参数的最大公约数,参数以逗号分隔。

(13)VLOOKUP 函数

格式:VLOOKUP(Lookup_value,Table_array,Col_index_num,Range_lookup)

搜索表区域首列满足条件的元素,确定待检索单元格在区域中的行序号,再进一步返回特定单元格的值。其中"Lookup_value"表示需要在数据表首列进行搜索的值,"Table_array"表示需要在其中搜索数据的信息表,"Col_index_num"表示满足条件的单元格在数组区域中的序列号,"Range_lookup"表示查找时,是精确匹配还时模糊匹配。"FALSE"表示模糊匹配。

2.1.3 数据的处理

1.数据筛选

数据筛选是一个隐藏除了符合指定条件以外的数据过程,也就是说经过数据的筛选仅显示满足条件的数据。包括自动筛选、高级筛选和自定义筛选,下面分别予以介绍。

(1)自动筛选

根据所在列数据类型的不同,可以进行不同的筛选操作。下面以"销售表.xlsx"为例,介绍自动筛选的操作方法。

①打开 Excel 2010 工作表,在工作表的数据区任意选择一个单元格,如果只想对"第 1 季度"列进行筛选,则选择"B2:B10"单元格区域。选择"开始"选项卡;单击"编辑"组的"排序和筛选"按钮。

②在弹出的下拉列表中选择"筛选"选项;或者选择"数据"选项卡,单击"排序和筛选"组中的"筛选"按钮,则在列标题上出现下拉按钮,如图 2-21 所示。

③单击"第 1 季度"右侧的下拉按钮;在筛选的"搜索"框中,输入选择准备显示的数据

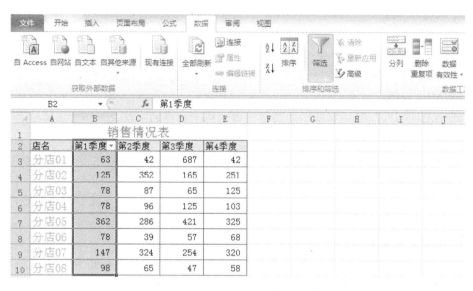

图 2-21　数据筛选

如"125"，单击"确定"按钮。

　　④也可在筛选的复选框中选择多个准备显示的数据，如"63"、"125"、"147"等。

　　⑤若要筛选满足条件的一批数据，则应该选择"数字筛选"下拉菜单。

　　⑥在"数字筛选"下拉菜单中有多种条件设置方式，如图 2-22 所示。

图 2-22　数字筛选设置

（2）高级筛选

如果想对多个列同时设置筛选条件,比如希望筛选出"第 1 季度"数据超过 100 并且"第 2 季度"数据超过 300 的数据信息,则需要用到高级筛选。

①单击"A12"单元格,输入文字"复合条件"并选中;在"开始"选项卡的"字体"组中,选择"字号"为"14"、"字体颜色"为"浅绿色"。

②选择"A12：B12"单元格,单击"开始"选项卡中"对齐方式"组中的"合并后居中"按钮。

③单击"A13"单元格,输入"第 1 季度";单击"B13"单元格,输入"第 2 季度"。

④单击"A14"单元格,输入">100";单击"B14"单元格,输入">300"。

⑤选择"数据"选项卡,单击"排序和筛选"组中的"高级"按钮,如图 2-23 所示,弹出"高级筛选"对话框。

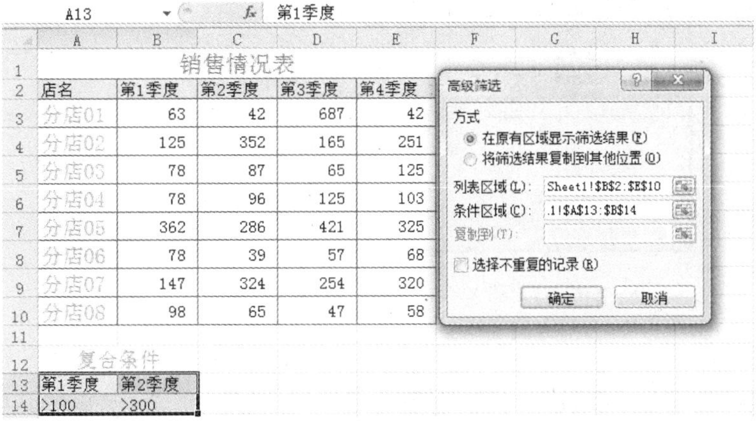

图 2-23　高级筛选

⑥在对话框的"方式"选择"在原有区域显示筛选结果";"列表区域"选择"B2：E10",可单击折叠框按钮,用鼠标选择"B2：E10"区域;条件区域选择"A13：B14",单击"确定"按钮。

⑦运行效果如图 2-24 所示。

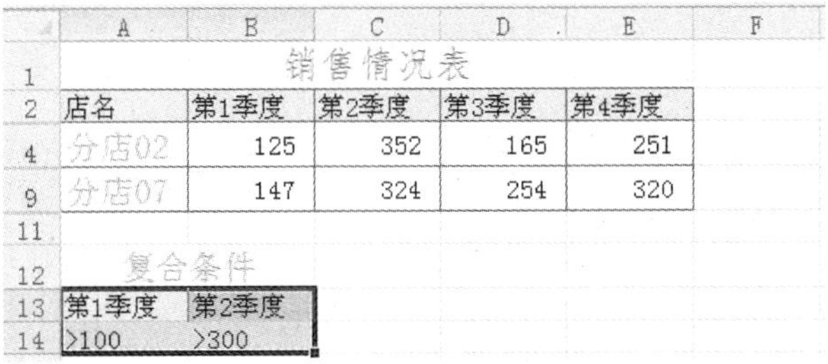

图 2-24　高级筛选效果

⑧如果想去掉筛选效果,显示原始表数据,可选择"数据"选项卡后,单击"排序和筛选"组的"清除"按钮。

⑨如果把筛选条件改为"第 1 季度"数据超过 100 或者"第 2 季度"数据超过 300,只

需要将">300"内容输入到"B15"单元格即可。

2. 数据排序

数据排序是指按一定规则对数据进行整理、排列，这样可以为数据的进一步处理做好准备。Excel 2010 提供了多种方法对数据表进行排序，既可以按升序、降序的方式，也可以由用户自定义排序。

①在数据区域任意单元格单击，选择"开始"选项卡，单击"编辑"组的"排序和筛选"下拉按钮，选择"升序"、"降序"或"自定义排序"，都可实现对数据进行排序。

②在数据区域任意单元格单击，选择"数据"选项卡，单击"排序和筛选"组的"升序"、"降序"按钮可实现升降序。若是单击"自定义排序"按钮，则是自定义排序，如图 2-25 所示。

图 2-25　"排序"对话框设置

③在"列"区域中可设置排序的不同对象，如主关键字设置"第 1 季度"，次要关键字设置"第 2 季度"；在"排序依据"中可根据"数值"、"单元格颜色"、"字体颜色"、单元格图标四个方面进行排序，这里均选"数值"；"次序"区域中可设置"升序"或"降序"，这里"第 1 季度"设"升序"，"第 2 季度"设"降序"。

④单击"确定"按钮，完成"第 1 季度"数据升序排序，"第 2 季度"数据降序排序，即实现当"第 1 季度"相同数值时，"第 2 季度"数据降序排序。

3. 数据的分类汇总

数据的分类汇总是对 Excel 工作表中同一类字段进行汇总。汇总后，同时会将该类字段组合为一组，本节将详细介绍有关分类汇总方面的知识。

(1)简单分类汇总

在使用分类汇总之前，需要对汇总的依据字段进行排序。以"成绩表"为例，若要汇总得到男女学生的"大学语文"平均分，操作步骤如下。

①单击"性别"列中的任意一个单元格。

②选择"数据"选项卡，单击"排序和筛选"组中的"升序"按钮。

③单击"分级显示"组中的"分类汇总"按钮，如图 2-26 所示，弹出"分类汇总"对话框。

④在"分类汇总"对话框的"分类字段"选择"性别"，在"汇总方式"选择"平均值"，"选定汇总项"设置为"大学语文"。

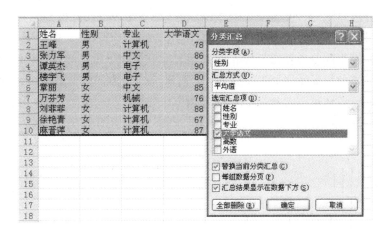

图 2-26　分类汇总设置

⑤选择"替换当前分类汇总"和"汇总结果显示在数据下方",单击"确定"按钮,效果如图 2-27 所示。

	姓名	性别	专业	大学语文	高数	外语
2	王峰	男	计算机	78	85	46
3	张力军	男	中文	86	55	76
4	谭英杰	男	电子	90	78	53
5	楼宇飞	男	电子	80	73	84
6		男 平均值		83.5		
7	章丽	女	中文	85	64	78
8	万芬芳	女	机械	76	70	87
9	刘菲菲	女	计算机	88	78	86
10	徐艳青	女	计算机	67	86	75
11	麻晋萍	女	计算机	87	88	66
12		女 平均值		80.6		
13		总计平均值		81.9		

图 2-27　按性别分类汇总

⑥若要汇总得到多个字段的数据,如要得到男女学生的"大学语文"平均值,"高数"总分,则可在完成上面步骤后继续选择整个数据表,单击"分级显示"组的"分类汇总"按钮。出现"分类汇总"对话框后,在"分类字段"选择"性别",在"汇总方式"选择"总分","选定汇总项"设置为"高数"。

⑦在对话框中去掉"替换当前分类汇总",单击"确定"按钮。

⑧要清除分类汇总,可单击"分级显示"组的"分类汇总"按钮,单击"全部删除"按钮。

(2)多种条件分类汇总

若要对男女生先进行分类,在此基础上再按"专业"进行分类,得到不同类的"外语"成绩最高分。则按"性别"为主关键字、"专业"为次要关键字排序,然后分类汇总。

①单击数据区域任意单元格。

②选择"数据"选项卡,单击"排序和筛选"组的"排序"按钮。

③设置"主关键字"为"性别","次关键字"为"专业",按"数值"、"升序"的次序排序,单击"确定"按钮。

④单击"分级显示"组的"分类汇总"按钮,在"分类字段"选择"性别",在"汇总方式"选择"最大值","选定汇总项"设置为"外语"。

⑤选择"替换当前分类汇总"和"汇总结果显示在数据下方",单击"确定"按钮。

⑥再次单击"分级显示"组的"分类汇总"按钮,在"分类字段"选择"专业",在"汇总方式"选择"最大值","选定汇总项"设置为"外语"。

⑦去掉"替换当前分类汇总",单击"确定"按钮,效果如图 2-28 所示。

	A	B	C	D	E	F
1	姓名	性别	专业	大学语文	高数	外语
2	谭英杰	男	电子	90	78	53
3	楼宇飞	男	电子	80	73	84
4			电子 最大值			84
5	王峰	男	计算机	78	85	46
6			计算机 最大值			46
7	张力军	男	中文	86	55	76
8			中文 最大值			76
9		男 最大值				84
10	万芬芳	女	机械	76	70	87
11			机械 最大值			87
12	刘菲菲	女	计算机	88	78	86
13	徐艳青	女	计算机	67	86	75
14	麻晋萍	女	计算机	87	88	66
15			计算机 最大值			86
16	章丽	女	中文	85	64	78
17			中文 最大值			78
18		女 最大值				87
19		总计最大值				87

图 2-28 多条件分类汇总

4. 合并计算

在 Excel 2010 工作表中,合并计算是指把多个工作表中的数据合并计算到一个工作表。合并计算数据可实现按位置合并计算数据。

按位置合并计算数据的要求是每列的第一行都有一个标签、列中包含相应的数据、每个区域都具有相同的布局。如有"教师工作量表","Sheet1"表为第一学期工作量,里面有"教学工作量"和"科研工作量"两列,并含有数据;"Sheet2"表为第二学期工作量,同样有"教学工作量"和"科研工作量"两列,并含有数据。现要计算学年总工作量,可使用合并计算。

①双击"Sheet1"表更名为"第一学期工作量",双击"Sheet2"表更名为"第二学期工作量",双击"Sheet3"表更名为"学年总工作量"。

②选择"学年总工作量",单击"C2"单元格。

③选择"数据工具"选项卡,单击"数据工具"组的"合并计算"按钮,如图 2-29 所示。

④函数选择"求和",单击"引用位置"折叠框,选择"第一学期工作量"表,选择"C2:D10"单元格区域,单击"添加"按钮。

⑤再次单击"引用位置"折叠框,选择"第二学期工作量"表,选择"C2:D10"单元格区域,单击"添加"按钮。

⑥选择"创建指向源数据的连接",表示原始数据的改变会使合并计算的结果自动更新。

图 2-29　"合并计算"设置

⑦单击"确定"按钮,可实现"学年总工作量"的合并计算。

5. 创建与编辑数据透视表

数据透视表是一种对大量数据进行快速汇总和建立交叉列表的交互式表格,它不仅可以转换行和列查看源数据的不同汇总结果,而且还可以显示不同页面以筛选数据。数据透视表是一个动态的图表。接下来将详细介绍创建与编辑数据透视表的方法。

(1)创建数据透视表

在创建数据透视表之前,首先需将数据组织好,确保数据中的第一行包含列标签,然后必须确保表格中的文本含有数字。

①在 Excel 2010 工作表中,单击任意一个单元格。

②选择"插入"选项卡,单击"表格"组中的"数据透视表"按钮,如图 2-30 所示。

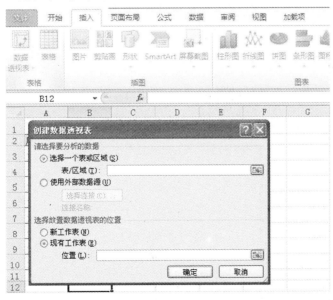

图 2-30　数据透视表

③弹出"创建数据透视表"对话框,在"请选择要分析的数据"中可选择"选择一个表或区域"和"使用外部数据源"单选按钮。

④在"选择放置数据透视表的位置"选项组中,可选择"新工作表"和"现有工作表"单选按钮,选择"新工作表",单击"确定"按钮。

⑤在新窗口弹出"数据透视表字段列表"窗格,如图 2-31 所示。

图 2-31　数据透视表字段列表

⑥在"选择要添加到报表的字段"列表框中,选择准备添加字段的复选框,选中的字段会出现在"在以下区域间拖动字段"区域。

⑦数值类型的报表字段一般放入到"∑数值"区域,默认为"求和"。可选择"选项"选项卡,单击"计算"组的"按值汇总"下拉按钮,选择不同的数据处理方式,如图 2-32 所示。

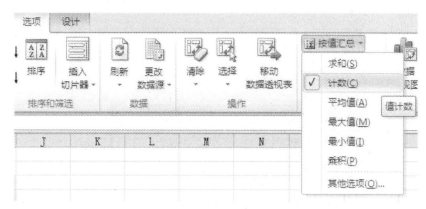

图 2-32　按值汇总方式

(2)美化数据透视表

在 Excel 2010 工作表中,如果对数据透视表布局不满意,则可以对其重新设置。下面详细介绍美化数据透视表的方法。

通过移动法设置透视表的布局,移动法是指把鼠标指针移动至准备拖动的字段名称上,单击并拖动鼠标指针至准备拖动的位置,下面详细介绍其操作方法。

①在"数据透视表列表"窗格中,把鼠标指针移动至字段名称上。

②单击并拖动鼠标至准备移动的目标位置。可将字段在"报表筛选"、"列标签"、"行标签"、"数值"四个区域移动。

6. 创建与操作数据透视图

为了使 Excel 表格中的数据关系更加形象直观,在使用 Excel 表格时可以将数据以图表的形式插入到表格中,图表可以更清晰地显示各个数据之间的关系和数据的变化情况。接下来介绍创建数据透视图的相关知识。

(1)使用数据区域创建数据透视图

①打开准备创建图表的工作表,选中准备创建图表的数据区域。

②选择"插入"选项卡,单击"表格"组的"创建数据透视表"下拉按钮,选择"数据透视图"。

③弹出"创建数据透视表及数据透视图"对话框,设置如同"创建数据透视表"对话框,可在"请选择要分析的数据"中选择"选择一个表或区域"和"使用外部数据源"单选按钮。

④在"选择放置数据透视表的位置"选项组中,可选择"新工作表"和"现在工作表"单选按钮,选择"新工作表",单击"确定"按钮。

⑤在新窗口弹出"数据透视表字段列表"窗格,在"选择要添加到报表的字段"列表框中,选择准备添加字段的复选框,选中的字段会出现在"在以下区域间拖动字段"区域,如图 2-33 所示。

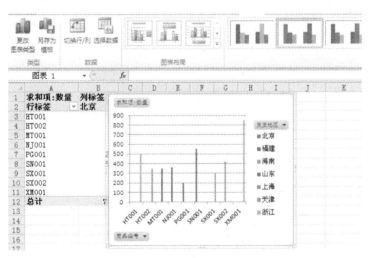

图 2-33　数据透视图

⑥可在"类型"组选择"更改图表类型",在"数据"组"切换行/列"数据。

⑦若要删除"数据透视表"或"数据透视图",可单击"数据透视表"区域任意单元格,选择"选项"选项卡,单击"操作"组的"选择"下拉按钮,单击"整个数据透视表",然后按

"Delete"键。

（2）美化数据透视图

一般在默认状态下创建的数据透视图中的图表，所呈现出的效果只是最基本的样式，图表中所显示的数据也只包含最基本的元素。可以根据需要将很多图表未显示的元素添加到图表中，为图表设计不同的布局以满足工作的要求。

Excel 2010 电子表格中，默认设计了多种图表布局，可以根据具体的工作要求自行选择使用。

①在 Excel 2010 工作表中，单击已创建的图表。

②选择"设计"选项卡，单击"图表布局"组的"快速布局"按钮。

③单击准备应用的布局类型，如图 2-34 所示。

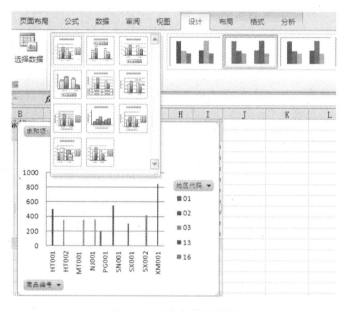

图 2-34　美化数据透视图

④还可以单击"设计"选项卡下的"图表样式"组中的各种不同颜色配比的"样式"。

⑤选择"布局"选项卡，可在"标签"组对"图表标题"、"坐标轴标题"、"图例"等进行设置，在"坐标轴"组对"坐标轴"、"网格线"设置，在"背景"组对"绘图区"、"图表背景墙"等设置，如图 2-35 所示。

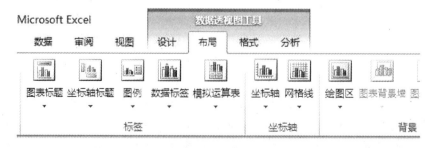

图 2-35　数据透视图工具—布局

2.1.4　图表的美化

1. 创建图表的方法

在 Excel 2010 工作表中,创建图表可以通过对话框创建图表、通过功能区创建图表等方法。下面具体介绍创建图表的方法。

(1)通过对话框创建图表

下面介绍在 Excel 2010 工作表中,通过对话框创建图表的操作步骤。

①选中准备创建图表的数据单元格区域。

②选择"插入"选项卡,单击"图表"组中的"创建图表对话框启动器"按钮,如图 2-36 所示。

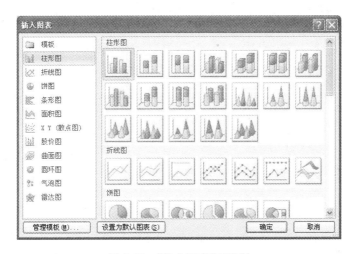

图 2-36　"插入图表"对话框

③在弹出的"插入图表"对话框中,左侧选择图表类型,右侧确定应用的图表子图类型。

④单击选择准备应用的图表样式,单击"确定"按钮。

(2)使用功能区创建图表

①选择想制作图表的数据单元格区域。

②选择"插入"选项卡,单击"图表"组中的"柱形图"下拉按钮,选择"柱形图"中的子图,完成图表创建。

2. 设计图表

创建完图表后,如果图表不能明确地把数据表现出来,那么可以重新设计图表类型。

(1)更改图表类型

①打开 Excel 2010 工作表,单击选择已创建的图表。

②选择"设计"选项卡,单击"类型"组中的"更改图表类型"按钮。

③弹出"更改图表类型"对话框,在图表类型列表框中,单击更改的图表类型。

④在右侧选择图表子图,单击"确定"按钮。

(2)修改数据源

①单击已创建的图表。

②选择"设计"选项卡,单击"数据"组中的"选择数据"按钮,如图 2-37 所示。

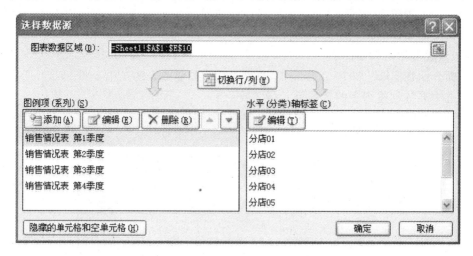

图 2-37 "选择数据源"对话框

③单击"图表数据区域"右侧的"折叠"按钮。

④单击准备重新选择的数据源,单击"确定"按钮。

(3)设计图表布局

①单击已创建的图表。

②选择"设计"选项卡,单击"图表布局"组中的某种布局(如"布局 1")。

③完成图表的布局。

(4)设计图表样式

①单击已创建的图表。

②选择"设计"选项卡,单击"图表样式"组中的某种样式(如"样式 2")。

③完成图表的样式修改。

3. 美化图表

在 Excel 2010 工作表中,用户可以对已创建的图表进行美化,这样创建的图表可以更美观、更直观地展示数据内容。下面介绍在 Excel 2010 工作表中美化图表的操作方法。

(1)设置图表标题

①打开 Excel 2010 工作表后,选择已创建的图表。

②选择"布局"选项卡,单击"标签"组中的"图表标题"按钮。

③在弹出的"图表标题"下拉列表中,选择准备更改图表标题的样式,如选择"居中覆盖标题",如图 2-38 所示。

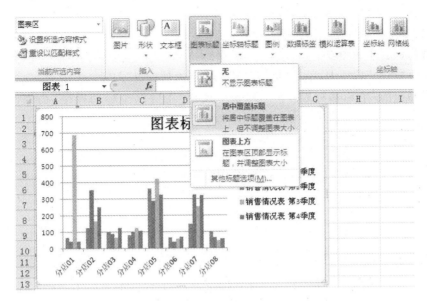

图 2-38　修改图表标题

④把鼠标指针定位在图表标题文字后,单击图表标题,按"BackSpace"键删除文字,输入新的图表名称。

⑤单击"当前所选内容"组中的"设置所选内容格式"按钮,如图 2-39 所示。

图 2-39　设置图表标题格式

⑥弹出"设置图表标题格式"对话框,可对"图表标题"的"填充"方式、"边框颜色"、"边框样式"等方面进行设置。

(2)设置图例

①选择已创建的图表。

②选择"布局"选项卡,单击"标签"组中的"图例"下拉按钮。

③选择"在右侧显示图例",完成美化。

(3)设置坐标轴标题

①选择已创建的图表。

②选择"布局"选项卡,单击"标签"组中的"坐标轴标题"按钮。

③在弹出的"坐标轴标题"下拉列表中选择"主要纵坐标轴标题"命令,如图 2-40 所示。

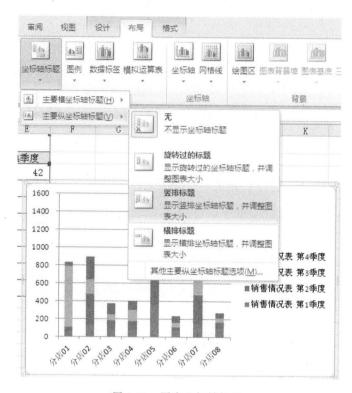

图 2-40　图表坐标轴标题

④在弹出的下拉列表中,选择"竖排标题",完成设置。

2.2　项目 1　差旅报销单的设计与制作

2.2.1　项目描述

小张到新公司上班后接到一个任务,办公室主任希望他能将公司原先纸质的"差旅报销单"(见图 2-41),设计成 Excel 工作表,以便实现相关数据的保护和金额的自动计算等功能。

图 2-41　差旅报销单

2.2.2　知识要点

（1）Excel 中表格数据的录入及格式设置。输入原始数据后将表格制作为单据形式，需要对工作表进行美化。

（2）常用函数的应用。制作好原始报销单后，应能实现输入不同数据自动计算相应统计结果，所以要在对应单元格位置预先设置好统计数据项的公式和函数。

（3）保护工作表功能的应用。为防止使用报销单时误修改原始数据及格式，应对整个报销单进行保护，并留出允许应用时操作的单元格。

（4）掌握模板文件的制作及应用。为便于以后多次重复使用报销单，可保存为模板文件。

2.2.3　制作步骤

1. 输入原始表数据

打开 Excel 2010，新建 Excel 表，表名为"差旅报销单"，在制作差旅报销单时，首先需要在 Excel 表格中输入原始数据。具体操作步骤如下。

①新建工作表，在"B1"单元格中输入表格标题文本内容"差旅报销单"。

②在"B3"单元格中输入"单位"，在"B5"单元格中输入"出差人"，在"B6"单元格中输入"出发"，M3 输入"日期"。

③分别在"G5"和"G6"单元格中输入"部门负责人"和"到达"；在"B7：I7"单元格区域和各单元格中分别输入"月"、"日"、"时"、"地点"等内容。

④分别在"B11：B14"单元格区域的各单元格内容输入"小计"、"合计"、"预借旅费"和"公司负责人"。

⑤在 M5 单元格中输入"出差事由"；分别在"J6、K6、M6、O6"单元格中输入文字"交

通工具"、"交通费"、"出差补贴"和"其他费用"。

⑥在"K7：Q7"区域的各单元格中分别输入"单据张数"、"金额"、"天数"、"金额"、"项目"、"单据张数"和"金额"。

⑦分别在"O8、O9、O10"单元格中输入文本"住宿"、"餐饮"和"其他"。

⑧分别在"I12、I13、I14"单元格中输入文本"（大写）人民币"、"补领金额"和"财务经理"。

⑨分别在"N13"和"N14"单元格中输入文本"退还金额"和"财务总监"，完成原始数据的输入，如图 2-42 所示。

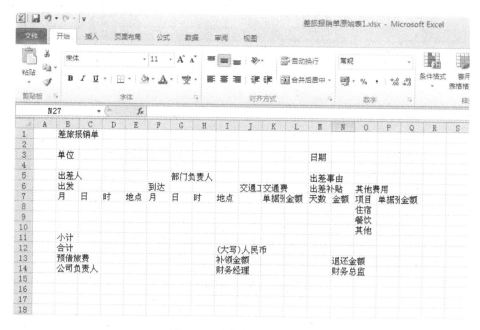

图 2-42　差旅报销单原始表

2. 调整表格并设置表格格式

输入原始数据后要将表格制作为单据表格，需要对表格进行调整，并在表格中加上各种修饰。具体操作步骤如下：

①单击"全选"按钮选择整个工作表中的行和列；选择"开始"选项卡，单击"单元格"组中的"格式"按钮；在弹出的菜单中单击"列宽"命令。

②在打开的对话框的"列宽"文本框中输入数值"4.5"；单击"确定"按钮将所有单元格的列宽设置为"4.5"。

③选择"B1：Q1"单元格区域；单击"开始"选项卡中的"合并后居中"按钮，合并所选单元格区域，如图 2-43 所示。

④选择"开始"选项卡，设置"字体"为"黑体"，"字号"为"18"，"文字颜色"为"红色"。

⑤选择"B3：D3"单元格区域；选择"开始"选项卡，单击"对齐方式"组中的"合并后居中"下拉按钮；在弹出的菜单中选择"合并单元格"命令，将单元格进行合并但文字不居中。

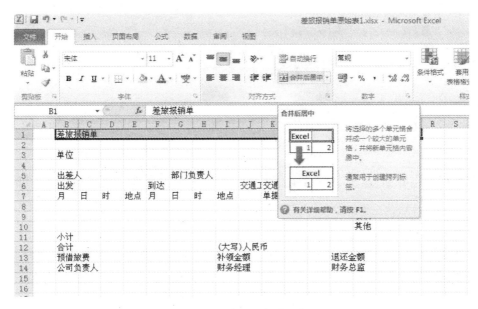

图 2-43　单元格合并居中

⑥选择"开始"选项卡，设置"字号"为"16"，"文字颜色"为"红色"。

⑦选择"F3:L3"单元格区域；选择"开始"选项卡，单击"对齐方式"组中的"合并后居中"按钮，将该单元格区域合并。

⑧选择"M3:N3"单元格区域；选择"开始"选项卡，单击"对齐方式"组中的"合并后居中"按钮，合并该单元格区域。

⑨选择单元格区域"O3:Q3"；选择"开始"选项卡，单击"对齐方式"组中的"合并后居中"按钮合并该单元格区域。

⑩选择单元格区域"B5:C5"；选择"开始"选项卡，单击"对齐方式"组中的"合并后居中"按钮合并该单元格区域。

⑪同样的操作，分别合并单元格区域"D5:F5、G5:H5、I5:L5、O5:Q5"。

⑫分别合并单元格区域"B6:E6、F6:I6、J6:J7、K6:L6、M6:N6、O6:Q6"。

⑬分别合并单元格区域"B11:H11、B12:D12、B13:D13、B14:D14"。

⑭选择单元格区域"E12:H14"；选择"开始"选项卡，单击"对齐方式"组中的"合并后居中"按钮右侧的按钮；在弹出的菜单中单击"跨越合并"命令，将所选区域的各行进行合并。

⑮使用"合并单元格"命令分别将单元格区域"I12:K12、L12:Q12、I13:J13、I14:J14、K13:M13、K14:M14、N13:O13、P13:Q13、P14:Q14"进行合并，效果如图 2-44 所示。

⑯同时选择单元格"J6"和"P7"；选择"开始"选项卡，单击"对齐方式"组中的"自动换行"按钮。

⑰选择单元格区域"B3:Q14"；选择"开始"选项，单击"字体"组中的"下框线"按钮；在弹出的菜单中选择"其他边框"命令，如图 2-45 所示。

⑱在打开的对话框的"样式"列表框中选择"双线"类型；在"颜色"下拉列表框中选择

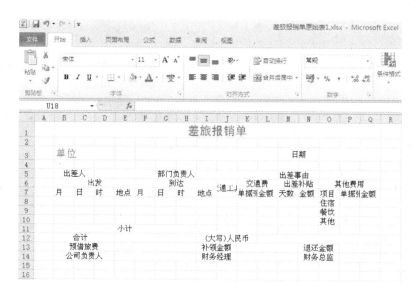

图 2-44　合并居中后的报销单

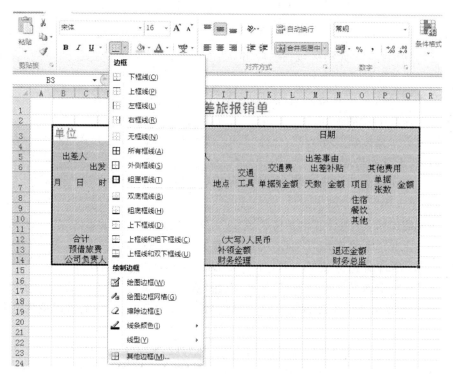

图 2-45　表格边框设置

"深红";单击"外边框"按钮将设置的线条效果作为所选区域的外边框。

⑲在"样式"列表框中选择"单线"类型;在"颜色"下拉列表框中选择"深蓝";单击"内部"按钮将设置的线条效果作为所选区域的内部边框。

⑳双击列标题中 K 列的右边线,将 K 列的列宽设置为自动适应。

㉑选择"B4：Q4"单元格区域；选择"开始"选项卡，单击"对齐方式"组中的"合并后居中"按钮，将该行单元格进行合并，效果如图 2-46 所示。

图 2-46　初步效果图

㉒选择单元格区域"L8：L11、N8：N11、Q8：Q11"；选择"开始"选项卡，单击"数字"组中的"数字格式"下拉按钮，选择"会计专用"选项。

㉓分别选择单元格区域"E12、E13、K13、P13"；选择"开始"选项卡，单击"数字"组中的"数字格式"下拉按钮，选择"会计专用"选项。

㉔选择"L12"单元格；选择"开始"选项卡，单击"数字"组中的"对话框启动器"。在打开的对话框的"分类"列表框中选择"特殊"选项，选择"中文大写数字"，如图 2-47 所示。

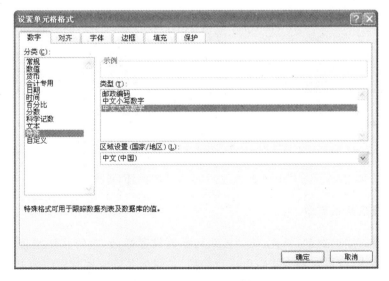

图 2-47　特殊数字格式

㉕单击"F3"单元格,选择"开始"选项卡,设置"字号"为"14","文字颜色"为"蓝色"。

㉖单击"O3"单元格,选择"开始"选项卡,单击"数字"组中的"数字格式"下拉按钮,选择"长日期";设置"字号"为"12","字体颜色"为"蓝色"。

㉗单击"D5、I5、O5"单元格,选择"开始"选项卡,设置"字体颜色"为"蓝色",文字加粗。

㉘单击"B8:N10,P8:Q10"单元格,选择"开始"选项卡,设置"字体颜色"为"蓝色"。

㉙单击单元格"L11、N11、Q11、E12:E13、L12、K13、P13",选择"开始"选项卡,设置"字体颜色"为"橄榄绿",字体"加粗"。

3. 使用公式和函数进行统计

①在小计栏"L11"单元格输入公式"＝K8＊L8＋K9＊L9＋K10＊L10",计算出各行中单据张数与金额相乘然后求和的结果。

②选择"L11"单元格,按"Ctrl"＋"C"组合键复制,选择"N11"按"Ctrl"＋"V"组合键粘贴公式于该单元格,用同样的方法粘贴公式于"Q11"。

③在"合计"单元格"E12"中输入函数公式"＝SUM(L11,N11,Q11)",即利用 SUM 函数计算各小计金额之和。

④在"(大写)人民币"结果单元格"L12"中输入公式"＝IF(E12<>0,E12,"")",对合计结果"E12"进行判断,若合计结果不为 0,则引用合计值,否则不显示内容。

⑤统计时,还需要根据合计金额和预借旅费值的多少,计算出"补领金额",如图 2-48所示。

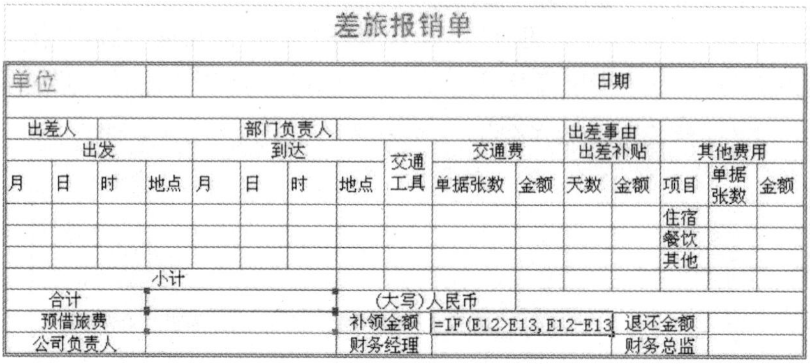

图 2-48 "补领金额"计算公式

⑥对应"P13"单元格的"退还金额"计算公式为"＝IF(E12<E13,E13－E12,"")"。

4. 保护及应用报销单

在报销单的原始数据,格式、统计公式和函数设置好后,为防止使用报销单时误修改原始数据及格式,可以对整个报销单进行保护,并留出允许应用时操作的单元格。

①选择"审阅"选项卡,单击"更改"组中的"允许用户编辑区域"按钮,弹出如图 2-49所示的对话框。

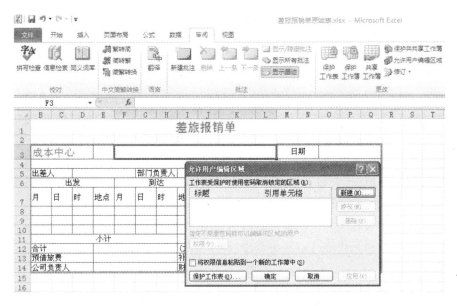

图 2-49　"允许用户编辑区域"对话框

　　②在打开的对话框中单击"新建"按钮,在"标题"文本框输入区域名称,如"区域 1",在"引用单元格"文本框输入或引用表格允许修改单元格的区域,如"F3",如图 2-50 所示。同样的操作对"O3、D5、I5、O5、B8:N10、P8:Q10、E13:H14、K14、P14"等单元格区域进行设置。

　　③单击"允许用户编辑区域"对话框中的"保护工作表"按钮,在打开的"保护工作表"对话框中"取消工作表保护时使用的密码"文本框输入密码,单击"确定"按钮。在打开的"确认密码"对话框中再次输入相同密码并单击"确定"按钮,完成表格的保护,如图 2-51所示。

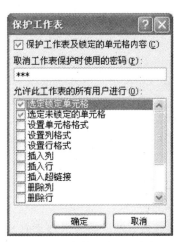

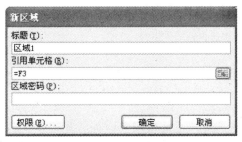

图 2-50　新区域设置　　　　　　　　　　图 2-51　"保护工作表"对话框

5. 保存为模板文件及使用

为便于以后多次重复应用报销单,可将报销单保存为模板文件,方法如下。

①选择"文件"选项卡,在打开的列表中单击"另存为"选项。

②在打开的"另存为"对话框中的"文件名称"中输入要保存的模板文件名称,如"差旅报销单原始表",在"保存类型"下拉按钮选择"Excel 模板(＊.xltx)"选项,单击"保存"按钮即可。

③要应用模板创建报销单文件时,只要单击"文件"选项卡中的"新建"选项,在"可用模板"中单击"我的模板"按钮。如图 2-52 所示,在打开的对话框中选择前面创建的模板文件"差旅单",单击"确定"按钮即可应用该模板新建文件。

④用模板创建出来的工作表和原有的工作表一样,因为设置了工作表保护,所以无法对表格的格式进行调整和修改。如果要进行修改,可将工作表保护取消。

图 2-52　应用模板创建工作表

2.2.4　项目小结

Excel 具有强大的财务数据处理功能,因此广泛地应用于财务管理工作中,本项目以财务工作中常见的报销单制作为例,详细介绍了 Excel 2010 中表格数据输入、单元格格式设置的方法,以及应用简单公式函数进行表格数据处理的方法。同时介绍了工作表保护和模板制作及应用方法。通过本项目的学习,可以掌握类似的财务票据表格制作。

2.3　项目 2　发货数据统计表的设计与制作

2.3.1　项目描述

Excel 工作表中含有大量的数据,如何从大量的数据中获取有用的信息,并以简单明了的方式呈现给我们看,可使用数据透视表。数据透视表提供了一种快速且强大的方式来分析数值数据,以不同的方式查看相同的数据,将用户需要的、感兴趣的数据从海量的数据中提取出来生成短小简洁的汇总报表。本项目就以一份发货清单数据信息为例来全面掌握数据透视表的使用。

2.3.2　知识要点

(1)原始数据清单的选择。数据透视表适合于数据量大并且较复杂的数据表。如果原始表过于简单,使用数据透视表制作报表就体现不出其强度的数据分析功能,因此制作或选择原始数据表时应多加注意。

(2)数据透视表的筛选。制作出数据透视表后,根据需要可筛选出感兴趣的数据值,筛选的方式多种多样。

(3)数据透视表的排序。制作出数据透视表后,根据需要可对数据进行排序。

2.3.3　制作步骤

1. 输入原始数据

①新建工作表,在"A1"到"G1"单元格中分别输入列标签"商品编号"、"商品名称"、"数量"、"单价"、"单位"、"地区代码"、"发货地区"。

②在"A2"到"G10"单元格区域分别输入对应字段内容,如图 2-53 所示。

③选择"A1:G10"单元格区域。

④选择"开始"选项卡,单击"单元格"组的"格式"下拉按钮,选择"自动调整列宽",如图 2-54 所示。

2. 创建数据分析表

(1)创建数据透视表

①单击原始表任意单元格。

②选择"插入"选项卡,单击"表格"组的"数据透视表"下拉按钮,选择"数据透视表"。

	A	B	C	D	E	F	G
1	商品编号	商品名称	数量	单价	单位	地区代码	发货地区
2	PG001	苹果iPhone4S	200	4720	台	01	北京
3	SX001	三星I9000 G	300	1380	台	02	上海
4	HT001	HTC G23	500	4565	台	13	浙江
5	XM001	小米 M1	850	1999	台	13	浙江
6	HT002	HTC T328	350	1899	台	03	天津
7	SN001	索尼 LT261	550	3910	台	01	北京
8	SX002	三星GALAXY	420	4170	台	16	海南
9	NJ001	诺基亚 N9	360	2740	台	17	福建
10	MT001	摩托罗拉 ME7	350	1450	台	21	山东

图 2-53　发货清单

图 2-54　自动调整列宽

③弹出创建数据透视表对话框，如图 2-55 所示。

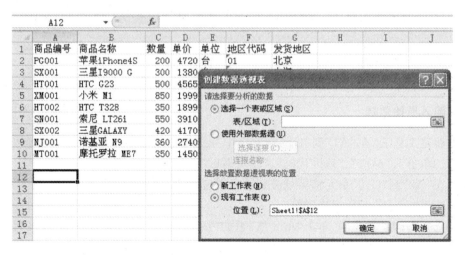

图 2-55　数据透视表设置

④单击"选择一个表区域"右侧的"折叠框"按钮，左键拖动选择"A1：G10"区域。
⑤为便于看清数据透视报表，选择"新工作表"，单击"确定"按钮。
⑥Excel 将自动创建新的空白数据透视表，如图 2-56 所示。
⑦双击"Sheet4"工作表标签，修改表名为"数据透视表"。

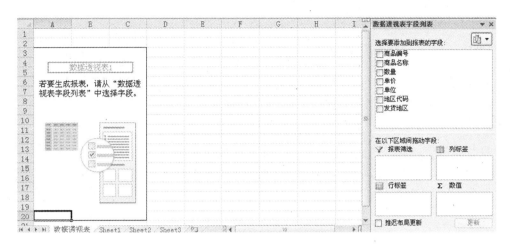

图 2-56　空白数据透视表

（2）显示"商品名称"和"发货地区"之间的数据报表

①在"数据透视表字段列表"中拖动"商品名称"字段到下方的"行标签"处。

②拖动"发货地区"字段到下方的"列标签"处。

③拖动"数量"字段到下方的"数值"处，效果如图 2-57 所示。

求和项:数量	列标签							
行标签	北京	福建	海南	山东	上海	天津	浙江	总计
HTC G23							500	500
HTC T328						350		350
摩托罗拉 ME7				350				350
诺基亚 N9		360						360
苹果iPhone4S	200							200
三星GALAXY			420					420
三星I9000 G					300			300
索尼 LT26i	550							550
小米 M1							850	850
总计	750	360	420	350	300	350	1350	3880

图 2-57　不同地区商品发货数量

④单击"数据透视表字段列表"下方"数值"区域里的"求和项:数量"下拉菜单，选择"值字段设置"，可改变数据的汇总方式，如图 2-58 所示。

⑤选择"计算类型"为"最大值"，单击"确定"按钮，数据透视表可显示各个地区发货量最大的手机型号及发货数量。

（3）显示每个"发货地区"商品数量的百分比报表

①在"数据透视表字段列表"中拖动"商品名称"字段到下方的"行标签"处。

②拖动"发货地区"字段到下方的"列标签"处。

③拖动"数量"字段到下方的"数值"处，单击"数据透视表字段列表"下方"数值"区域

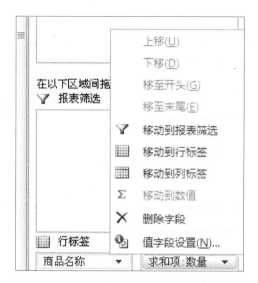

图 2-58　值字段设置

里的"求和项:数量"下拉菜单,选择"值字段设置",或者选择"选项"选项卡,单击"活动字段"组的"字段设置"按钮,可以出现如图 2-59 所示的对话框。

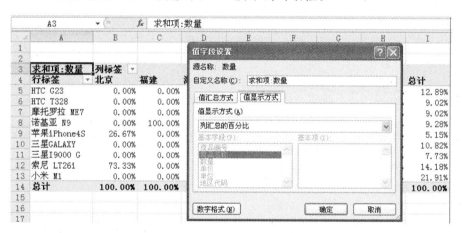

图 2-59　值显示方式

　　④选择"值显示方式"选项卡,单击"值显示方式"下拉列表框,选择"列汇总的百分比",确认值汇总方式为默认的"求和",单击"确定"按钮。

　　⑤可显示各发货地区,商品所占的百分比例,如图 2-60 所示。

　　(4)显示每件商品在不同地区的发货数量报表

　　①为便于看到报表效果,修改原始数据表,使得同一件商品在多个地区有发货量。

　　②选择"A2:D2"单元格区域,按"Ctrl"+"C"组合键复制,同时选中"A4:D4"和"A8:D8"单元格区域,按"Ctrl"+"V"组合键粘贴。

　　③在"数据透视表字段列表"中拖动"商品名称"字段到下方的"行标签"处。

　　④继续拖动"发货地区"字段到下方的"行标签"处。

	A	B	C	D	E	F	G	H	I
1									
2									
3	**求和项:数量**	**列标签**							
4	**行标签**	**北京**	**福建**	**海南**	**山东**	**上海**	**天津**	**浙江**	**总计**
5	HTC G23	0.00%	0.00%	0.00%	0.00%	0.00%	0.00%	37.04%	12.89%
6	HTC T328	0.00%	0.00%	0.00%	0.00%	0.00%	100.00%	0.00%	9.02%
7	摩托罗拉 ME7	0.00%	0.00%	0.00%	100.00%	0.00%	0.00%	0.00%	9.02%
8	诺基亚 N9	0.00%	100.00%	0.00%	0.00%	0.00%	0.00%	0.00%	9.28%
9	苹果iPhone4S	26.67%	0.00%	0.00%	0.00%	0.00%	0.00%	0.00%	5.15%
10	三星GALAXY	0.00%	0.00%	100.00%	0.00%	0.00%	0.00%	0.00%	10.82%
11	三星I9000 G	0.00%	0.00%	0.00%	0.00%	100.00%	0.00%	0.00%	7.73%
12	索尼 LT26i	73.33%	0.00%	0.00%	0.00%	0.00%	0.00%	0.00%	14.18%
13	小米 M1	0.00%	0.00%	0.00%	0.00%	0.00%	0.00%	62.96%	21.91%
14	**总计**	**100.00%**	**100.00%**	**100.00%**	**100.00%**	**100.00%**	**100.00%**	**100.00%**	**100.00%**

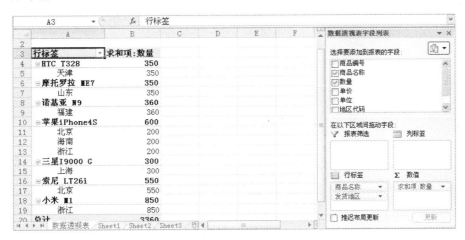

图 2-60 商品数量百分比显示

⑤拖动“数量”字段到下方的“数值”处，效果如图 2-61 所示，可看到每种商品在不同地区的发货数量。

	A	B
3	行标签	求和项:数量
4	HTC T328	350
5	天津	350
6	摩托罗拉 ME7	350
7	山东	350
8	诺基亚 N9	360
9	福建	360
10	苹果iPhone4S	600
11	北京	200
12	海南	200
13	浙江	200
14	三星I9000 G	300
15	上海	300
16	索尼 LT26i	550
17	北京	550
18	小米 M1	850
19	浙江	850
20	总计	3360

图 2-61 商品在不同地区的发货量

⑥若要形象地看到每件商品在不同地区发货量的百分比，则可在“值字段设置”对话框中设置。

⑦选择“选项”选项卡，单击“活动字段”组的“字段设置”按钮。

⑧选择“值显示方式”选项卡，单击“值显示方式”下拉列表框，选择“父级汇总的百分比”，确认值汇总方式为默认的“求和”，单击“确定”按钮，则可将数量显示为百分比数据。

(5)对数据报表中的数据筛选

如“发货地区”对应“商品名称”的数量，但只显示“地区代码”为“03”和“16”的数据。

①单击原始表任意单元格。

②选择“插入”选项卡，单击“表格”组的“数据透视表”下拉按钮，选择“数据透视表”。

③弹出创建数据透视表对话框，单击“选择一个表区域”右侧的“折叠框”按钮，鼠标左键拖动选择“A1:G10”区域。

④为便于看清数据透视报表，选择“新工作表”，单击“确定”按钮。

⑤在“数据透视表字段列表”中拖动“商品名称”字段到下方的“行标签”处。

⑥继续拖动"发货地区"字段到下方的"行标签"处。

⑦拖动"数量"字段到下方的"数值"处。

⑧拖动"地区代码"到"报表筛选"区域,如图 2-62 所示。

⑨单击"B1"单元格的下拉列表框按钮,弹出如图 2-63 左图所示的筛选条件设置对话框。

⑩单击"选择多项",再选择"03"和"16",单击"确定"按钮。

⑪数据透视报表的筛选结果如图 2-63 右图所示。

(6)切片器应用

当数据表的字段和记录内容非常多时,制作统计分析表需要在多个显示字段之间切换筛选条件,操作麻烦,效率不高,因此对于这种复杂的大数据量的分析,仅靠筛选还不够。Excel 2010 新增的切片器可以解决此问题。

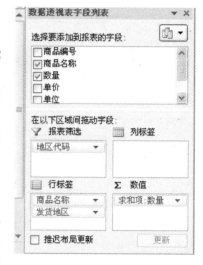

图 2-62　报表筛选

图 2-63　筛选设置及效果图

①在"数据透视表字段列表"中拖动"商品名称"字段到下方的"行标签"处。

②拖动"发货地区"字段到下方的"列标签"处。

③拖动"数量"字段到下方的"数值"处,默认汇总方式为"求和"。

④选择"数据透视表工具—选项"选项卡,单击"排序和筛选"组中"插入切片器"下拉按钮,选择"插入切片器"命令,如图 2-64 所示。

⑤选择要做筛选操作的字段,可多项选择,如勾选"商品编号"、"商品名称"。

⑥单击"确定",出现两个"切片器",如图 2-65 所示。

⑦在"切片器"上单击某个"切片",数据报表便

图 2-64　"插入切片器"对话框

会筛选出对应的数据,同时"切片器"右上角的叉会变"红色"。

⑧若想去除筛选效果,只要单击"切片器"右上角的"红色"叉,数据报表恢复原状。

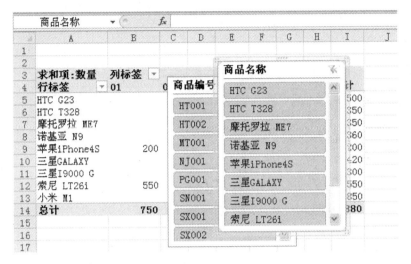

图 2-65　切片器

(7)对数据报表中的数据排序

如对各地区发货数量值和按从大到小排序。

①单击原始表任意单元格。

②选择"插入"选项卡,单击"表格"组的"数据透视表"下拉按钮,选择"数据透视表"。

③弹出创建数据透视表对话框,单击"选择一个表区域"右侧的"折叠框"按钮,鼠标左键拖动选择"A1:G10"区域。

④为便于看清数据透视报表,选择"新工作表",单击"确定"按钮。

⑤在"数据透视表字段列表"中拖动"商品名称"字段到下方的"行标签"处。

⑥继续拖动"发货地区"字段到下方的"行标签"处。

⑦拖动"数量"字段到下方的"数值"处。

⑧单击"A3"单元格"行标签"右侧的下拉菜单,如图 2-66 所示。

图 2-66　行标签排序

⑨选择"其他排序选项",弹出如图 2-67 所示的对话框,单击"降序排序"右下方的下拉按钮,选择排序的依据为"求和项:数量",单击"确定",则可实现发货数量按高到低排列。

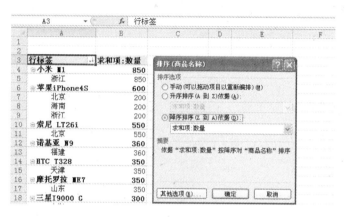

图 2-67　排序设置

2.3.4　项目小结

数据透视表还可根据实际需要把多个字段拖入"报表筛选"区,进行多条件过滤,也可以把数据进行分类、汇总、过滤等。制作出所需要的数据统计报表。在实际使用中应该举一反三、多加应用,可以提高工作效率。

2.4　项目3　教师档案管理表的设计与制作

2.4.1　项目描述

在学校的日常管理中,需要对教职员工的信息进行添加和管理,对原始表数据信息进行查询,对教工档案进行修改和调整等,并利用某些数据制作图表。

2.4.2　知识要点

(1)原始数据的录入及有效性的设置。在输入原始数据时,可对某些限定性的数据进行设置,利用数据有效性的"允许"条件,设置数据"序列"。

(2)计算公式获取数据。仔细分析原始表,找到表中不同字段间的关系,会发现某些列的数据可以不输入,可以用计算公式得到相应列的数据值,简化录入工作。

（3）函数应用。利用 COUNTIF、VLOOKUP 等功能强大的函数,统计分析教工数据信息以及得到查询信息数据。

（4）图表应用。利用迷你图、数据图表等工具得到形象、具体的数据分析。

2.4.3　制作步骤

1. 制作教师档案原始表

（1）输入原始数据

①在单元格 A1 中输入文本"教工档案表",在单元格区域"A2:I2"各单元格中依次输入"工号"、"姓名"、"性别"、"出生年月"、"学历"、"部门"、"职称"、"联系方式"、"身份证"。

②选择单元格区域"E3:E12",单击"数据"选项卡中的"数据有效性"按钮。

③在"数据有效性"对话框的"允许"下拉列表框中选择"序列"选项,在"来源"文本框中输入本列中允许输入的学历数据,如图 2-68 所示。

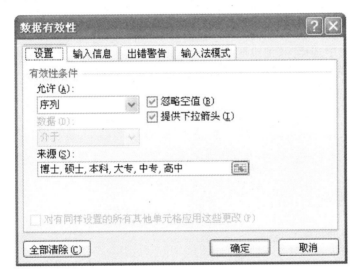

图 2-68　"数据有效性"对话框

④在"F3:F12"单元格区域设置数据有效性序列为"工学院"、"文学院"、"理学院"、"教育学院"、"生态学院";在"G3:G12"单元格区域设置数据有效性序列为"教授"、"副教授"、"讲师"、"助教"。

⑤在"A3:I12"单元格区域输入教工信息,输入"学历"、"部门"、"职称"内容时,选择下拉列表框中的相应内容,"性别"、"出生年月"列先不输入,效果如图 2-69 所示。

（2）表格美化

①选择单元格区域"A1:I1",选择"开始"选项卡,单击"对齐方式"组中的"合并后居中"按钮,将所选单元格区域合并。

②选择"开始"选项卡,单击"字体"组中的"字体"下拉按钮,选择"隶书",在"字号"下

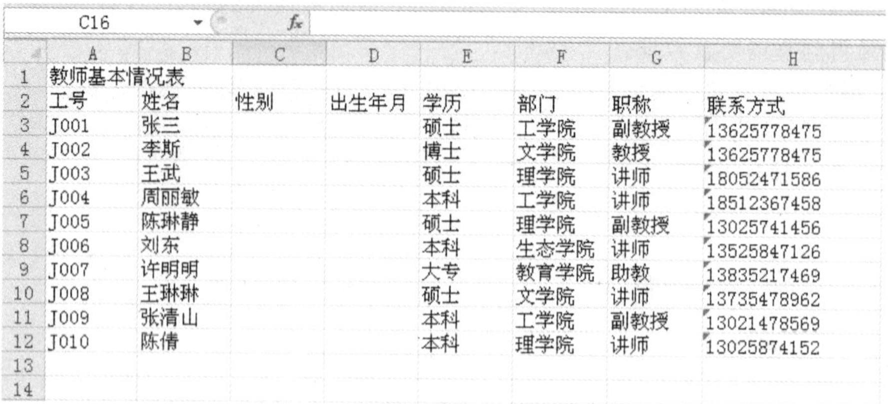

图 2-69　教工档案原始表

拉列表框中选择"20"。

　　③选择单元格区域"A2:I2",选择"开始"选项卡,单击"字体"组中的"填充颜色"下拉按钮,在下拉列表中选择"蓝色"选项,单击"字体颜色"下拉按钮,在下拉列表中选择"白色"。

　　④选择"A3:I12"单元格区域,选择"开始"选项卡,单击"字体"组中的"下框线"下拉按钮,在下拉列表中选择"其他边框"命令,在"边框"选项卡"样式"列表框中选择"直线"类型,在"颜色"下拉列表框中选择"蓝色",单击"外边框"和"内部"按钮,单击"确定"按钮完成表格边框的设置。

　　⑤单击工作表中的"全选"按钮,选择整个工作表,选择"开始"选项卡,单击"单元格"中的"格式"按钮,在弹出的菜单中选择"自动调整列宽"命令,美化后的工作表如图 2-70所示。

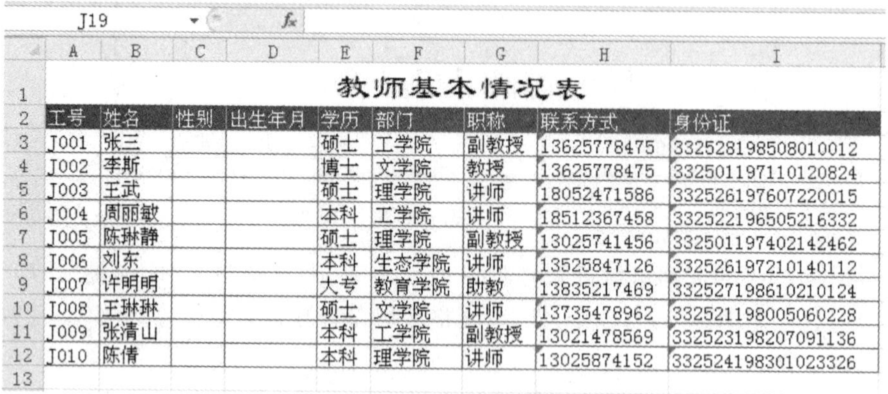

图 2-70　美化后的教师基本情况表

2. 通过函数获取数据

　　根据原始表中的身份证号码,可通过函数计算出对应的出生年月和性别,身份证的第7 位到第 14 位为出生年月信息,第 17 位为公民性别信息,奇数为男性,偶数为女性。

①选择"C3"单元格,单击"编辑栏"中的"插入函数"按钮,选择"MID"函数,在出现的函数参数面板中进行如图 2-71 所示的设置。

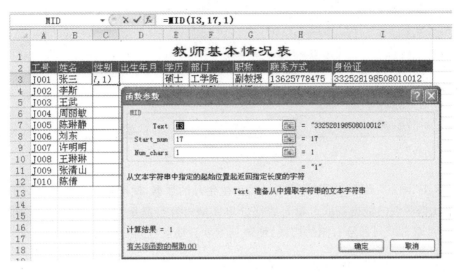

图 2-71　MID 函数设置

②根据获取到的第 17 位数据,判断是奇数还是偶数,需要使用 ISODD 函数。将光标定位到 f_x 后面的"编辑栏",将"编辑栏"中的公式改为"=ISODD(MID(I3,17,1))",如果是奇数会返回"TRUE",是偶数会返回"FALSE"。

③如果单元格内容为"TRUE",则使用函数将内容变为"男";如果单元格内容为"FALSE",则使用函数将内容变为"女",可使用 IF()函数。将光标定位到"编辑栏",将公式改为"=IF(ISODD(MID(I3,17,1)),"男","女")",效果如图 2-72 所示。

C3			f_x =IF(ISODD(MID(I3,17,1)),"男","女")					
	A	B	C	D	E	F	G	H	I
1	教师基本情况表								
2	工号	姓名	性别	出生年月	学历	部门	职称	联系方式	身份证
3	J001	张三	男		硕士	工学院	副教授	13625778475	332528198508010012
4	J002	李斯			博士	文学院	教授	13625778475	332501197110120824
5	J003	王武			硕士	理学院	讲师	18052471586	332526197607220015
6	J004	周丽敏			本科	工学院	讲师	18512367458	332522196505216332
7	J005	陈琳静			硕士	理学院	副教授	13025741456	332501197402142462
8	J006	刘东			本科	生态学院	讲师	13525847126	332526197210140112
9	J007	许明明			大专	教育学院	助教	13835217469	332527198610210124
10	J008	王琳琳			硕士	文学院	讲师	13735478962	332521198005060228
11	J009	张清山			本科	工学院	副教授	13021478569	332523198207091136
12	J010	陈倩			本科	理学院	讲师	13025874152	332524198301023326
13									
14									

图 2-72　函数嵌套计算性别

④使用自动填充功能,实现自动计算填充"C4:C12"所有教职员工的性别。

⑤选择"D3"单元格,单击"编辑栏"中的"插入函数"按钮,选择"日期与时间"函数中的"DATE"函数,输入如图 2-73 所示的数据。

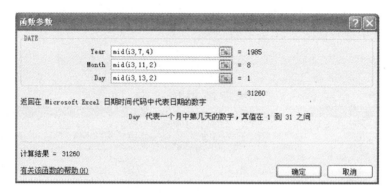

图 2-73　DATE 函数设置

⑥单击"确定"按钮,获得"D3"单元格出生年月的数据,使用自动填充功能,完成"D4:D14"单元格区域的数据获取。填充后部分单元格内容会显示"＃＃＃＃＃＃"的错误提示,只需要双击该列列号右侧的边线,使该列宽度自动适应内容即可正常显示。

3.统计与分析教工档案表

（1）统计各部门员工人数

①双击"Sheet1"工作表标签,将名称改为"教工原始表";同样的操作修改"Sheet2"工作表标签为"统计表"。

②在"统计表"中的 A1 单元格输入"部门人数统计",设置对齐方式为"合并后居中"。

③选择 B2 单元格,单击"编辑栏"中的"插入函数"按钮,选择"COUNTIF"函数,单击"确定"按钮。

④在"COUNTIF"函数对话框的"Range"文本区域输入"教工原始表! F3：F12",然后按"F4"键,输入内容会变成"教工原始表!＄F＄3：＄F＄12",即实现了"相对引用地址"转换为"绝对引用地址";在"Criteria"文本区域引用当前工作表中的"A2"单元格地址,单击"确定"完成函数的参数设置,如图 2-74 所示。

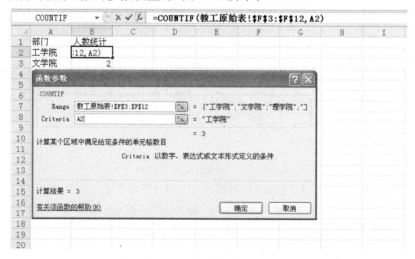

图 2-74　部门人数统计函数设置

（2）统计分析男女教职工比例

①制作如图 2-75 所示的男女教职工比例原始数据表。

	A	B	C	D	E	F
1	部门人数统计					
2	工学院	3				
3	文学院	2				
4	理学院	3				
5	教育学院	1				
6	生态学院	1				
7						
8						
9						
10	男女比例分析					
11	男（人数）					
12	女（人数）					
13	男女比例					

图 2-75　男女教职工比例原始表

②选择"B11"单元格，单击"编辑栏"上的"插入函数"按钮。

③在"选择函数"列表框中选择"COUNTIF"函数，单击"确定"按钮。

④在弹出的函数参数对话框中进行设置，在"Range"文本区输入"＝COUNTIF（教工原始表!＄C＄3：＄C＄12,"男"）"，也可输入相对引用，再用"F4"切换。在"Criteria"文本区域输入"男"，单击"确定"按钮，得到男职工人数。

⑤用同样的方法，在"B12"单元格输入公式"COUNTIF（教工原始表!＄C＄3：＄C＄12,"女"）"，计算得到女职工人数。

⑥单击"B13"单元格，计算男女职工比例，输入公式"＝B11/GCD(B11,B12) & ":" & B12/GCD(B11,B12)"，其中 GCD() 函数为求解最大公约数，结果如图 2-76 所示。

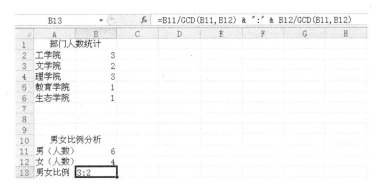

図 2-76　男女比例分析

4. 制作教工档案查询表

（1）制作原始表

①双击"Sheet3"工作表标签，更名为"档案查询"。

②在表格中输入如图 2-77 所示的原始表。

③选择"A1:C1"单元格区域，选择"开始"选项卡，单击"对齐方式"组中的"合并后居

中"按钮,设置字号为"18",字体颜色为"红色"。

④选择"A3:B3"单元格区域,选择"开始"选项卡,单击"对齐方式"组中的"合并后居中"按钮,设置字号为"11",字体颜色为"白色",填充"深蓝色"。

⑤选择"A4:C4"单元格区域,选择"开始"选项卡,单击"对齐方式"组中的"合并后居中"按钮,设置字号为"16",字体颜色为"白色",填充为"浅蓝色"。

⑥选择"A5:B12"单元格区域,选择"开始"选项卡,单击"字体"组中的"填充"按钮,设置为"浅绿色"。单击"字体"组中的对话框启动器按钮,在打开的对话框中选择"边框"选项卡。

⑦选择线条样式为"直线",颜色为"黑色",单击"外边框"和"内部"按钮,单击"确定"按钮。

⑧增加 C 列宽度,以便满足查询结果显示的内容宽度。

图 2-77   教工档案查询原始表

(2)实现信息查询功能

①选择"C3"单元格,选择"数据"选项卡,单击"数据工具"中的"数据有效性"按钮,如图 2-78 所示。

②在"来源"区域输入"=教工原始表!$A$3:$A$12",单击"确定"按钮。对于员工编号可在下拉列表框选择。

③选择"C5"单元格,单击"编辑栏"上的"插入函数"按钮,选择"VLOOKUP"函数,单击"确定"按钮,如图 2-79 所示。

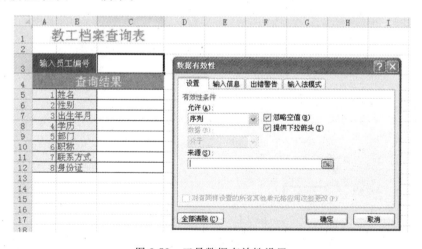

图 2-78   工号数据有效性设置

④进行如图 2-79 所示的设置,其中"Lookup_value"表示需要在数据表首列进行搜索的值,"Table_array"表示需要在其中搜索数据的信息表,"Col_index_num"表示满足条件的单元格在数组区域中的序列号,"Range_lookup"表示查找时,是精确匹配还是模糊匹配。"FALSE"表示模糊匹配,单击"确定"按钮。用自动填充的方法复制"C6:C12"单元格区域。

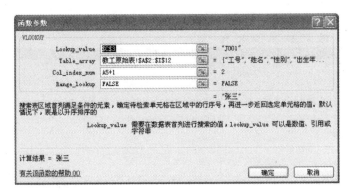

图 2-79　VLOOKUP 函数参数设置

⑤结果如图 2-80 所示。

⑥"C7"单元格显示的不是正确的出生年月格式,选择"开始"选项卡,单击"数字"组中的"数字格式"下拉按钮,选择"短日期"格式,即可正常显示。

⑦在"C3"单元格的下拉列表框选择不同的职工工号,"C5:C12"区域会显示对应工号职工的相关信息。例如:选择"J003"显示内容如图 2-81 所示。

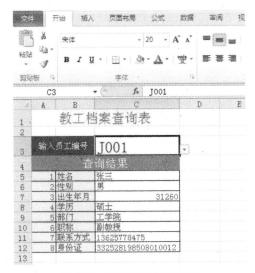

图 2-80　教工档案查询结果

图 2-81　教职工信息

5.制作教工数据统计图

(1)输入每位教师最近四年来所授课学生人数,并对原始表做与前面风格一致的美化,如图 2-82 所示。

(2)使用迷你图分析数据

①选择单元格区域"N3:N12",选择"插入"选项卡,单击"迷你图"组中的"折线图"按钮。

②在打开的"创建迷你图"对话框的"数据范围"文本框中输入学生人数区域"J3:

职称	联系方式	身份证	09学生数	10学生数	11学生数	12学生数
副教授	13625778475	332528198508010012	180	254	196	210
教授	13625778475	332501197110120814	62	135	87	85
讲师	18052471586	332526197607220015	201	186	231	159
讲师	18512367458	332522196505216332	232	210	185	205
副教授	13025741456	332501197402142462	147	176	195	187
讲师	13525847126	332526197210140112	65	89	69	65
助教	13835217469	332527198610210124	310	250	137	128
讲师	13735478962	332521198005060228	258	186	187	197
副教授	13021478569	332523198207091136	298	135	210	146
讲师	13025874152	332524198301023326	187	169	187	183

教师基本情况表

图 2-82　教职工授课学生数

M12",单击"确定"按钮。

③更改其中几个迷你图为"柱形图"类型;选择"N12"单元格,单击"迷你图工具－设计"选项卡中的"取消组合"按钮。

④单击"迷你图工具－设计"选项卡"类型"组中的"柱形图"按钮,在"样式"组中选择"迷你图样式强调文字颜色 2"样式,如图 2-83 所示。

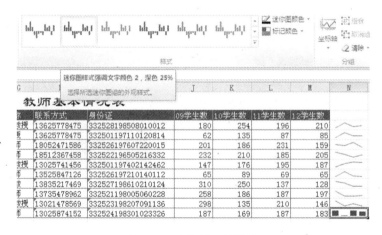

图 2-83　迷你图工具设计

(3)比较各教工近四年的授课学生数

①选择"B3:B12,J3:M12"表格区域,单击"插入"选项卡中的"柱形图"按钮,在弹出的下拉列表中选择"二维簇状柱形图",可清晰地看到每位教工近四年授课学生人数对比情况。

②如果要查看每年各位教工授课学生对比情况,可单击"图标工具－设计"选项卡中的"切换行/列"按钮,效果如图 2-84 所示。

(4)统计授课学生数所占百分比情况

①选择"B3:B12,J3:J12"单元格区域,选择"插入"选项卡,单击"图表"组中的"饼图"按钮。

②在弹出的下拉列表中单击"分离型三维饼图",如图 2-85 所示。

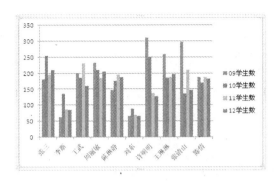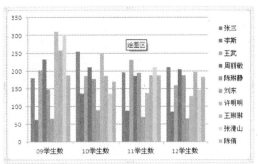

图 2-84　行/列切换后的柱形图

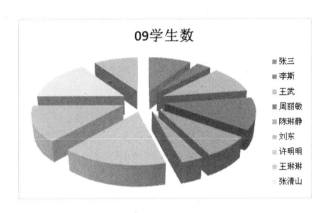

图 2-85　2009 年各位教工授课数所占比例

③选择"图表工具－设计"选项卡，单击"图表布局"组中的"布局 1"，可显示所占比例值。

④选择"图表工具－布局"选项卡，单击"图表标题"按钮中的"图表上方"按钮，可使图表标题出现在上方。

⑤单击"图表区"的"图表标题"文本框，修改标题为"授课学生所占比例"。单击"图表工具－格式"选项卡中的"形状样式"组，选择其中的"彩色填充－橙色，强调颜色 6"。

⑥选择"开始"选项卡，单击"字体"组中的"字号"下拉按钮，设置字号为"12"。

⑦单击"图表区"，选择"图表工具－格式"选项卡，单击"形状样式"组中的"形状填充"下拉按钮，选择"蓝色，强调文字颜色 1"为"图表区"的填充颜色。设置后的效果如图 2-86所示。

2.4.4　项目小结

本项目以教工档案表应用为例，详细介绍了 Excel 2010 中表格数据输入技巧，公式、函数应用表格数据处理，以及制作教工档案查询表的方法；同时介绍了利用迷你图形象展现教职工不同学期授课学生人数变化情况，及数据图表统计分析各类数据所占百分比情况。通过本项目的学习，可以掌握类似的档案表制作。

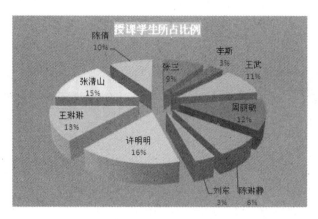

图 2-86　美化后的图表

2.5　实践练习题

1.要求制作一张如图 2-87 所示的教师工作量计算表,要求如下:

理论课授课名称	班级及人数	上课时间	周课时M	周数N	课程系数 K=1+A+B+C+D+E					标准课时小计	H1
					A	B	C	D	E		
艺术类技能技巧课	班级	上课时间	周课时M	周数N	学生数		折算系数F			标准课时小计	H2
实验名称(按项目)	班级及人数	上课时间	实验类型系数P		批次(首次或重)		批次系数	重复次数	计划实验课时	标准课时小计	H3
计算机上机课程名称	班级及人数	上课时间	学生数		学生系数(Q)		批次系数(首次或重复)		学期上机课时(M*H)	标准课时小计	H4

___学年第__学期___学院
___月教学工作量登记表

工号　　　姓名　　　职称　　　填报日期

总计
课堂教学工作量H1+H2+H3+H4=　　0
非课堂教学等工作量H5+H6+H7+H8=
教学工作量H=H1+H2+H3+H4+H5+H6+H7+H8=　　0

图 2-87　工作量计算表

(1)对表中原有的文字单元格设置保护,不允许修改;

(2)利用公式、函数自动计算小计、合计等单元格,如"R6","T6","T18"等单元格;

(3)将文件保存为模板文件;

(4)将本表复制到多个工作表页面,填入数据,表示多个月的工作量,如"3 月","4

月”,“5 月”,“6 月”工作量。利用合并计算,得到学期总工作量。

2. 制作一张如图 2-88 所示的“计算机等级考试报名表”,要求如下:

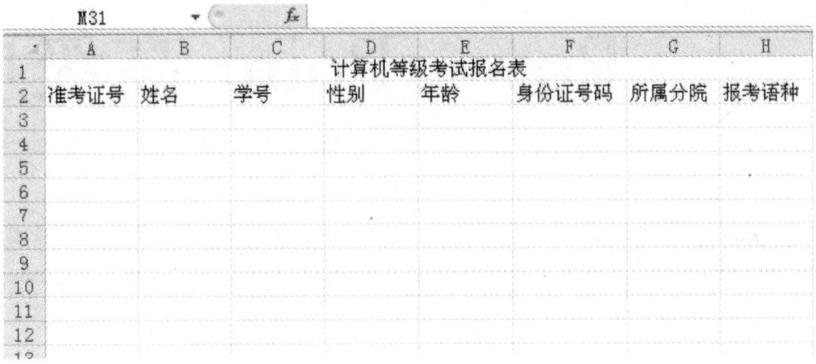

图 2-88　计算等级考试报名表

(1)给“准考证号”,“姓名”,“学号”,“身份证号码”,“所属分院”等列各输入 10 条记录内容;

(2)工作表美化,设置字体、颜色,边框,填充,列宽等;

(3)根据输入的身份证号码,利用公式计算出“性别”和“年龄”;

(4)使用数据有效性的序列功能,设置报考语种为“VB”,“VFP”,“Java”,“C”,“AOA”其中之一。即填写“H”列数据时,可单击单元格边的下拉列表框,选择上面 5 种语种之一;

(5)分类汇总报考不同语种的男女考生人数;

(6)制作考生信息查询表,通过输入准考证号码查看考生的相关信息。

3. 在上题“计算机等级考试报名表”的基础上,完成以下要求:

(1)制作不同分院考生与不同的报考语种关系的数据透视表;

(2)制作不同分院学生男女性别比例的数据透视表,并做相应的筛选和排序操作;

(3)制作不同报考语种和男女学生关系的数据透视表,并选择任意 3 个字段做切片器。

第 3 章

PowerPoint 高级应用

【学习目的及要求】掌握 PowerPoint 2010 的高级应用技术,能够熟练掌握背景、主题、母版、模板的使用、多媒体素材效果、幻灯片放映和演示文稿的输出。具体掌握以下内容。

1.统一外观的设置

(1)掌握主题的使用、修改、删除。

(2)掌握母版的使用。

(3)掌握模板的使用,能运用多重主题模板。

2.幻灯片多媒体效果

(1)能正确地插入并设置多媒体素材。

(2)添加并播放音乐,设置声音效果。

3.幻灯片放映与输出

(1)能够使用动画方案并自定义动画。

(2)掌握幻灯片切换方式,熟练使用动作按钮。

(3)掌握幻灯片的选择放映。

(4)掌握录制演示文稿的方法。

(5)掌握将演示文稿输出为视频的方法。

(6)掌握将演示文稿打包成文件夹的方法。

3.1 演示文稿高级应用主要技术

3.1.1 演示文稿的美化

1.使用背景

背景设置是美化幻灯片的途径之一,背景能很好地衬托幻灯片展示的内容。使用方法如下。

①选中要添加背景的幻灯片(选择多张:按住"Ctrl"键不放,再依次单击幻灯片)。

②单击"设计"选项卡"背景"组中"背景样式"按钮,打开"背景样式"列表。

③若使用预置"背景样式",单击所需的背景样式,或右击选择相应命令;若要自定义背景格式,选择"设置背景格式"命令,出现"设置背景格式"对话框。

④选择"填充",可进一步选择"纯色填充"、"渐变填充"、"图片或纹理填充"、"图案填充"类型,如选择"图片或纹理填充",对话框如图 3-1 所示。

⑤单击"插入自:"下"文件"按钮,选择事先准备好的背景图片,单击"插入"按钮,即可将背景图片设置为幻灯片的背景。

⑥可选择"图片更正"、"图片颜色"和"艺术效果"对背景图片进一步修改效果。

图 3-1　"设置背景格式"对话框

⑦单击"重置背景"按钮,恢复原设置前背景;单击"关闭"仅对所选幻灯片进行背景设置;单击"全部应用",对所有幻灯片进行背景设置。

2. 使用主题

主题是一组统一的设计元素,包括主题颜色、主题字体和主题效果,用来设置文档的外观。主题还可以应用于幻灯片中的表格、SmartArt 图形、形状或图表。使用方法如下:

①选中要添加主题的幻灯片。

②单击"设计"选项卡"主题"组中右下方"其他"按钮,打开"所有主题"列表。

③单击所需的主题,或右击选择相应命令。

④若要更改主题颜色方案,单击"颜色"按钮,出现主题颜色方案列表,选择一种配色方案,或选择"新建主题颜色"命令可自定义新配色方案,如图 3-2 所示,修改主题颜色后,可在名称栏输入命名,单击"保存"按钮,自动应用修改后方案,并将自定义的主题颜色方案加到主题颜色列表的"自定义"栏中,右击"自定义"栏中的配色方案,选择"编辑"和"删除",可实现"自定义"配色方案修改和删除。

若要更改主题字体方案,选择"字体"按钮,出现"自定义"主题字体列表,选择一种字体方案,或选择"新建主题字体"可自定义新字体方案。

图 3-2　"新建主题颜色"对话框

若要更改主题效果方案,选择"效果"按钮,出现"自定义"主题效果列表,选择一种效果方案。

对主题颜色、字体、效果自定义设置后,单击"主题"组中右下方"其他"按钮,打开"所有主题"列表,选择"保存当前主题"即可保存自定义的主题,以便以后重复使用。

3. 使用母版

幻灯片母版是幻灯片层次结构中的顶层幻灯片,用于存储有关演示文稿的主题和幻灯片版式的信息,包括背景、颜色、字体、效果、占位符大小和位置。使用方法如下:

单击"视图"选项卡"母版视图"组中"幻灯片母版"按钮,进入"幻灯片母版"视图,如图 3-3 所示。

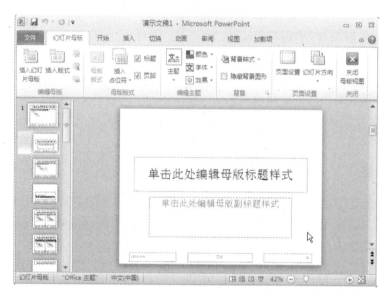

图 3-3　幻灯片母版

(1)自定义幻灯片母版

①修改母版版式。删除占位符:单击不需要的默认占位符的边框,然后直接按"Delete"键。添加占位符:单击"母版版式"组中"插入占位符"按钮,选择一种占位符类型,然后拖动鼠标绘制占位符。修改占位符:选择占位符,拖动控制块调整大小,选中其中提示文字,更改字体字号等。

②修改母版主题。选中幻灯片母版 11 种版式缩略图中的一种,单击"编辑主题"组中"主题"按钮,打开"所有主题"菜单,选择所需主题,如图 3-4 所示,所有版式均应用同一主题。

③修改母版背景。与普通幻灯片使用背景方法相同。

④修改页面设置。可设置幻灯片大小、方向等。

⑤添加统一标志。在母版上插入标志对象即可显示在所有幻灯片上。

(2)应用多个幻灯片母版

①在幻灯片母版最后一张版式缩略图下方单击。

图 3-4　修改母版主题

　　②单击"幻灯片母版"选项卡"编辑主题"组中"主题"按钮,打开"所有主题"列表,选择所需主题,即添加了一个包含主题的新幻灯片母版。可同前面方法修改颜色、字体、效果、背景等。

　　③单击"关闭母版视图",单击"开始"选项卡"幻灯片"组中"新建幻灯片"下拉按钮,可选择多个母版多种版式应用,或选中要应用母版的幻灯片,右击,选"版式"中各个母版的版式,实现演示文稿应用多个母版,如图 3-5 所示(波形和凤舞九天)。

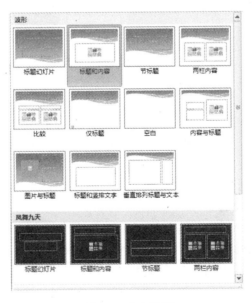

图 3-5　多个母版

　　(3)不使用母版

　　①选中不使用母版的幻灯片。

②选中"设计"选项卡"背景"组中"隐藏背景图形"复选框。

③选择"背景样式"中"设置背景格式"自定义背景。

4. 使用模板

PowerPoint 模板是保存为 .potx 文件的一张幻灯片或一组幻灯片的图案或蓝图。模板可以包含版式、主题字体、主题效果和背景样式,甚至还可以包含内容。系统有内置的现成模板供使用,也可到 office.com 网站下载现成模板使用,还可自己创建模板以后重复使用。使用方法如下。

(1)使用内置模板

①单击"文件"选项卡,在打开的菜单中选择"新建"命令。

②在"可用的模板和主题"窗格中,单击"样本模板"选项,显示所有样本模板列表。

③单击选择所需模板,如图 3-6 所示,并单击最右边窗格中"创建"按钮,即可用模板新建一演示文稿。

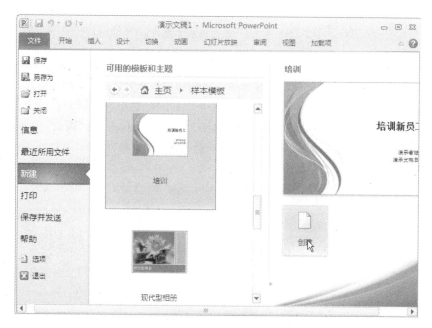

图 3-6　使用内置模板

(2)使用 office.com 模板

①单击"文件"选项卡,在打开的菜单中选择"新建"命令。

②在"office.com 模板"窗口中,单击选择模板类型(或多次),显示模板列表。

③单击选择所需模板,如图 3-7 所示,并单击最右边窗格中"下载"按钮,即可用模板新建一演示文稿。

图 3-7　使用 office.com 模板

（3）创建自定义模板

①打开现有演示文稿或模板。

②设置符合自己需要的主题、背景、母版等。

③选择"文件"选项卡中"另存为"命令，打开"另存为"对话框，选择"保存类型"下拉列表中的"PowerPoint 模板（＊. potx）"，在"文件名"文本框输入模板名称，单击"保存"按钮。

④使用自定义模板。单击"文件"选项卡，选择"新建"命令，在"可用的模板和主题"窗格中，单击"我的模板"选项，打开"新建演示文稿"对话框，在"个人模板"栏选择所需的自定义模板，单击"确定"按钮即可用此模板新建一个演示文稿。

3.1.2　演示文稿的内容

1. 使用图片

幻灯片中适当使用图片，可达到图文并茂的效果。使用方法如下：

（1）插入图片

①选中要插入图片（或 Gif 动画）的幻灯片。

②单击"插入"选项卡"图像"组中"图片"按钮，打开"插入图片"对话框。

③找到并选中要插入的图片（或 Gif 动画），单击"插入"按钮，将图片（或 Gif 动画）插入到幻灯片中。

（2）裁剪图片

①选中图片，单击"图片工具"下"格式"选项卡"大小"组中"裁剪"下拉按钮。

②在下拉菜单中选择所需命令，拖动裁剪控制点，如图 3-8 所示。

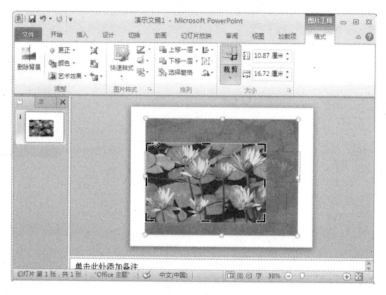

图 3-8　裁剪图片

（3）删除图片背景

①选中图片，单击"图片工具"下"格式"选项卡"调整"组中"删除背景"按钮。

②拖动要保留的区域的控制点，或标记要保留的区域，或标记要删除的区域，调整要删除的背景区域。

③单击"保留更改"按钮，如图 3-9 所示。

图 3-9　删除图片背景

（4）设置图片格式

①选中图片,单击"图片工具"下"格式"选项卡"调整"组中"更正"、"颜色"、"艺术效果"按钮,或"图片样式"组中右下方"其他"、"图片效果"按钮,选择打开的各类格式中的样式。

②鼠标移到所需样式上预览后单击确定或选择相应选项命令进一步设置。也可右击图片选择"设置图片格式"命令,再选择各类格式中的预设样式或通过调整参数来设置格式效果,如图 3-10 所示。

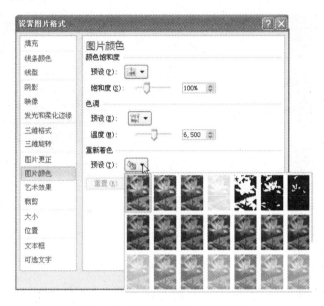

图 3-10　"设置图片格式"对话框

（5）复制图片格式

①选择已设置格式的图片。

②单击"开始"选项卡"剪贴板"组中"格式刷"按钮。

③单击要设置相同格式的图片。

（6）更换图片

①右击已添加图片样式的图片,单击"图片工具"下"格式"选项卡"调整"组中"更改图片"按钮,打开"插入图片"对话框。

②找到要更换成的图片,单击"插入"按钮,即将原图片更换为新图片,保持样式效果不变。

2. 使用相册

PowerPoint 2010 可以很方便快速地生成自己的相册。使用方法如下。

①单击"插入"选项卡"图像"组中"相册"按钮,打开"相册"对话框。

②单击"文件/磁盘(F)..."按钮,选择需要的照片后,单击"插入"按钮。

③单击"图片版式"右侧下拉按钮,在打开的下拉列表框中选择一种版式(如 1 张图片

（带标题））。勾选"图片选择"下"标题在所有图片下面"复选框。

④单击"相框形状"右侧下拉按钮，在随即打开的下拉列表框中选择一种样式，如：选择"圆角矩形"选项。

⑤单击"主题"文本框右侧的"浏览"按钮。在对话框中选择需要的主题后，单击"选择"按钮，关闭"选择主题"对话框。

⑥若对照片不满意，可通过预览区下方的按钮进行调整（翻转、对比度、亮度），也可调整相片顺序、删除不要的相片，勾选"图片选项"，如图 3-11 所示。

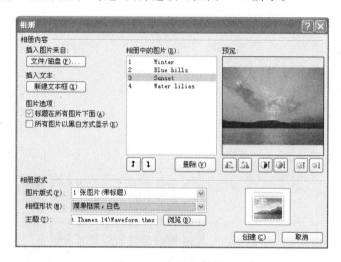

图 3-11　"相册"对话框

⑦单击"创建"按钮，即可创建一个新的相册演示文稿，自动以图片文件名为图片标题。

3.使用形状

使用形状来构图和布局，能使画面更美观、更新颖。使用方法如下。

（1）绘制形状

①选中要绘制形状的幻灯片。

②单击"插入"选项卡"插图"组中"形状"按钮，或单击"开始"选项卡"绘图"组中"形状"下"其他"按钮，打开"形状"列表。

③单击所需的形状，若要绘制多个相同形状，右击选择"锁定绘图模式"。

④在幻灯片上所需位置用鼠标拖放绘制形状，"锁定绘图模式"时多次重复拖放绘制多个形状。在拖动的同时按住"Shift"键可创建正方形或圆形（或限制其他形状的尺寸）。"锁定绘图模式"时添加完所有需要的形状后按"Esc"键退出。

（2）形状中添加文字

①右击形状选择"编辑文字"。

②根据需要输入文字。

③选中文字，选择"开始"选项卡"字体"组中各字体格式按钮进行设置（字体、字号、加

粗、倾斜、对齐方式等）。

（3）编辑形状

①选中要编辑的形状。

②单击"绘图工具"下"格式"选项卡上"插入形状"组中"编辑形状"按钮。

③在"更改形状"下拉列表中选择一种所需的形状，可实现更换形状；选择"编辑顶点"命令后拖动形状顶点，可实现修改形状。

（4）排列和组合形状

①单击选中形状，或用鼠标框选或按住"Shift"键不放单击多个形状来选择多个形状。

②使用"绘图工具"下"格式"选项卡上"排列"组中的"对齐"、"组合"、"上移一层"、"下移一层"、"旋转"按钮，可实现对齐、组合、层叠、旋转。

（5）设置形状格式

①选中要设置格式的形状。

②单击"绘图工具"下"格式"选项卡"形状样式"组的"其他"、"形状填充"、"形状轮廓"、"形状效果"按钮，在打开的下拉列表中选择所需形状样式。或单击"形状样式"右下角对话框启动器，或右击形状选择"设置形状格式"命令，打开"设置形状格式"对话框，进行全面格式设置，如图 3-12 所示。

图 3-12　"设置形状格式"对话框

（6）设置文本效果格式

①选中设置效果格式的文本。

②单击"绘图工具"下"格式"选项卡"艺术字样式"组中"其他"、"文本填充"、"文本轮廓"、"文本效果"按钮，在打开的下拉列表中选择所需文本样式。或单击"艺术字样式"右下角对话框启动器，或右击选中的文本，选择"设置文本效果格式"命令，打开"设置文本效果格式"对话框，进行全面文本效果格式设置。

4. 使用 SmartArt 图形

SmartArt 图形是信息和观点的视觉表示形式,利用它能快速、轻松和有效地传达信息。使用方法如下:

(1)插入 SmartArt 图形

①单击"插入"选项卡"插图"组中"SmartArt"按钮,打开"选择 SmartArt 图形"对话框,如图 3-13 所示。

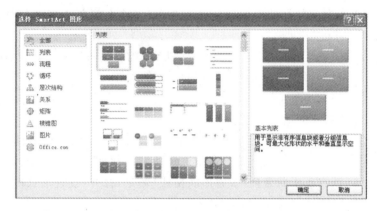

图 3-13　"选择 SmartArt 图形"对话框

②选择分类,拖动滚动条,选择一个所需的 SmartArt 图形,单击"确定"按钮。

③根据需要输入文字。

(2)更改 SmartArt 图形

①添加与删除形状。单击"SmartArt 工具"下"设计"选项卡"创建图形"组中"添加形状"右侧下拉按钮,在打开的下拉菜单中选择一种添加形状命令,添加形状。选择要删除的形状,按 Delete 键删除形状。

②更改 SmartArt 图形中形状格式。与前面设置形状格式方法相同,使用"SmartArt 工具"下"格式"选项卡"形状样式"组中相应按钮。

③更改 SmartArt 图形的布局。单击"SmartArt 工具"下"设计"选项卡"布局"组中"其他"按钮,在打开的下拉列表中选择或选择"其他布局"命令,打开"选择 SmartArt 图形"对话框,选择其他 SmartArt 布局图形。

④更改 SmartArt 图形的样式。单击"SmartArt 工具"下"设计"选项卡"SmartArt 样式"组中"更改颜色"和"其他"按钮,在打开的下拉列表中选择其他 SmartArt 颜色和图形样式。

(3)文本转换 SmartArt 图形

①选择分行的文字。

②选择"开始"选项卡"段落"组中"转换为 SmartArt 图形"按钮。

③选择 SmartArt 图形样式。

5. 使用图表

图表是一种以图形显示的方式表达数据的方法,更直观、更易理解。使用方法如下:

（1）创建与设置图表

①选中要插入图表的幻灯片。

②单击"插入"选项卡"插图"组中"图表"按钮，打开"插入图表"对话框，如图 3-14 所示。

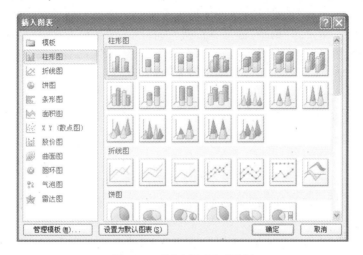

图 3-14　"插入图表"对话框

③选择要插入的图表样式，单击"确定"按钮。

④自动启动 Excel，等待用户在工作表的单元格中更改数据。

⑤更改工作表中的数据（栏目名、数值），PowerPoint 图表自动更新。

⑥单击 Excel 窗口右上角"关闭"按钮。

⑦利用"图表工具"下"设计"、"布局"和"格式"选项卡可快速设置图表的布局、样式和形状文本格式。

（2）复制 Excel 图表

①打开 Excel 图表，选中 Excel 图表。

②单击"开始"选项卡"剪贴板"组中"复制"按钮。

③打开 PowerPoint 演示文稿并选择要插入图表的幻灯片。

④单击"开始"选项卡"剪贴板"组中"粘贴"下拉箭头，如果要保留图表在 Excel 文件中的外观可选择"保留源格式和链接数据"，如果要图表使用 PowerPoint 演示文稿的外观则选择"使用目标主题和链接数据"。

⑤如果要在 PowerPoint 文件中更新数据，选择图表并单击"图表工具"下"设计"选项卡上的"数据"组中"刷新数据"按钮。

6. 使用声音

在幻灯片中适当使用音效，可达到有声有色的效果。使用方法如下：

（1）插入音频

①选择要插入音频的幻灯片。

②单击"插入"选项卡"媒体"组中"音频"下拉按钮，打开下拉菜单。

③选择"文件中的音频"或"剪贴画音频"，找到所需的音频文件或音频剪辑插入（或链

接到文件），或选择"录制音频"进行现场录制后插入。

（2）设置音频播放选项

在"音频工具"下"播放"选项卡各组中选择选项操作。

①调整音量。单击"音量"按钮，选择所需音量（低、中、高、静音）。

②播放方式。单击"开始"右侧下拉按钮，选择所需的播放方式（自动、单击时、跨幻灯片播放），分别实现播放幻灯片时自动开始播放音频、在单击音频图标（或播放按钮）时开始播放音频、音频所在幻灯片播放自动播放及之后幻灯片一直播放至停止。勾选"循环播放、直到停止"复选框可同时实现音频文件循环播放。

③播放时隐藏声音图标。勾选"放映时隐藏"复选框。

（3）设置音频书签

单击音频图标下"播放"按钮播放音频，当播放到要加音频书签位置时，单击"书签"组中"添加书签"按钮添加音频书签，例如文章朗读的段间加音频书签，单击相应音频书签，再单击"播放"按钮，可快速定位分段朗读。选中音频书签，单击"删除书签"按钮即可删除。

（4）声音编辑

①剪裁音频。单击音频图标，单击"编辑"组中"剪裁音频"按钮，打开"剪裁音频"对话框，拖动左侧的音频起点绿色标记至音频所需起始位置，再拖动右侧的音频终点红色标记至音频所需结束位置，即剪去绿色标记前和红色标记后的音频，只播放两标记间的部分音频，也可用"开始时间"、"结束时间"微调框输入来剪裁音频，如图 3-15 所示。

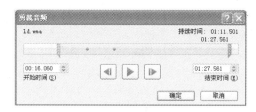

图 3-15　"剪裁音频"对话框

②设置淡入淡出效果。分别在"编辑"组中"淡化持续时间"下"淡入"和"淡出"框输入时间数值或微调数值。

7. 使用视频

在幻灯片中添加视频，可为演示文稿增添活力。使用方法如下。

（1）插入视频

①选中要插入视频的幻灯片。

②单击"插入"选项卡"媒体"组中"视频"下拉按钮，打开下拉菜单。

③选择"文件中的视频"或"来自网站的视频"或"剪贴画视频"命令，找到所需的视频（包括 Flash 动画.swf）文件或视频剪辑插入（或链接到文件）。

（2）裁剪视频画面

①选中视频，单击"视频工具"下"格式"选项卡"大小"组中"裁剪"按钮。

②拖动裁剪控制点裁剪，完成后单击其他位置。

（3）设置视频播放选项

在"视频工具"下"播放"选项卡各组中选择选项操作。

①调整音量。单击"音量"按钮，选择所需音量（低、中、高、静音）。

②播放方式。单击"开始"右侧下拉按钮，选择所需的播放方式（自动、单击时），分别实现播放幻灯片时自动开始播放视频、在单击视频（或播放按钮）时开始播放视频。勾选"循环播放、直到停止"复选框可同时实现视频文件循环播放。

③设置未播放时隐藏。勾选"未播放时隐藏"复选框。

④设置全屏播放。勾选"全屏播放"复选框。

（4）添加视频封面

如果要用图像作为视频的封面，操作步骤如下：

①选中要添加封面的视频。

②单击"视频工具"下"格式"选项卡"调整"组中"标牌框架"按钮，在打开的菜单中选择"文件中的图像"命令。

③选择要作为视频封面的图像，单击"插入"按钮。

如果要用视频中某帧画面作为视频封面，操作步骤如下：

①选中要添加封面的视频。

②鼠标单击"播放"按钮播放，当播放到要作为封面帧时，单击"暂停"按钮（定位到所需帧画面）。

③单击"视频工具"下"格式"选项卡"调整"组中"标牌框架"按钮，在打开的菜单中选择"当前框架"命令。

取消设置视频封面：单击"视频工具"下"格式"选项卡"调整"组中"标牌框架"按钮，在打开的菜单中选择"重置"命令。

（5）设置视频书签

单击视频或"播放"按钮播放视频，当播放到要加视频书签位置时，单击"书签"组中"添加书签"按钮添加视频书签，单击相应视频书签，再单击"播放"按钮，可快速定位分段播放。单击选中视频书签，单击"删除书签"按钮即可删除。

（6）视频编辑

①剪裁视频长度。单击视频，单击"编辑"组中"剪裁视频"按钮，打开"剪裁视频"对话框，拖动左侧的视频起点绿色标记至视频所需起始位置，再拖动右侧的视频终点红色标记至视频所需结束位置，即剪去绿色标记前和红色标记后的视频，只播放两标记间的部分视频，也可用"开始时间"和"结束时间"微调框输入来剪裁视频。

②设置淡入淡出效果。分别在"编辑"组中"淡化持续时间"下"淡入"和"淡出"框输入时间数值或微调数值。

（7）设置视频画面效果格式

①选中要设置画面效果格式的视频。

②单击"视频工具"下"格式"选项卡"调整"组中"更正"、"颜色"按钮或"视频样式"组中右下方"其他"、"视频形状"、"视频边框"和"视频效果"按钮，在打开的下拉列表中选择所需视频样式，如图 3-16 所示。或单击"视频样式"右下角对话框启动器，或右击视频选择"设置

视频格式"命令,打开"设置视频格式"对话框,进行全面视频画面格式设置。

图 3-16   "半映像"视频效果

3.1.3   演示文稿的动画

通过 PowerPoint 提供的动画技术,可为幻灯片中的对象设置动画效果,也可为幻灯片切换设置动态效果,还可设置触发器、超链接,增加操作演示的趣味性和灵活性。

1. 使用幻灯片切换效果

添加合适的幻灯片切换效果能更好地展示幻灯片中的内容。使用方法如下。

①选中"幻灯片/大纲"窗格中要添加切换效果的幻灯片缩略图。

②单击"切换"选项卡"切换到此幻灯片"组中"其他"按钮,打开"切换"效果下拉列表,如图 3-17 所示。

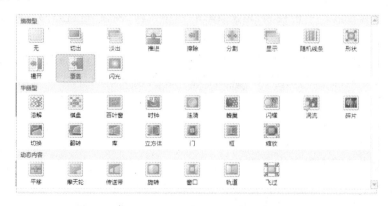

图 3-17   幻灯片"切换"效果

③单击选择一种"切换"效果,可预览幻灯片切换效果。

④单击"效果选项"按钮,设置所需的效果选项。

⑤选择"计时"组中各项可进一步设置:声音效果、持续时间、换片方式、全部应用。

2. 使用对象动画

通过使用对象动画,可大大提高演示文稿的表现力。使用方法如下。

(1)创建对象动画

①单击选中要添加动画的对象。

②单击"动画"选项卡"动画"组中"其他"按钮或"高级动画"组中"添加动画"按钮,打开"动画"效果下拉列表,如图 3-18 所示。

图 3-18　对象"动画"效果

③将鼠标移到列出的常用效果上预览后,再单击确定选择动画,或选择"更多××效果"命令,打开"更改××效果"对话框,单击效果预览后,再单击"确定"选择动画。

④若选了"动作路径"类中的"自定义路径"动画,需画出路径:单击"动画"组中"效果选项"按钮,选择要画的路径类型;从起点拖动到终点画直线;从起点开始多次单击后拖动,最后双击画曲线;从起点开始拖动画自由曲线,最后双击确定。

⑤编辑路径。选中路径,单击"效果选项"按钮,选择"编辑顶点"命令,拖动顶点可修改路径。

● 一个对象连续多种动画。利用"添加动画"按钮重复为同一对象添加多种动画,并设置后面动画启动方式为"上一动画之后"。

●多个对象同时运动。选中多个对象,右击选择打开快捷菜单中"组合/组合"命令,组合后设置动画即可。

(2)设置动画效果

为幻灯片中的对象添加动画效果后,还可以进一步设置动画效果的进入方式、播放速度、声音等,使其能够完美地动态展示幻灯片内容。

①查看动画列表。单击"动画"选项卡"高级动画"组中"动画窗格"按钮,打开"动画窗格",显示动画列表,如图 3-19 所示。

②调整动画顺序。在"动画窗格"对话框的列表中选择要调整动画顺序的动画项,然后单击"动画窗格"底部的"重新排序"旁向上或向下按钮或单击"计时"组中"对动画重新排序"下的"向前移动"或"向后移动"按钮。

③设置动画效果和计时。右击"动画窗格"的列表中要设置动画效果的动画,在打开的快捷菜单中选择"效果选项"命令;打开"效果"和"计时"设置对话框,在"效果"选项卡设置效果选项,选择"计时"选项卡设置计时选项(开始方式、延时、速度、重复、触发器等),如图 3-20 所示。

图 3-19　"动画窗格"对话框　　　　图 3-20　效果和计时选项对话框

(3)复制动画效果

①选中已创建了动画的对象。

②单击"动画"选项卡"高级动画"组中"动画刷"按钮,鼠标指针变为刷子形状。

③用刷子形状鼠标指针单击要添加相同动画的对象。

如果双击"动画刷"按钮,则可选择不同幻灯片中的对象,刷上相同的动画效果。

(4)删除动画效果

删除动画效果常用以下两种方法。方法一:选择要删除动画的对象,单击"动画"组中"无"选项。方法二:在"动画窗格"中,右击要删除的动画项,在打开的快捷菜单中选择"删除"命令。

3. 使用触发器

在幻灯片放映期间,使用触发器可实现在单击幻灯片上设置成触发对象时显示的动画效果。使用方法如下。

①创建对象动画。

②在"动画窗格"的动画列表中选择要用其他对象触发播放动画效果的动画项。

③单击"高级动画"栏中"触发"按钮,鼠标移到"单击"上,在打开的下拉列表框中选择要触发动画的对象,此时在"动画窗格"中出现了一个"触发器"选项。或单击动画项右侧下拉按钮,选择"计时"命令,打开设置"计时"的动画对话框,单击"触发器"按钮,选中"单击下列对象时启动效果",单击其右侧下拉按钮,选择触发对象后"确定"。

4.使用超链接

在幻灯片放映期间,使用超链接可实现在单击幻灯片上设置了超链接的对象时,跳转到其他幻灯片或程序或网页。使用方法如下。

(1)使用动作设置

①选中要创建超链接的对象。

②单击"插入"选项卡"链接"组中"动作"按钮,在打开的"动作设置"对话框。

③单击"鼠标单击"选项卡,在"单击鼠标时的动作"栏选择。

● "无动作"单选按钮。不指定动作,例如勾选后面"播放声音"并指定一声音,实现单击对象播放声音,或勾选"播放声音"并指定"停止前一声音",实现单击对象停止前一声音。

● "超链接到"单选按钮。在其下的下拉列表框中选择超链接动作的目标对象(下一张幻灯片、上一张幻灯片、第一张幻灯片、最后一张幻灯片、最近观看的幻灯片、结束放映、自定义放映、幻灯片、URL、其他 PowerPoint 演示文稿、其他文件),例如选择"幻灯片",将打开"超链接到幻灯片"对话框,在"幻灯片标题"栏中选中要链接到的幻灯片,单击"确定"按钮返回到"动作设置"对话框,如图 3-21 所示,单击"确定"按钮返回到幻灯片。在播放幻灯片时,鼠标单击超链接的对

图 3-21　"动作设置"对话框

象即可切换到链接的幻灯片中。若要链接到其他程序创建的文件(如 Word 或 Excel 文件),在"超链接到"列表中,单击"其他文件"。

● "运行程序"单选按钮。单击"浏览",然后找到要运行的程序,能实现单击对象运行某个程序。

若选择"鼠标移过"选项卡,则只要鼠标移到对象就发生动作,其他设置方法相同。

(2)使用动作按钮

①单击"插入"选项卡"插图"组中"形状"按钮,打开形状下拉列表。

②单击"动作按钮"下要添加的按钮形状。

③在幻灯片上通过拖动为该按钮绘制形状,自动打开"动作设置"对话框。

④设置动作,方法同前(1)中③。若直接使用已有的默认设置,可直接单击"确定"按钮。

⑤可进一步修改动作按钮的外观,方法与设置"形状"外观相同。

(3)使用超链接

①选中要创建超链接的对象。

②右击选择"超链接"命令或单击"插入"选项卡"链接"组中"超链接"按钮,打开"插入超链接"对话框。

③在"链接到"栏选择。

● 现有文件或网页。链接到其他演示文稿、文件或网页。

● 本文档中的位置。在"请选择文档中的位置"栏中选择要链接到的幻灯片,如图3-22所示,单击"确定"按钮,返回到幻灯片。

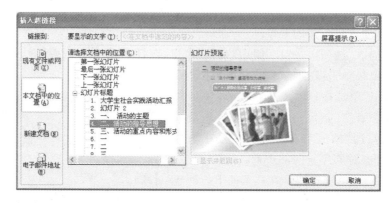

图 3-22 "插入超链接"对话框

● 新建文档。创建一新文档并建立链接。

● 电子邮件地址。在"电子邮件地址"框中,键入要链接到的电子邮件地址。

④单击"屏幕提示"按钮,打开"设置超链接屏幕提示"对话框,输入提示文字,单击"确定"按钮,返回"插入超链接"对话框,给超链接设置屏幕提示。

(4)编辑超链接

选中已创建的超链接,单击"插入"选项卡"链接"组中"超链接"或"动作"按钮,也可右击选择快捷菜单中"编辑超链接"命令,打开"编辑超链接"或"动作设置"对话框(使用了动作设置专有的选项),在相应对话框中即可重新设置链接及其他选项。

(5)删除超链接

选中需要删除的超链接对象,单击鼠标右键,在打开的快捷菜单中选择"取消超链接"命令。

3.1.4　演示文稿的放映

1.设置放映方式

（1）单击"幻灯片放映"选项卡"设置"组中"设置幻灯片放映"按钮，打开"设置放映方式"对话框，如图 3-23 所示。

（2）设置放映方式：

①演讲者放映（全屏幕）。由演讲者控制全部放映过程，适合一边演讲一边放映的场合，如讲座、报告等。

②观众自行浏览（窗口）。用于小规模的演示，演示文稿出现在窗口中，并提供相应的操作命令。

③在展台浏览（全屏幕）。自动放映演示文稿，适合无人管理场合，如展览会、广告牌等。

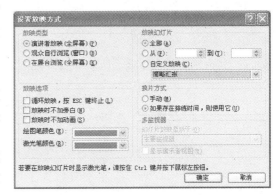

图 3-23　"设置放映方式"对话框

2.幻灯片的选择放映

（1）放映编号连续部分

①打开"设置放映方式"对话框，如图 3-23 所示，在"放映幻灯片"区，选中"从"单选按钮，在"从"的数值框中指定放映开始的幻灯片编号，在"到"的数值框中指定放映结束的最后一张幻灯片编号。

②单击"幻灯片放映"选项卡"开始幻灯片放映"组中"从头开始"按钮。

（2）隐藏幻灯片

要选择幻灯片放映，可将不放映幻灯片暂时隐藏，需要放映时再取消隐藏即可。使用方法如下。

①切换到幻灯片浏览视图。

②右击要隐藏的幻灯片，选择"隐藏幻灯片"命令；或单击"幻灯片放映"选项卡"设置"组中"隐藏幻灯片"按钮。会在幻灯片右下角的编号上出现一个斜线方框，如图 3-24 所示。

③单击"幻灯片放映"选项卡"开始幻灯片放映"组中"从头开始"按钮。

如果要放映隐藏的幻灯片，在幻灯片浏览视图中，右击隐藏的幻灯片，再次选择"隐藏幻灯片"命令即可。

（3）自定义放映

适用于一个演示文稿针对不同部门要选择一些相同和一些不同幻灯片演示时的场合。使用方法如下。

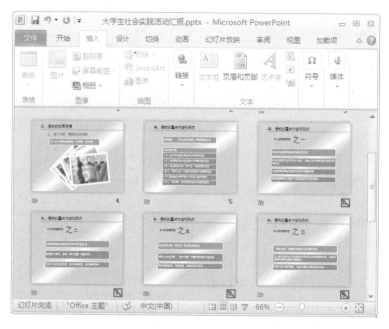

图 3-24　隐藏幻灯片

①创建自定义放映

●单击"幻灯片放映"选项卡"开始幻灯片放映"组中"自定义幻灯片放映"按钮,在打开的菜单中选择"自定义放映"命令,打开"自定义放映"对话框,如图 3-25 所示。

●单击"新建"按钮,打开"定义自定义放映"对话框。

●在"在演示文稿中的幻灯片"列表框中选择要添加到自定义放映的幻灯片(按住"Ctrl"键不放再单击幻灯片可选择多张),并单击"添加"按钮,如图 3-26 所示。如果要改变放映次序,可在"定义自定义放映中的幻灯片"列表框中选择幻灯片,再单击向上或向下箭头调整次序。

●在"幻灯片放映名称"栏输入放映名称,单击"确定"按钮。

图 3-25　"自定义放映"对话框

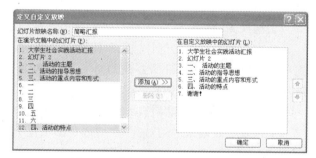

图 3-26　"定义自定义放映"对话框

②编辑自定义放映

●单击"幻灯片放映"选项卡"开始幻灯片放映"组中"自定义幻灯片放映"按钮,在打开的菜单中选择"自定义放映"命令,打开"自定义放映"对话框。

● 选择自定义放映名,单击"删除"按钮,可删除所选自定义放映。单击"复制"按钮,可复制一个与所选相同的自定义放映,名称前加"(复件)"字样。单击"编辑"按钮,可对所选自定义放映进行重命名或增删幻灯片。

③播放自定义放映

单击"幻灯片放映"选项卡"开始幻灯片放映"组中"自定义幻灯片放映"按钮,从打开的菜单中选择要播放的自定义放映名称。

3. 放映演示

单击"幻灯片放映"选项卡"开始幻灯片放映"组中"从头开始"或"从当前幻灯片开始"或状态栏"幻灯片放映"按钮放映幻灯片。右击屏幕,利用打开快捷菜单中的命令,可控制幻灯片的放映和引导关注重点。

①选择跳转目标。右击屏幕,在打开的快捷菜单中选择"上一张、下一张、上次查看过的、定位至幻灯片、转至节、自定义放映"。

②引导关注重点。按住"Ctrl"键不放,并按下鼠标左键,指针变为激光笔,然后指向希望听众注意的幻灯片内容。右击屏幕,在打开的快捷菜单中选择"指针选项"下的"笔"或"荧光笔",用鼠标在幻灯片上作标记或书写标注。选择"指针选项"下的"橡皮擦",再单击要删除的墨迹,或"擦除幻灯片上的所有墨迹"命令,可清除墨迹。

4. 排练计时

为了掌握演示所需的时间,可用"排练计时"来测定每张幻灯片放映时停留的时间和总放映时间。使用方法如下。

①单击"幻灯片放映"选项卡"设置"组中"排练计时"按钮,PowerPoint 立刻进入全屏放映模式,屏幕左上角显示一个"录制"工具栏,如图 3-27 所示,从左到右分别为"下一项"按钮、"暂停录制"按钮、幻灯片放映时间、"重复"按钮、总放映时间。借助它可以准确记录演示当前幻灯片时所使用的时间(工具栏左侧显示的时间),以及从开始放映到目前为止总共使用的时间(工具栏右侧显示的时间)。

②要进入下一张,单击"下一项"按钮,即开始记录下一张幻灯片的放映时间。如果认为该时间不合适,可单击"重复"按钮,对当前幻灯片重新计时。

图 3-27　"录制"工具栏

③排练放映结束时,会显示提示信息对话框显示幻灯片的放映所需时间,如果单击"否"按钮,则取消本次排练;如果单击"是"按钮,则接受排练的时间(保留下来),自动显示"幻灯片浏览"视图,可看到每张幻灯片的放映时间。保存后可自动按排练的时间顺序放映演示文稿。

5. 录制幻灯片演示

录制幻灯片演示功能可记录演示文稿的放映时间、录制语音旁白、记录激光笔或鼠标笔的标注,最终可实现无人值守的自动放映。使用方法如下。

①单击"幻灯片放映"选项卡"设置"组中"录制幻灯片演示"下拉按钮,在打开的下拉

菜单中选择"从头开始录制"或"从当前幻灯片开始录制"命令,打开"录制幻灯片演示"对话框。

②在"录制幻灯片演示"对话框中,选中"幻灯片和动画计时"和"旁白和激光笔"复选框,如图 3-28 所示。

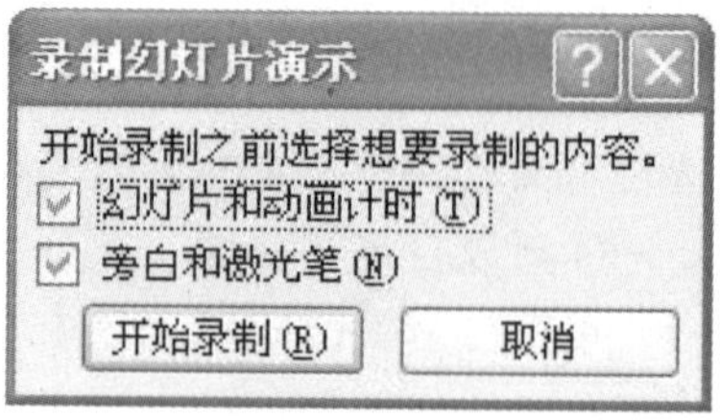

③单击"开始录制"。然后边演示边讲解(用话筒),若要暂停录制,单击"录制"工具栏中"暂停"。若要继续录制,请单击"继续录制"。

图 3-28　"录制幻灯片演示"对话框

④当完成幻灯片演示后,自动切换到"幻灯片浏览"视图,每张幻灯片中显示了声音图标,每张幻灯片下面都显示了计时。

注1:放映时不使用排练计时,单击"幻灯片放映"选项卡"设置"组中"设置放映方式"按钮,打开"设置放映方式"对话框,如图 3-23 所示,在"换片方式"下,选中"手动"。若要重新打开排练时间,请在"换片方式"下选中"如果存在排练时间,则使用它"。

注2:删除排练计时和语音旁白,单击"幻灯片放映"选项卡"设置"组中"录制幻灯片演示"下拉按钮,在打开的下拉菜单中选择"清除"下的"清除所有幻灯片中的计时"和"清除所有幻灯片中的旁白"命令。

6. 演示文稿的输出

(1)为演示文稿设置密码

①单击"文件"选项卡,在打开的菜单中选择"另存为"命令,打开"另存为"对话框。

②单击"工具"按钮,在打开的菜单中选择"常规选项"命令,打开"常规选项"对话框。

③单击"打开权限密码"文本框,然后输入密码,如图 3-29 所示,密码可以包含字母、数字、空格和符号的任务组合。

④单击"确定"按钮,出现"确认密码"对话框,再次输入相同密码后,单击"确定"按钮。

⑤单击"保存"按钮,保存演示文稿,打开时即要求输入密码。

(2)输出为图片

①单击"文件"选项卡,在打开的菜单中选择"另存为"命令,打开"另存为"对话框。

②在打开的"另存为"对话框中,选择文件类型为图像文件格式,如:.jpg、.png 等。

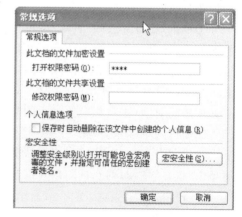

图 3-29　"常规选项"对话框

③选择一个保存路径,输入一个文件名,单击"保存"按钮,这时会打开对话框询问,选择"每张幻灯片"。

④全部保存结束后会打开对话框提示,回到指定路径,可以看到指定名称的文件夹中,是所有导出的幻灯片图片。

(3)压缩媒体与图片

通过对演示文稿图片与媒体进行压缩,可缩小体积。使用方法如下:

①打开包含音频、视频、图片文件的演示文稿。

②单击"文件"选项卡,在打开菜单中选择"信息"命令。

③单击"媒体大小和性能"部分中"压缩媒体"按钮。

④指定视频的质量:演示文稿质量、互联网质量、低质量,如图 3-30 所示。压缩完成后单击"关闭"按钮。

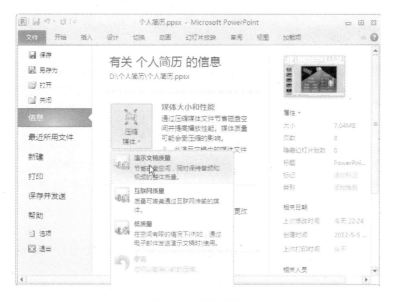

图 3-30　压缩媒体

⑤单击"文件"选项卡,在打开菜单中选择"另存为"命令。

⑥单击"工具"按钮,在打开的菜单中选择"压缩图片"命令,打开"压缩图片"对话框,如图 3-31 所示。

⑦在"压缩图片"对话框中选择"目标输出"下的质量项(如:打印(220ppi))后,单击"确定"按钮。

⑧保存演示文稿。

(4)输出为视频

①单击"文件"选项卡,在打开菜单中选择"保存并发送"命令。

②选择"保存并发送"下的"创建视频"命令。

③单击"创建视频"下"计算机和 HD 显示"下拉按钮,选择视频质量:

- "计算机和 HD 显示"。创建质量很高的视频(文件会比较大)。
- "Internet 和 DVD"。创建具有中等文件大小和中等质量的视频。
- "便携式设备"。创建文件最小的视频(质量低),如图 3-32 所示。

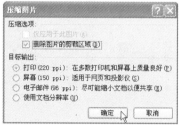

图 3-31　"压缩图片"对话框　　　　　　　图 3-32　创建视频

④在"创建视频"下"不要使用录制的计时和旁白"下拉按钮,选择是否使用计时和旁白。

⑤调整"放映每张幻灯片秒数",默认为 5 秒。

⑥单击"创建视频"按钮,选择保存位置和输入文件名,单击"保存"按钮。

(5)演示文稿打包

①单击"文件"选项卡,在打开菜单中选择"保存并发送"命令。

②单击"将演示文稿打包成 CD",然后在右窗格中单击"打包成 CD",打开"打包成 CD"对话框,如图 3-33 所示。

③若要添加演示文稿,单击"添加",然后在"添加文件"对话框中选择要添加的演示文稿,最后单击"添加"。若要更改顺序,请选择一个要移动的演示文稿,然后单击向上或向下箭头按钮。若要从"要复制的文件"列表中删除演示文稿或文件,请选择该演示文稿或文件,然后单击"删除"。

④单击"选项",选中"链接的文件"和"嵌入的 TrueType 字体(打印件与屏幕显示完全一样的一种字体)"复选框,可在打包时包括这些链接的文件和字体。若想要求其他用户在打开或编辑演示文稿之前提供密码,请在"增强安全性和隐私保护"下键入要求用户在打开或编辑演示文稿时提供的密码。若要检查演示文稿中是否存在隐藏数据和个人信息,请选中"检查演示文稿中是否有不适宜信息或个人信息"复选框,如图 3-34 所示。单击"确定"按钮,打开"确认密码"对话框,再次输入密码,关闭"选项"对话框。

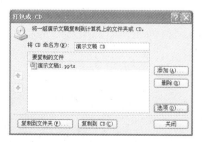

图 3-33　"打包成 CD"对话框　　　　　　图 3-34　"选项"对话框

⑤如果要将演示文稿复制到计算机上的本地磁盘驱动器,请单击"复制到文件夹",输入文件夹名称和位置,然后单击"确定"。如果要将演示文稿复制到 CD,请单击"复制到 CD"。如果前面选中"检查演示文稿中是否有不适宜信息或个人信息"复选框,此时会打开"文档检查器"对话框,可选择检查相关信息并删除。

3.2　项目 1　个人简历演示文稿的设计与制作

3.2.1　项目描述

一份独特的个人简历能够吸引招聘人员的注意,使之加深对应聘者的好感和印象。利用 PowerPoint 2010 制作一个用于应聘的演示文稿,用 8 张幻灯片比较直观地介绍个人的简历,分别为基本资料、学习工作经历、获得奖项、资格证书、擅长领域、个人爱好、自我介绍、联系方式。

首页动态显示投影机投影光线、动态显示基本资料和目录,单击目录项跳转到相应幻灯片页。学习工作经历页,动态延伸箭头和显示 4 个年段的学习工作经历。获得奖项、资格证书页渐变显示文本和图片。擅长领域页,动态逐一显示擅长领域。个人爱好页,动态下浮每项个人爱好,动画表达内容。自我介绍页,视频直观介绍。联系方式页,动态移入手持名片。

3.2.2　知识要点

(1)主题与母版设置。

(2)插入文本、图像、视频及格式设置。

(3)绘制形状与格式设置。

(4)素材的位置与层次调整。

(5)素材的组合。

(6)素材动画的设置。

(7)超链接和动作按钮的使用。

(8)演示文稿输出为放映格式。

3.2.3　制作步骤

1. 主题、母版设置与创建演示文稿

利用内置主题进行修改,以黑色渐变作为背景,衬托和突出显示要展示的内容。母版

的设计与制作步骤如下。

①启动 PowerPoint 2010，进入工作界面。

②单击"设计"选项卡"主题"组中"其他"按钮，在打开的下拉列表中单击选择"内置"区域中的"穿越"选项，如图 3-35 所示。

图 3-35　"内置"主题"穿越"

③单击"设计"选项卡"主题"组中"颜色"按钮，在打开的菜单中选择"新建主题颜色"命令，将"超链接"和"已访问超链接"颜色分别改为"白色"和"浅蓝"，单击"保存"按钮，如图 3-36 所示。

④单击"视图"选项卡"母版视图"组中"幻灯片母版"按钮，切换到幻灯片母版视图，并在左侧列表中单击第 1 张幻灯片。

⑤使用鼠标在幻灯片白色区域的左边单击并拖动围住（即框选），松开鼠标左键后白色区域以及上方的各种元素均被选中，如图 3-37 所示。

图 3-36　"新建主题颜色"对话框

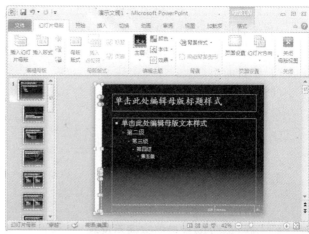

图 3-37　选中幻灯片母版对象

⑥按"Delete"键删除所选对象,选中标题占位符中"单击此处编辑母版标题样式"文字,单击"开始"选项卡"字体"组中"字号"下拉按钮,选择字号为"28",母版视图中除第 2 张幻灯片(标题幻灯片版式)外所有幻灯片版式都自动进行了修改,如图 3-38 所示。

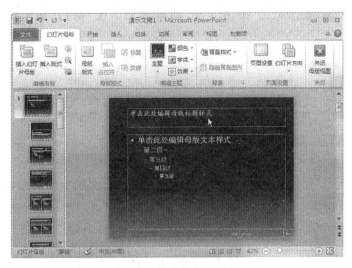

图 3-38　修改幻灯片母版

⑦选中第 2 张幻灯片按同样方法删除左侧的白色区域和设置标题字号为 28。

⑧选中"空白"版式,框选底部占位符,按"Delete"键删除所选对象。

⑨单击"插入"选项卡"插图"组中"形状"按钮,打开形状下拉列表,单击"动作按钮"下"动作按钮:第一张"按钮形状,在幻灯片版式右下角拖动绘制合适大小的动作按钮,在打开的"动作设置"对话框中单击"确定"按钮。右击动作按钮,选择"设置形状格式"命令,打开"设置形状格式"对话框,设置"填充"为"纯色填充","颜色"为标准色"深蓝",设置"线条颜色"为"实线","颜色"为标准色"蓝色",单击"关闭"按钮,即完成了修改动作按钮的填充和线框颜色。也可用"绘图工具"下"格式"选项卡"形状样式"组中"形状填充"和"形状轮廓"按钮来修改,如图 3-39 所示。

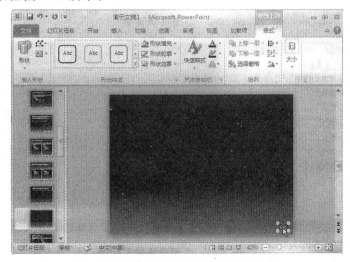

图 3-39　添加母版空白版式中动作按钮

⑩单击"幻灯片母版"选项卡"关闭"组中"关闭母版视图"按钮,或单击"状态栏"右边视图切换按钮中"普通视图"按钮,退出母版视图,并切换到"普通视图"。

⑪单击"开始"选项卡"幻灯片"组中"新建幻灯片"下拉按钮,在打开的菜单中选择"空白"版式,再单击"新建幻灯片"按钮 6 次,即添加了 7 张"空白"版式幻灯片,如图 3-40所示。

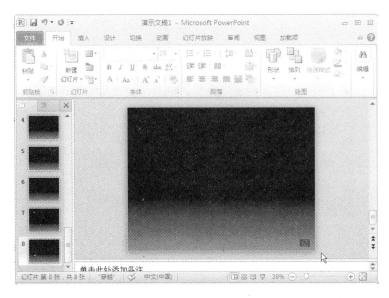

图 3-40　幻灯片普通视图

⑫单击左边窗格中"大纲"选项卡,在 1～8 张幻灯片图标右边依次输入"基本资料、学习工作经历、获得奖项、资格证书、擅长领域、个人爱好、自我介绍、联系方式",如图 3-41所示。

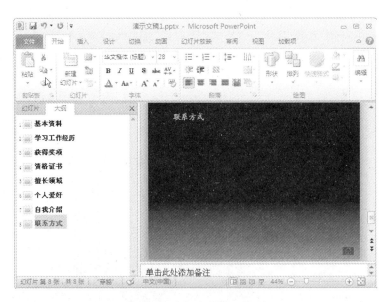

图 3-41　大纲窗格输入标题

⑬单击快速工具栏中"保存"按钮,在打开的"另存为"对话框中找到保存演示文稿的"个人简历"文件夹,并在"文件名"文本框中输入"个人简历",单击"保存"按钮保存。

2. 设计与制作首页

首页设计与制作很重要,要体现出独特的创意和特色,最终首页效果图如图 3-42 所示。

图 3-42　首页效果图

设计与制作步骤如下:

(1)添加图片、文字和艺术字

①删除首页幻灯片的副标题框,拖动调整标题框大小与位置。

②单击"插入"选项卡"图像"组中"图片"按钮,在打开的"插入图片"对话框中浏览找到"个人简历"文件夹,按住"Ctrl"键不放,单击选择"投影机"、"照片"文件,再单击"插入"按钮。

③选择"投影机"图片,拖移到幻灯片顶部,将"照片"拖移到合适位置。

④选择"投影机"图片,单击"图片工具"下"格式"选项卡"调整"组中"删除背景"按钮。拖动要保留的区域的控制点,调整要保留区域,如图 3-43 所示,单击"保留更改"按钮。

⑤单击"插入"选项卡"文本"组中"文本框"下拉按钮,选择"横排文本框"命令,在幻灯片照片左边拖动鼠标形成文本框,输入基本资料,选中全部文字,右击选择"字体"命令,设置中文字体为"宋体",字体颜色为"白色",大小为"24",单击"确定"按钮。右击选择"段落"命令,设置行距为"双倍行距",单击"确定"按钮。单击"开始"选项卡"绘图"组中"排列"按钮,在打开的菜单中选择"置于底层"命令,将文本框移到照片处,位置调整合适。

⑥用相同方法输入与设置个人简历内容目录,"个人简历"设置为粗体黄色,前两行居中,置于幻灯片右边,如图 3-44 所示。

⑦单击"插入"选项卡"文本"组中"艺术字"按钮,选择"填充—金色,强调文字颜色 3,

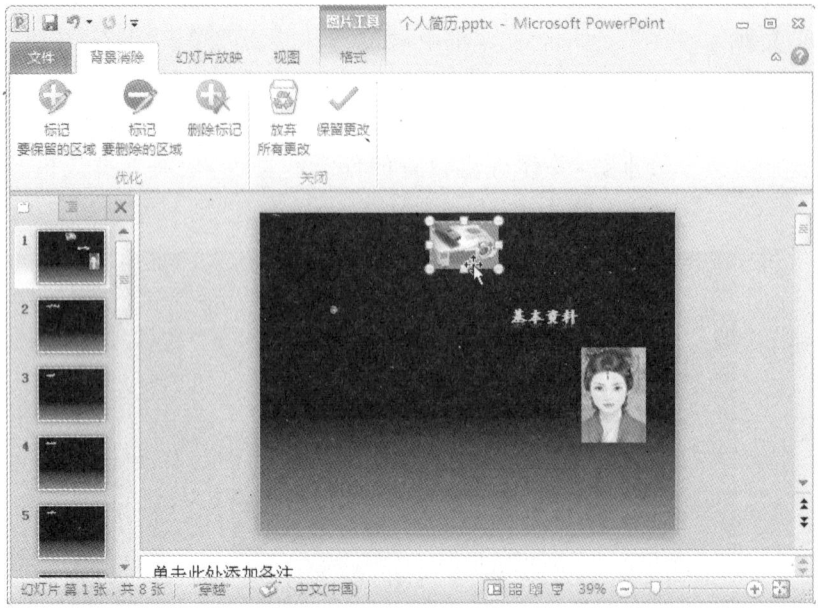

图 3-43 删除投影机背景

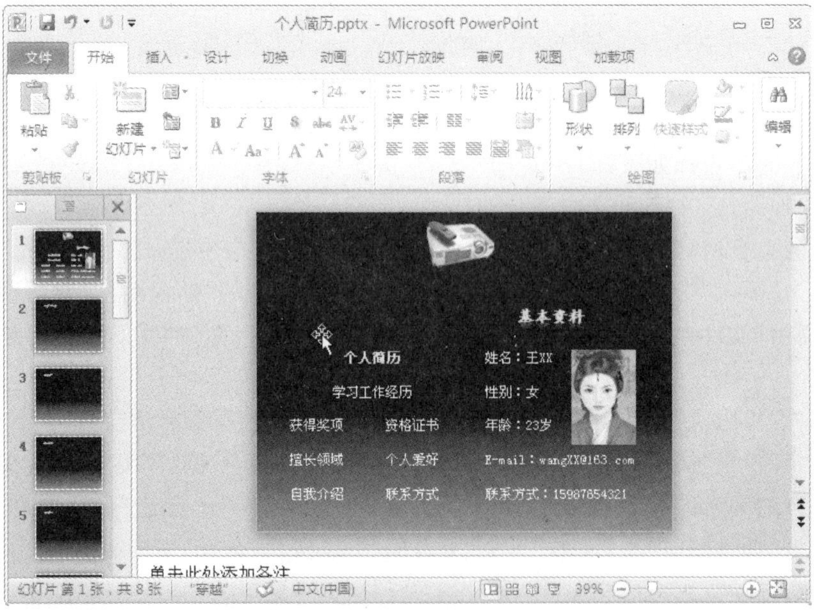

图 3-44 输入与设置目录文本

粉状棱台”，如图 3-45 所示。

⑧输入文字“特别推荐”，将其拖移到左上角，拖动旋转柄，调整方向，如图 3-46 所示。

⑨右击选择“设置形状格式”命令，选择“线型”，设置宽度为“6 磅”、复合类型为“单线”，如图 3-47 所示。

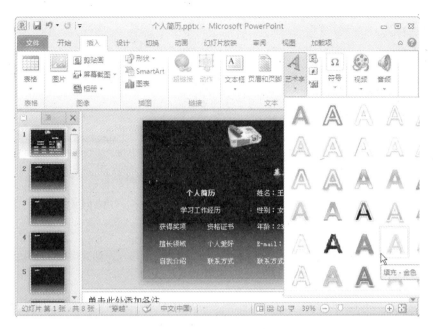

图 3-45　插入艺术字

图 3-46　调整艺术字方向

⑩选择"线条颜色",设置为"渐变线","类型"为"线性"、"角度"为"90°",单击"渐变光圈"右方"添加渐变光圈"按钮 5 次,使渐变光圈数为 8,将 4 个拖到左端,另 4 个拖到右端,分别选中,在下面设置颜色为:浅蓝、白、浅蓝、黑和黑、红、白、红,如图 3-48 所示,单击"关闭"按钮。

图 3-47 设置线型　　　　　　　　　　图 3-48 设置线条颜色

（2）绘制投影光照图形

①单击"插入"选项卡"插图"组中"形状"按钮，在打开的"形状"列表中单击任意多边形形状，如图 3-49 所示。

图 3-49 选择任意多边形

②在幻灯片投影机镜头处用鼠标单击顶点绘制两个多边形光照图形，一个朝向右边文本照片，另一个朝向左边文本。

③右击选择"设置形状格式"命令，选择"线条颜色"，均设置为"无线条"。选择"填充"，设置"渐变填充"，渐变光圈数为 2，朝向左边光照图形的左边渐变光圈颜色设置为"绿色"，右边渐变光圈颜色设置为"白色"，并将白色设置为透明；朝向右边光照图形的左边渐变光圈颜色设置为"浅蓝色"，右边渐变光圈颜色设置为"白色"，并将白色设置为透

明；调整为合适位置，如图 3-50 所示，单击"关闭"按钮。

④分别右击两光照图形，选择"置于底层"命令，实现置于文字之下。右击投影机图片，选择"置于底层"命令，实现两光照图形在投影机图片之上。

（3）设置动画

①设置艺术字"特别推荐"为"弹跳"进入动画。选择艺术字"特别推荐"，单击"动画"选项卡"高级动画"组中"添加动画"按钮，在下拉列表"进入"栏中选择"弹跳"动画。

②设置艺术字"特别推荐"动画"计时"选项。单击"高级动画"组中"动画窗格"按钮，单击"动画窗格"中"弹跳"动画项右侧下拉按钮，在打开的菜单中选择"计时"命令，打开"弹跳"对话框，在"开始"下拉列表中选择"与上一动画同时"选项，设置"延迟"时间为"0.5"秒，如图 3-51 所示，单击"确定"按钮。

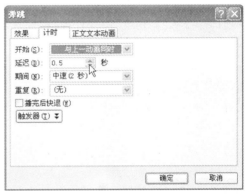

图 3-50　"设置形状格式"对话框　　　　　　图 3-51　"弹跳"对话框

③设置右光照图形为"擦除"进入动画。选择右光照图形，单击"动画"选项卡"高级动画"组中"添加动画"按钮，在下拉列表"进入"栏中选择"擦除"动画。

④设置右光照图形动画"计时"选项。单击"高级动画"组中"动画窗格"按钮，单击"动画窗格"中"擦除"动画项右侧下拉按钮，在打开的菜单中选择"计时"命令，打开"擦除"对话框。在"开始"下拉列表中选择"上一动画之后"选项；单击"效果"选项卡，设置方向为"自顶部"，如图 3-52 所示，单击"确定"按钮。

⑤设置右边"基本资料"两文本框和照片为进入动画"出现"。选择"基本资料"两文本框和照片，单击"动画"选项卡"高级动画"组中"添加动画"按钮，在下拉列表"进入"栏中选择"出现"动画。

⑥设置右边"基本资料"两文本框和照片动画"计时"选项。单击"高级动画"组中"动画窗格"按钮，单击"动画窗格"中最下方"出现"动画项右侧下拉按钮，在打开的菜单中选择"计时"命令，打开"出现"对话框。在"开始"下拉列表中选择"与上一动画同时"选项；单击"效果"选项卡，设置动画文本"按字母"，字母之间延时秒数为"0.1"，如图 3-53 所示，单击"确定"按钮。

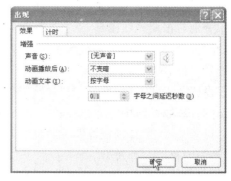

图 3-52　光照图形"擦除"对话框　　　　　图 3-53　基本资料"出现"对话框

⑦设置右光照图形为"擦除"退出动画。选择右光照图形,单击"动画"选项卡"高级动画"组中"添加动画"按钮,在下拉列表"退出"栏中选择"擦除"动画。

⑧设置右光照图形动画"计时"选项。单击"高级动画"组中"动画窗格"按钮,单击"动画窗格"中右光照图形"擦除"退出动画项右侧下拉按钮,在打开的菜单中选择"计时"命令,打开"擦除"对话框。在"开始"下拉列表中选择"上一动画之后"选项;单击"效果"选项卡,设置方向"自底部",单击"确定"按钮。

⑨选中右光照图形,单击"动画"选项卡"高级动画"组中"动画刷"按钮,单击左光照图形,即复制了相同动画,单击"动画窗格"中右光照图形"擦除"退出动画项右侧下拉按钮,在打开的菜单中选择"删除"命令,删除左光照图形"退出"动画。

⑩选中右边基本资料文本框,单击"动画"选项卡"高级动画"组中"动画刷"按钮,单击左边个人简历目录文本框,即复制了相同动画。

(4)建立目录超链接

①选中文字"学习工作经历",单击"插入"选项卡"链接"组中"动作"按钮,打开"动作设置"对话框。

②单击"鼠标单击"选项卡,在"单击鼠标时的动作"下选择"超链接到"单选按钮。单击右侧下拉按钮,在列表框中选择"幻灯片",如图 3-54 所示,打开"超链接到幻灯片"对话框。

③选择幻灯片标题"学习工作经历",如图 3-55 所示,单击"确定"按钮,返回"动作设置"对话框,单击"确定"按钮,完成动作设置。

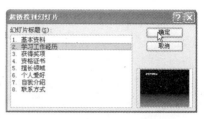

图 3-54　"动作设置"对话框　　　　　　图 3-55　"超链接到幻灯片"对话框

④用相同方法设置"获得奖项、资格证书、擅长领域、个人爱好、自我介绍、联系方式"链接到相应的幻灯片。

3. 设计学习工作经历幻灯片

对学习工作经历使用向上箭头表示学习工作知识与能力的扩展提高,最终效果如图 3-56 所示。

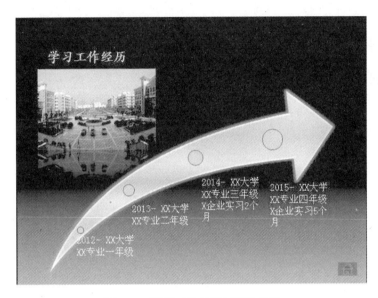

图 3-56　学习工作经历幻灯片效果

设计与制作步骤如下:

①选择"学习工作经历"幻灯片。

②单击"插入"选项卡"插图"组中"SmartArt"按钮,打开"选择 SmartArt 图形"对话框,选择"流程",拖动滚动条,选择"向上箭头"图形,如图 3-57 所示,单击"确定"按钮。

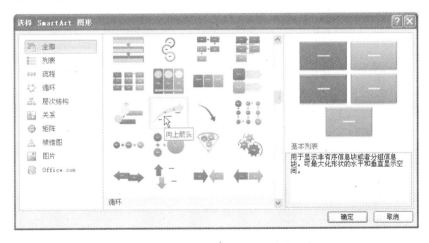

图 3-57　选择 SmartArt 图形

③在"SmartArt"图形的"文本"窗格各项目符右边输入各阶段学习工作经历文字,在最后一个输入后按回车键,会自动增加文本项目,文字输入完成后全部选中,设置字体为"宋体"、大小为"20",如图3-58所示。

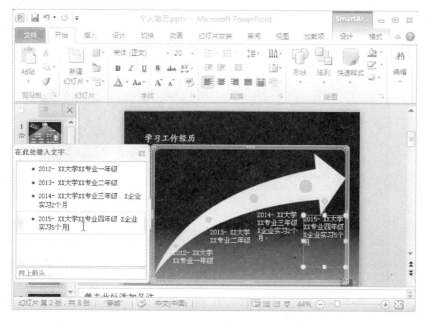

图 3-58　输入文本

④单击"文本"窗格"关闭"按钮,拖动调整"SmartArt"图形的大小和位置。

⑤单击箭头图形,再单击"SmartArt 工具"下"格式"选项卡"形状样式"组中"其他"按钮,在打开的下拉列表中选择"强烈效果－海螺,强调颜色 5"样式,如图 3-59 所示。

图 3-59　选择样式

⑥右击箭头图形选择"设置形状格式"命令,将"渐变填充"下"渐变光圈"第 3 个和第 5 个设置颜色为"浅蓝,文字 2,深色 10％"。

⑦按住"Shift"键不放,单击 4 个圆图形全部选中,单击"SmartArt"下"格式"选项卡"形状样式"组中"形状轮廓"按钮,在打开的下拉列表中选择"黑色,背景 1"。单击"SmartArt"下"格式"选项卡"形状样式"组中"形状效果"按钮,在打开的下拉列表中选择"阴影"下"内部居中"样式。

⑧选中"SmartArt"图形,单击"动画"选项卡"高级动画"组中"添加动画"按钮,在下拉列表"进入"栏中选择"擦除"动画。单击"高级动画"组中"动画窗格"按钮,单击"动画窗格"中"擦除"进入动画项右侧下拉按钮,在打开的菜单中选择"计时"命令,打开"擦除"对话框。在"开始"下拉列表中选择"上一动画之后"选项;单击"效果"选项卡,设置方向"自左侧",单击"确定"按钮。

⑨单击"插入"选项卡"图像"组中"图片"按钮,在打开的"插入图片"对话框中浏览找到"个人简历"文件夹,单击选择"学校.jpg",再单击"插入"按钮,拖移调整大小,拖移到幻灯片右上方合适位置,右击选择"置于底层"下"置于底层"命令。

⑩单击"图片工具"下"格式"选项卡"图片样式"组中"图片效果"按钮,选择打开的"映像"效果中"紧密映像,接触"效果。

4. 设计获得奖项、资格证书幻灯片

用获奖、资格证书图片和文字表达信息,最终效果如图 3-60 和图 3-61 所示。

设计与操作步骤如下。

①选择"获得奖项"幻灯片。

②单击"插入"选项卡"文本"组中"文本框"下拉按钮,选择"横排文本框"命令,在幻灯片上拖动鼠标生成文本框,输入"获得奖项"文本资料,选中全部文字,右击选择"字体"命令,设置字体为"宋体"、大小为"24",右击选择"段落"命令,设置行距为"1.5 倍",设置第 2 行起行首缩进为"2 厘米"。

③单击"插入"选项卡"图像"组中"图片"按钮,在打开的"插入图片"对话框中浏览找到"个人简历"文件夹,单击选择"获奖证书",再单击"插入"按钮,拖移到幻灯片文字右边合适位置。

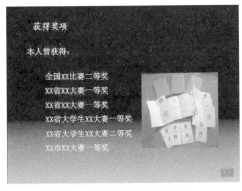

图 3-60　"获得奖项"幻灯片

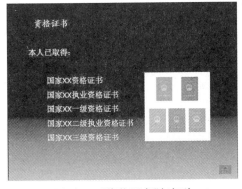

图 3-61　"资格证书"幻灯片

④框选"获得奖项"文本框和"获奖证书"图片,单击"动画"选项卡"高级动画"组中"添加动画"按钮,在下拉列表"进入"栏中选择"淡出"动画。单击"高级动画"组中"动画窗格"按钮,单击"动画窗格"中文本框和图片"淡出"进入动画项最下方右侧下拉按钮,在打开的菜单中选择"计时"命令,打开"淡出"对话框,在"开始"下拉列表中选择"与上一动画同时"选项,在"期间"下拉列表中选择"慢速(3 秒)"选项,单击"确定"按钮。

⑤选择"资格证书"幻灯片。设计制作方法相同。动画可用"动画刷"复制。

5.设计擅长领域幻灯片

"擅长领域"幻灯片用"分离射线"SmartArt 图形"线形标注"形状,效果如图 3-62所示。

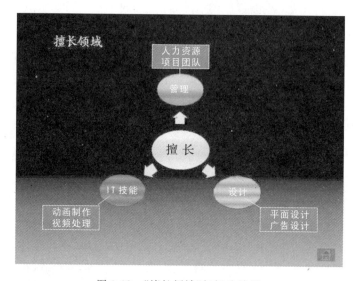

图 3-62   "擅长领域"幻灯片效果

设计与制作步骤如下:

①选择"擅长领域"幻灯片。

②单击"插入"选项卡"插图"组中"SmartArt"按钮,打开"选择 SmartArt 图形"对话框,选择"循环",拖动滚动条,单击"分离射线"图形,单击"确定"按钮。

③单击一个分支的圆,按 Delete 键删除,单击每个圆,拖动控制块均调整为椭圆。

④单击椭圆上"文本",输入"擅长领域"相关文字。选中文字,单击"开始"选项卡"字体"组中的"字体"、"字号"和"字体颜色"右侧下拉按钮,设置字体为"隶书",字号中心椭圆中文字为"32",其他椭圆文字为"24",字体颜色中心椭圆中文字为"黑色",其他椭圆文字为"白色"。

⑤框选全部图形,如图 3-63 所示,单击"SmartArt"下"格式"选项卡"形状样式"组中"形状轮廓"按钮,在打开的下拉列表中选择"黑色,背景 1"。

⑥分别单击椭圆,右击选择"设置形状格式"命令,设置"填充"为"渐变填充"下"预设颜色"中"麦浪滚滚"、"孔雀开屏"、"宝石蓝"、"铜黄色"。

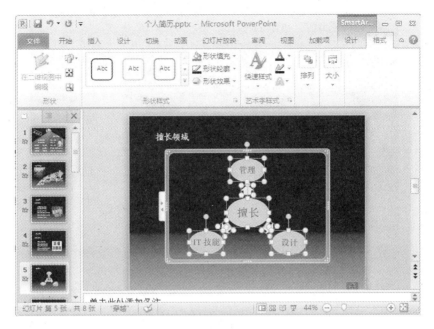

图 3-63　框选全部图形

⑦单击"插入"选项卡"插图"组中"形状"按钮,在打开"形状"列表中单击"标注"栏中"线形标注 1"形状,在幻灯片相应位置拖动绘制线形标注,按住"Ctrl"键不放同时拖放线形标注到相应位置 2 次,复制 2 个线形标注,调整好位置,再拖动线两端黄色控制块调整好线指向位置,右侧每个线形标注选"编辑文本"命令,输入相应进一步说明文字,并选中文字,单击"开始"选项卡"字体"组中的"字体"、"字号"和"字体颜色"右侧下拉按钮,设置字体为"宋体",字号为"20",字体颜色为"白色"。按住"Shift"键不放同时单击每个线形标注,选中全部线形标注,单击"绘图工具"下"格式"选项卡"形状样式"组中"形状轮廓"按钮,在打开的下拉列表中选择"黄色"。

⑧选中"SmartArt"图形,单击"动画"选项卡"高级动画"组中"添加动画"按钮,在下拉列表"进入"栏中选择"缩放"动画。单击"高级动画"组中"动画窗格"按钮,单击"动画窗格"中"缩放"动画项最下方右侧下拉按钮,在打开的菜单中选择"计时"命令,打开"缩放"对话框,在"开始"下拉列表中选择"上一动画之后"选项,单击"SmartArt 动画"选项卡,单击"组合图形"下拉按钮,选择"逐个",单击"确定"按钮。选中所有线形标注,设置进入动画"出现",设置"计时"中"开始"动画为"上一动画之后"。

6.设计我的爱好幻灯片

我的爱好幻灯片用不同颜色的形状、图片和 Gif 动画来展示。最终效果如图 3-64 所示。

设计与制作步骤如下:

①选择"擅长领域"幻灯片。

②使用形状工具绘制一个圆角矩形,并设置"渐变填充"为左渐变光圈为"蓝－灰,背

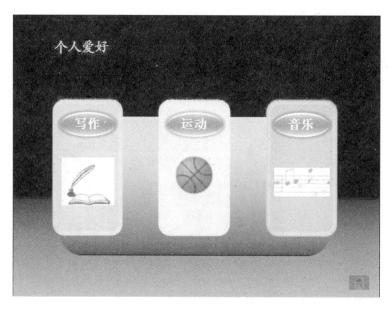

图 3-64 "我的爱好"幻灯片效果

景 2,淡色 60％",右渐变光圈为"黑,背景 1"。

③再绘制一个圆角矩形,设置"形状填充"为"浅绿","形状效果"下拉列表选"预设"区域中"预设 7"。按住 Ctrl 键不放并拖放浅绿圆角矩形 2 次,复制 2 个,用拖放和"排列"中"对齐"下"横向分布"和"顶端对齐"调整三个圆角矩形位置,置于灰黑渐变圆角矩形之上的左中右,选中中间浅绿圆角矩形,设置"形状填充"为"黄色",选中右边浅绿圆角矩形,设置"形状填充"为"浅蓝"。

④在左侧圆角矩形上绘制一个椭圆,设置"形状样式"为"强烈效果－黑色－深色 1",按住"Ctrl"键不放并分别拖放椭圆到中间和右边圆角矩形上,复制了 2 个,分别在 3 个椭圆上右击选择"编辑文字",添加文字"写作"、"运动"和"音乐",并设置"加粗",字号为"24"。

⑤插入 Gif 动画。单击"插入"选项卡"图像"组中"图片"按钮,在打开的"插入图片"对话框中找到"个人简历"文件夹,按住"Ctrl"键不放并单击选择"写作. gif、篮球. gif、音乐. gif",再单击"插入"按钮,拖移到幻灯片"写作"、"运动"和"音乐"相应圆角矩形上合适位置,拖动控制块调整大小为合适。

⑥分别框选 3 个圆角矩形和其上的椭圆及 Gif 动画图片,右击选择"组合"下"组合"命令,将其组合。

⑦全部选中,设置进入动画为"下浮","开始"为"上一动画之后"。

7. 设计自我介绍幻灯片

自我介绍幻灯片用自己录制的视频来展示,最终效果如图 3-65 所示。
设计与制作步骤如下。
①选择"自我介绍"幻灯片。
②单击"插入"选项卡"媒体"组中"视频"下拉按钮,打开下拉菜单。

图 3-65　"自我介绍"幻灯片效果

　　③选择"文件中的视频",找到"个人简历"文件夹,单击选择"自我介绍. wmv",单击"插入"按钮。

　　④裁剪视频画面。选中视频,单击"视频工具"下"格式"选项卡"大小"组中"裁剪"按钮,拖动裁剪控制点。

　　⑤设置视频效果。单击"视频工具"下"格式"选项卡"视频样式"组中右下方"其他"按钮,选择打开的画面效果"强烈"拦中"金属圆角矩形"效果。

　　⑥设置播放方式。单击"视频工具"下"播放"选项卡"视频选项"组中"开始"下拉按钮,选择"自动"选项,实现自动播放。

8. 设计联系方式幻灯片

　　联系方式幻灯片用手持名片来展示。最终效果如图 3-66 所示。

图 3-66　"联系方式"幻灯片效果

设计与制作步骤如下：

①选择"联系方式"幻灯片。

②单击"插入"选项卡"文本"组中"文本框"下拉按钮，打开下拉菜单。

③选择"横向文本框"，在幻灯片合适位置拖动形成文本框，输入感谢文本，并设置字体为"华文行楷"、字号为"36"、字体颜色为"白色"。

④插入"名片"图片。单击"插入"选项卡"图像"组中"图片"按钮，在打开的"插入图片"对话框中浏览找到"个人简历"文件夹，单击选择"名片.png"，再单击"插入"按钮，拖移到幻灯片合适位置，拖动控制块调整大小为合适。

⑤绘制青绿矩形。单击"插入"选项卡"插图"组中"形状"按钮，选择"矩形"形状，在名片左上角向右下拖动，宽度与名片相同，高度约为名片高度的1/3。分别单击"绘图工具"下"格式"选项卡"形状样式"组中"形状填充"和"形状轮廓"按钮，在打开的下拉列表中均选择"青绿，强调文字颜色4，淡色80％"。

⑥输入姓名和联系方式。单击"插入"选项卡"文本"组中"文本框"下拉按钮，打开下拉菜单，选择"横向文本框"，在名片合适位置拖动形成文本框，输入姓名、符号和联系方式文本，并设置"姓名"字体为"黑体"、其他为宋体，字号为"24"、字体颜色为"黑色"。其中"电话和信封"符号输入方法：单击"插入"选项卡"符号"组中"符号"按钮，打开"符号"对话框，单击"字体"下拉按钮，选择"Wingdings"选项，选择"电话"符，单击"插入"按钮，如图3-67所示；再选择"信封"符，单击"插入"按钮，插入"电话"和"信封"符，单击"关闭"按钮，关闭"符号"对话框。

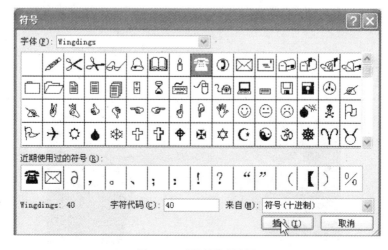

图 3-67 "符号"对话框

⑦框选名片、矩形、文本框，右击选择"组合"下"组合"命令，组合为一体，拖动旋转控制柄，旋转名片。

⑧选中"联系方式"文本框，单击"动画"选项卡"高级动画"组中"添加动画"按钮，在下拉列表"进入"栏中选择"出现"动画。单击"高级动画"组中"动画窗格"按钮，单击"动画窗格"中"出现"动画项右侧下拉按钮，在打开的菜单中选择"计时"命令，打开"出现"对话框，单击"开始"下拉按钮，选择"上一动画之后"选项，单击"效果"选项卡，单击"动画文本"下

拉按钮,选择"按字母",单击"确定"按钮。

⑨选中名片,设置"进入"动画为"飞入",设置"计时"选项卡中动画"开始"方式为"上一动画之后",速度为"中速(2秒)",设置"效果"选项中"方向"为"自左下部"。

9. 输出为放映格式

①单击"文件"选项卡,在打开的菜单中选择"另存为"命令,打开"另存为"对话框。
②在打开的"另存为"对话框中,选择文件类型为"PowerPoint 放映(∗.ppsx)"。
③选择一个保存路径,输入一个文件名,单击"保存"按钮。

3.2.4　项目小结

演示文稿的调试,一般采用做一张幻灯片,即运行调试,及时发现问题,及时修改。具体方法:单击状态栏"幻灯片放映"按钮,从当前幻灯片开始播放。全部完成后,单击"幻灯片放映"选项卡"开始幻灯片放映"组中"从头开始"按钮放映幻灯片,完整调试整个演示文稿。

本项目主要使用了 PowerPoint 2010 常用功能,另外使用了母版应用主题及修改、母版版式中添加动作按钮,实现制作一次,所有幻灯片同时起作用,以及特殊符号的使用。只要你领会制作方法,融会贯通,举一反三,就能制作出新颖、直观、生动的演示文稿。

本项目可进一步提高的地方:获奖和资格证书可用扫描图像,用强调动画一张一张放大再缩小动态展示,能清楚显示项目和授予单位印章,提高真实性。

3.3　项目 2　景点展示演示文稿的设计与制作

3.3.1　项目描述

一份真实新颖的景点展示能够吸引观众的注意,进而产生到此景点一游的愿望。利用 PowerPoint 2010 制作一个景点展示的演示文稿,用 4 张幻灯片图片层叠、动态优美地展示南明湖景点的美丽风景,分别为封面画卷和景点介绍、南明湖景点图片展示、南明湖夜景烟火、结束页制作信息。

美观的动态包括:画卷展开、景画渐变、胶片移动、烟花绽开、星星闪烁等,展示南明湖的水美、山秀、风景如画的意境。

3.3.2　知识要点

(1)背景设置。
(2)插入图像及格式设置。

（3）绘制形状与格式设置。

（4）素材的组合、位置与层次调整。

（5）幻灯片切换效果设置。

（6）素材动画的设置与触发器使用。

（7）超链接的使用。

（8）演示文稿保存和输出为视频。

3.3.3 制作步骤

1. 设计与制作首页

首页主要以一幅画展开和动态变色文字来展示风景如画的意境。最终首页效果如图 3-68 所示。

图 3-68　首页效果图

设计与制作步骤如下：

（1）设置背景

①删除首页幻灯片的占位符。

②单击"设计"选项卡"背景"组中"背景样式"按钮，在打开的列表样式中选择"样式4"，将背景设置成黑色。

（2）制作上下线条

①单击"插入"选项卡"插图"组中"形状"按钮，在打开"形状"列表中单击"直线"形状。

②在幻灯片上方拖动鼠标绘制从左到右的直线，相同方法在幻灯片下方绘制从左到右的直线。

③框选两直线，右击选择"设置对象格式"命令，显示"设置形状格式"对话框。

④选择"线条颜色"，选"实线"，单击"颜色"下拉按钮，选择"其他颜色"命令，打开"颜色"对话框，选择"青绿色"，如图 3-69 所示，单击"确定"按钮。

⑤选择"线型",设置"宽度"为"6 磅",选择"复合类型"为"双线",如图 3-70 所示,单击"关闭"按钮。

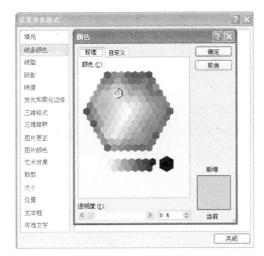

图 3-69   设置线条颜色

图 3-70   设置线型

⑥选择上下两线条,单击"动画"选项卡"高级动画"组中"添加动画"按钮,在下拉列表"进入"栏中选择"擦除"动画。

⑦单击"动画"选项卡"高级动画"组中"动画窗格"按钮,打开"动画窗格",单击列表动画项下拉按钮,选择"计时"命令,打开"计时"对话框,选择"开始"方式为"与上一动画同时","期间"为"中速(2 秒)",单击"确定"按钮。

⑧选中上线条,单击"动画窗格"中动画项下拉按钮,选择"效果选项"命令,设置"方向"为"自左侧"。选中下线条,用同样方法设置"方向"为"自右侧"。

(3)制作画卷展开

①单击"插入"选项卡"图像"组中"图片"按钮,在打开的"插入图片"对话框中浏览找到"南明湖"文件夹,选择"t.jpg",单击"插入"按钮。

②选中图片,单击"图片工具"下"格式"选项卡"大小"组中"裁剪"按钮,向上拖动下方裁剪控制点进行裁剪。

③单击"图片工具"下"格式"选项卡"排列"组中"对齐"按钮,选择"上下居中"命令,将图片置于幻灯片中间。

④单击"插入"选项卡"插图"组中"形状"按钮,在打开"形状"列表中单击"矩形"形状,在幻灯片图片中间位置拖动绘制矩形,右击选择"设置形状格式"命令,打开"设置形状格式"对话框,选择"渐变填充","类型"设置为"线性","角度"设置为"0°",左右"渐变光圈"设置为"水绿色,强调文字颜色 5,淡色 60%",中间"渐变光圈"设置为"灰色-50%","线条颜色"设置为"无线条",按住 Ctrl 键不放同时拖放矩形到相邻位置 1 次,复制一个。

⑤用上面相同方法绘制两个"矩形",大小为能盖住图片左右两部分,设置填充和轮廓均为"黑色",如图 3-71 所示。

⑥选中左边两矩形,右击选择"组合"项下"组合"命令进行组合,用相同方法将右边两矩形组合。

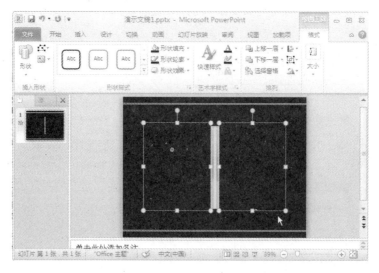

图 3-71   组合矩形

⑦选中左边组合,单击"动画"选项卡"高级动画"组中"添加动画"按钮,在下拉列表中选择"其他路径动画"命令,选择"向左"路径动画。按住"Shift"键不放,拖动路径端点,水平延长路径,单击"高级动画"组中"动画窗格"按钮,单击"动画窗格"路径动画项下拉按钮,在打开的菜单中选择"计时"命令,打开"向左"对话框,在"开始"下拉列表中选择"与上一动画同时"选项,在"期间"下拉列表中选择"非常慢(5 秒)"选项,单击"确定"按钮,相同方法制作右边组合"向右"路径动画,如图 3-72 所示。

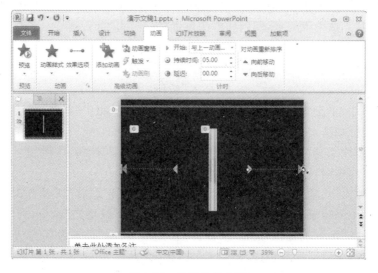

图 3-72   设置路径动画

(4)制作标题

①单击"插入"选项卡"文本"组中"文本框"下拉按钮,选择"横向文本框"命令,拖动形成一个文本框,输入文字"南明湖美如画"。

②选中文字,右击选择"设置文本效果格式"命令,打开"设置文本效果格式"对话框,

设置"文本填充"为"紫色","阴影"颜色为"黑色","映像"为"全映像,8pt 偏移量"。

③选中文字,单击"动画"选项卡"高级动画"组中"添加动画"按钮,在下拉列表中选择"进入"动画"出现",单击"高级动画"组中"动画窗格"按钮,单击"动画窗格"中"出现"动画项下拉按钮,在打开的菜单中选择"计时"命令,打开"字体颜色"对话框,在"开始"下拉列表中选择"上一动画之后"选项,选"效果"选项卡中"动画文本"为"按字母",延时秒数为"0.2"秒,单击"确定"按钮。

④选中文字,单击"动画"选项卡"高级动画"组中"添加动画"按钮,在下拉列表中选择"强调"动画"字体颜色",单击"高级动画"组中"动画窗格"按钮,单击"动画窗格"中"字体颜色"动画项下拉按钮,在打开的菜单中选择"计时"命令,打开"字体颜色"对话框,选择"开始"方式为"上一动画之后","期间"为"中速(2秒)","重复"为"直到下一次单击"。选择"效果"选项卡中设置"字体颜色"为"红色","样式"为"彩色","动画文本"为"按字母",延时百分比为"10",如图 3-73 所示,单击"确定"按钮。

图 3-73　"字体颜色"动画"效果选项"设置

(5)制作景点介绍

①单击"插入"选项卡"插图"组中"形状"按钮,在打开"形状"列表中单击"对角圆角矩形"形状,在幻灯片图片中间位置拖动绘制对角圆角矩形,右击选择"设置形状格式"命令,打开"设置形状格式"对话框,选择"填充"为"纯色填充","颜色"为"黑色,背景 1"、"透明度"为"75％",选择"线条颜色"为"实线","颜色"为"白色,文字 1",选择"线型",宽度为"2.5 磅",单击"关闭"。单击"幻灯片放映"按钮,根据画卷大小,拖动控制块将"对角圆角矩形"调整为画卷内大小。

②选中"对角圆角矩形",右击选择"编辑文字"命令,单击"开始"选项卡"字体"组中"字体"、"字号"、"字体颜色"下拉按钮,选择"字体"为"华文行楷","字号"为"20","字体颜色"为"黄色",输入景点介绍文字,选中文字,右击选择"段落"命令,打开"段落"对话框,设置"对齐方式"为"左对齐","文本之前"为"0 厘米","行首缩进"为"1.27 厘米","段前"、"段后"均为"0 磅","行距"为"固定值"、"30 磅",如图 3-74 所示,单击"确定"按钮。

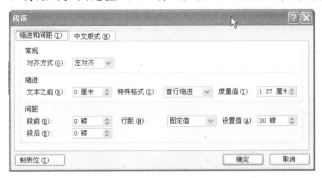

图 3-74　文字"段落"格式设置

③单击"插入"选项卡"文本"组中"文本框"下拉按钮,选择"纵向文本框"命令,在右上方拖动形成一个文本框,输入文字"景点介绍",选中文字,单击"开始"选项卡"字体"组中"字体"、"字号"、"字体颜色"下拉按钮,选择"字体"为"隶书","字号"为"28","字体颜色"为"白色"。

④选中"对角圆角矩形",单击"动画"选项卡"高级动画"组中"添加动画"按钮,在下拉列表中选择"进入"动画"出现",单击"高级动画"组中"动画窗格"按钮,单击"动画窗格"中"进入"动画项"对角圆角矩形…"右边下拉按钮,在打开的菜单中选择"计时"命令,打开"出现"对话框,选择"开始"方式为"单击时",选择"触发器"下"单击下列对象时启动效果"选项,单击右侧下拉按钮,选择"Textbox2:景点介绍"选项,单击"确定"按钮。

⑤单击"动画"选项卡"高级动画"组中"添加动画"按钮,在下拉列表中选择"退出"动画"消失",单击"动画窗格"下方"重新排序"下箭头 2 次,将"对角圆角矩形"的"消失"动画项下移到"出现"动画项下方,单击其动画项下拉按钮,在打开的菜单中选择"计时"命令,打开"出现"对话框,选择"开始"方式为"与上一动画同时",在"延时"框输入"50"秒,单击"确定"按钮。实现自动过 50 秒消失。

⑥单击"动画"选项卡"高级动画"组中"添加动画"按钮,在下拉列表中选择"退出"动画"消失",单击"动画窗格"下方"重新排序"下箭头 3 次,将"对角圆角矩形"的"消失"动画项下移到"出现"动画项下方,单击其动画项下拉按钮,在打开的菜单中选择"计时"命令,打开"出现"对话框,选择"开始"方式为"单击时",单击"确定"按钮。实现单击就消失。最终效果如图 3-75 所示。

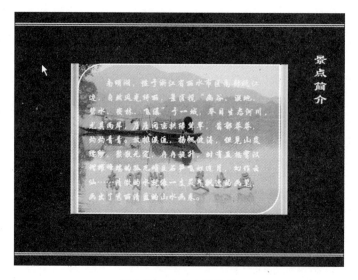

图 3-75　景点介绍效果

(6)制作"继续"

①单击"插入"选项卡"文本"组中"文本框"下拉按钮,选择"纵向文本框"命令,在右下方拖动形成一个文本框,输入文字"继续",选中文字,单击"开始"选项卡"字体"组中"字体"、"字号"、"字体颜色"下拉按钮,选择"字体"为"隶书","字号"为"28","字体颜色"为"白色"。

②拖动框选"景点介绍"和"继续",单击"开始"选项卡"绘图"组中"排列"下拉按钮,选

择"对齐"项下"左对齐"命令。

③单击"切换"选项卡"计时"组中"声音"下拉按钮,选择"其他声音",打开"添加声音"对话框,找到并选择"南明湖"文件夹下"南明湖.wav"文件,单击"确定"按钮。去掉"单击鼠标时"和"设置自动换片时间"复选框。

④选中"继续"文本框,单击"插入"选项卡"链接"组中"动作"按钮,在"动作"对话框中,选择"单击鼠标"下"超级链接到"和"下一张幻灯片",单击"确定"按钮。

2. 设计与制作南明湖图片展示

幻灯片以一幅幅南明湖图片渐变显示和电影胶卷移动展示风景如画的南明湖。最终效果如图 3-76 所示。

图 3-76　南明湖图片展示效果

设计与制作步骤如下。

(1)制作上方层叠淡出展示南明湖图片

①单击"开始"选项卡"幻灯片"组中"新建幻灯片"下拉按钮,选择"空白"版式,添加空白新幻灯片。

②单击"插入"选项卡"图像"组中"图片"按钮,在打开的"插入图片"对话框中浏览找到"南明湖"文件夹,选择"t1.jpg、t2.jpg、t3.jpg、t4.jpg、t5.jpg、t6.jpg、t7.jpg、t8.jpg、t9.jpg",单击"插入"按钮。

③单击"设计"选项卡"页面设置"组中"页面设置"按钮,查看幻灯片的宽度和高度分别为 25.4 厘米、19.05 厘米。

④选中所有图片,右击选择"大小和位置"命令,打开"设置图片格式"对话框,选择"大小",单击去掉"锁定纵横比"勾选,设置高度为"14 厘米"、宽度为"25.4 厘米",如图 3-77 所示。选择"位置",设置"在幻灯片上位置",水平为"0 厘米"自"左上角",垂直为"0 厘米"自"左上角",单击"关闭"按钮,使图片大小相同对齐重叠。

图 3-77   "设置图片格式"对话框

⑤选中所有图片,按住"Ctrl"键不放,拖放图片至幻灯片底部,复制一份全部图片,右击选择"大小和位置"命令,打开"设置图片格式"对话框,选择"大小",勾选"锁定纵横比",设置高度为"4 厘米",按比例缩放所有图片。

⑥单击"插入"选项卡"图像"组中"图片"按钮,在打开的"插入图片"对话框中浏览找到"南明湖"文件夹,选择 Gif 动画素材"鸟. gif、鸭. gif、蝶 1. gif、蝶 2. gif、蜂 1. gif、蜂 2. gif",单击"插入"按钮。

⑦单击选中最上面的图片,单击"开始"选项卡"绘图"组中"排列"按钮,在打开的菜单中选择"置于底层"命令,将图片下移到底层。用相同方法将上面的图片置于底层,直到找到花开图片,再将"鸭. gif、蝶 1. gif、蝶 2. gif、蜂 1. gif、蜂 2. gif"动画拖移到合适位置,按住"Shift"键不放,依次单击"鸭. gif、蝶 1. gif、蝶 2. gif、蜂 1. gif、蜂 2. gif"和花开图片,全部选中,如图 3-78 所示,单击"开始"选项卡"绘图"组中"排列"按钮,在打开的菜单中选择"组合"命令,组合为一体。

图 3-78   花开图片与 Gif 动画组合

⑧利用拖动图片到右边和"排列"菜单中"排列对象"栏"置于顶层""置于底层""上移一层""下移一层",将图片从下到上按"t1.jpg、t2.jpg、t3.jpg、t4.jpg、t5.jpg、t6.jpg、t7.jpg、t8.jpg、t9.jpg"叠放,再选中利用"对齐"下"左对齐"和"顶端对齐",对齐幻灯片上部。

⑨框选上方"t1.jpg、t2.jpg、t3.jpg、t4.jpg、t5.jpg、t6.jpg、t7.jpg、t8.jpg、t9.jpg",单击"动画"选项卡"高级动画"组中"添加动画"按钮,在下拉列表中选择"进入"栏中"淡出"动画,单击"高级动画"组中"动画窗格"按钮,单击"动画窗格"中"淡出"动画项最下方右侧下拉按钮,在打开的菜单中选择"计时"命令,打开"淡出"对话框,选择"开始"方式为"与上一动画同时",选择"期间"为"慢速(3 秒)",单击"确定"按钮。

⑩依次单击"动画窗格"中从上到下动画项右侧下拉按钮,选择"计时"命令,在"计时"选项卡依次修改"延时"为"0,7,14,21,28,35,42,49,56"。

(2)制作 3 只鸟重复飞效果

①将鸟拖到幻灯片上方左边画面外,按住"Ctrl"键不放,拖放鸟图 2 次到前后交错位置成 3 只鸟,框选 3 只鸟,拖动右下角控制块,将 3 只鸟的大小调整至合适。

②单击"动画"选项卡"高级动画"组中"添加动画"按钮,在下拉列表中选择"动作路径"栏中"自定义路径"动画,从左边 3 只鸟处拖动鼠标至右边画面外绘制鸟飞的路径,至终点后双击终止,如图 3-79 所示。

图 3-79 3 只鸟路径动画

③单击"高级动画"组中"动画窗格"按钮,单击"动画窗格"中"自定义路径"动画项最下方右侧下拉按钮,在打开的菜单中选择"计时"命令,打开"自定义路径"对话框,选择"开始"方式为"与上一动画同时","延时"为"1 秒",在"期间"文本框输入"7"秒,选择"重复"为"5"次,选择"效果"选项卡,拖动"平稳开始"、"平稳结束"滑块设置时间为"0 秒",单击"确定"按钮。

(3)制作电影胶片移动效果

①用前调整层叠方法调整左下方小图,使"t1.jpg、t2.jpg、t3.jpg、t4.jpg、t5.jpg、t6.jpg、t7.jpg、t8.jpg、t9.jpg"小图从下至上。

②框选全部小图,单击"开始"选项卡"绘图"组中"排列"按钮,在打开的下拉菜单中选

择"对齐"下"对齐幻灯片"命令,相同方法依次选"对齐"下"左对齐"和"底端对齐"。

③单击小图外幻灯片任意地方,再依次右击上方小图选"大小和位置"命令,在打开的"设置图片格式"对话框中选择"位置",依次输入水平值为"7.26"乘以"8,7,6,5,4,3,2,1"所得的数值(单击上方小图输入一个值,再单击幻灯片其他处,如此重复),使所有小图相连排成一列。

④框选整列小图,单击"开始"选项卡"绘图"组中"排列"按钮,在打开的下拉菜单中选择"组合"命令,组合成一体。

⑤单击"插入"选项卡"插图"组中"形状"按钮,在打开"形状"列表中单击"矩形"形状,在小图上下位置拖动绘制矩形,右击选择"设置形状格式"命令,打开"设置形状格式"对话框,选择"填充"中"纯色填充"为"黑色,背景 1,淡色 25%";选择"线条颜色"中"无线条";选择"大小"中高度为"5.53 厘米"、宽度为"65.34 厘米"。

⑥选中灰色矩形,单击"开始"选项卡"绘图"组中"排列"按钮,在打开的下拉菜单中选择"置于底层"命令,按住 Shift 键不放,单击小图组合,单击"开始"选项卡"绘图"组中"排列"按钮,在打开的下拉菜单中选择"对齐"下"对齐所选对象"命令,用相同方法依次选"对齐"下"左对齐"和"上下居中"命令,最后选择"组合"命令。

⑦单击"插入"选项卡"插图"组中"形状"按钮,在打开"形状"列表中单击"圆角矩形"形状,在小图上方灰边上绘制小圆角矩形,大小设置为高度"0.5 厘米"、宽度"0.4 厘米"。单击"开始"选项卡"剪贴板"组中"复制"按钮,再单击"粘贴"按钮,按键盘上方向键,将粘贴的小圆角矩形移到原小圆角矩形右边合适位置。再框选已有所有小圆角矩形,用相同方法复制、粘贴和方向键移位,制作出上方一列小圆角矩形。再框选上方一列小圆角矩形,用相同方法复制、粘贴和方向键移位,制作出下方一列小圆角矩形。再框选电影胶片全部元素,组合为一体,如图 3-80 所示。

图 3-80　电影胶片效果

⑧单击"动画"选项卡"高级动画"组中"添加动画"按钮,在下拉列表中选择"其他动作路径"命令,打开"添加动作路径"对话框,单击"向左",单击"确定"按钮,如图 3-81 所示。

单击"高级动画"组中"动画窗格"按钮,单击"动画窗格"中"向左"动画项最下方下拉按钮,在打开的菜单中选择"计时"命令,打开"自定义路径"对话框,选择"开始"方式为"与上一动画同时",在"期间"文本框输入"21"秒,选择"重复"为"3"次,选择"效果"选项卡,拖动"平稳开始""平稳结束"滑块设置时间为"0 秒",单击"确定"按钮。拖动路径终点红色标记,调整路径长度,通过单击"幻灯片放映"按钮测试,使动画播放时所有小图都能可见。

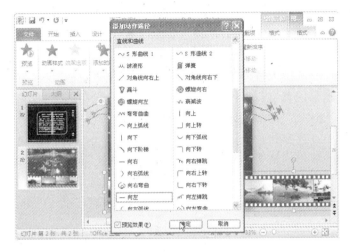

图 3-81　设置电影胶片"向左"路径动画

(4)设置幻灯片切换效果

①单击"切换"选项卡"切换到此幻灯片"组中"其他"按钮,在下拉列表中选择"动态内容"栏中"轨道"切换效果。

②勾选"计时"组中"设置自动换片时间"左边复选框,自动换片时间为默认"00∶00.00"。

3. 设计与制作星星闪耀与烟火绽放

幻灯片以两幅南明湖夜景加上星星闪烁和烟火绽放展示南明湖美丽的夜景。最终效果图如图 3-82 所示。

图 3-82　星星与烟火效果

设计与制作步骤如下：

(1)设置背景

①单击"开始"选项卡"幻灯片"组中"新建幻灯片"下拉按钮,选择"空白"版式,添加空白新幻灯片。

②单击"设计"选项卡"背景"组中"背景样式"按钮右侧下拉箭头,打开"背景样式"菜单。

③选择"设置背景格式"命令,出现"设置背景格式"对话框。

④选择"填充"中"图片或纹理填充"选项,单击"插入自:"下"文件..."按钮,找到并选择"南明湖"文件夹下"紫金大桥.jpg"文件,单击"插入"按钮,将它设置为幻灯片的背景。

(2)制作夜空星星闪耀

①单击"插入"选项卡"插图"组中"形状"按钮,在打开"形状"列表中单击"星与旗帜"栏中"十字星"形状,在夜空位置拖动绘制十字星。

②右击选择"设置形状格式"命令,打开"设置形状格式"对话框,选择"填充"中"渐变填充",左右渐变光圈颜色均为"白色,文字 1",左右渐变光圈"透明度"分别为"0%"和"100%",如图 3-83 所示;选择"线条颜色"中"无线条";选择"大小"中高度和宽度均为"0.8 厘米",单击"确定"按钮。

图 3-83　设置十字星渐变透明

③向右拖动"显示比例"滑块,调大显示比例,拖动滚动条使十字星放大显示。

④按住"Ctrl"键不放,拖放十字星,复制一个,将"设置形状格式"对话框里"大小"中设置宽度为"0.4 厘米",旋转为"45°"。

⑤框选两十字星,单击"开始"选项卡"绘图"组中"排列"按钮,在打开的下拉菜单中选择"对齐"下"对齐所选对象"命令,用相同方法依次选"对齐"下"左右居中"、"上下居中"和"组合",组合成一颗星星。按住"Ctrl"键不放,拖放星星到不同位置,形成星空,如图 3-84 所示。

图 3-84　星空效果

⑥按住"Shift"键不放,单击选择要同时闪烁的不规则的星星。单击"动画"选项卡"高级动画"组中"添加动画"按钮,在下拉列表中选择"更多强调效果"命令,打开"添加强调效果"对话框,单击"脉冲"效果,单击"确定"按钮。单击"高级动画"组中"动画窗格"按钮,单击"动画窗格"中"脉冲"动画项序列最下方下拉按钮,在打开的菜单中选择"计时"命令,打开"脉冲"对话框,选择"开始"方式为"与上一动画同时",选择"期间"为"1 秒",选择"重复"为"直到下一次单击",单击"确定"按钮。用相同方法选择部分星星,"计时"中"延时"设置为"0.5"秒,其他设置与前同。

(3)制作烟火绽放效果

①单击"插入"选项卡"插图"组中"形状"按钮,在打开"形状"列表中单击"线条"栏中"直线"形状,在大桥右边位置按住"Shift"键不放上下拖动绘制竖直线段。

②单击"开始"选项卡的"剪贴板"组中"复制"按钮,再单击"粘贴"按钮 11 次,框选所有线段,单击"开始"选项卡"绘图"组中"排列"按钮,在打开的下拉菜单中选择"对齐"下"顶端对齐"命令。框选左边 4 线段,按键盘上方向键,左移到与前 4 线段穿插位置。框选右边 4 线段,用相同方法穿插位置到前 4 线段中间。

③右击选择"设置形状格式"命令,打开"设置形状格式"对话框,选择"线条颜色"中"实线"颜色为"白色";选择"大小"中高度为"0.1 厘米"、宽度为"0.02 厘米",单击"确定"按钮。

④框选所有线段,单击"动画"选项卡"高级动画"组中"添加动画"按钮,在下拉列表中选择"其他动作路径"命令,打开"添加动作路径"对话框,单击"向上",单击"确定"按钮,拖动路径终点红色标记,延长部分线段路径,如图 3-85 所示。单击"高级动画"组中"动画窗格"按钮,单击"动画窗格"中"向上"动画项最下方下拉按钮,在打开的菜单中选择"计时"命令,打开"向上"对话框,选择"开始"方式为"与上一动画同时",在"期间"选择"快速(1

秒)",选择"重复"为"直到下一次单击",单击"确定"按钮。

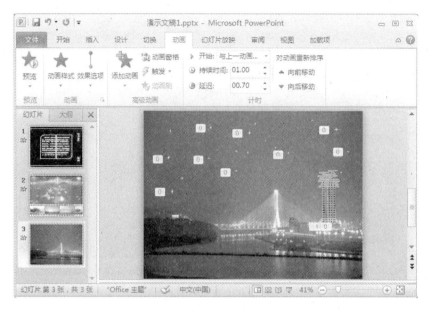

图 3-85　烟火路径调整

⑤在"动画窗格",单击"向上"动画项第 1 项,再按住"Ctrl"键不放,单击第 4、7、10 项,单击第 10 项下拉按钮,调整"延时"为"0.5"秒,其他不变;用相同方法调整 2、5、8、11 项"延时"为"0.7"秒,其他不变。

⑥单击"插入"选项卡"插图"组中"形状"按钮,在打开"形状"列表中单击"线条"栏中"直线"形状,在幻灯片中间水平拖动绘制水平线段。右击选择"大小和位置"命令,打开"设置形状格式"对话框,设置"大小"中高度为"0.05 厘米"、宽度为"5 厘米",单击"确定"按钮。

⑦单击"开始"选项卡"剪贴板"组中"复制"按钮,再单击"粘贴"按钮 2 次,分别选中粘贴的两条线段,单击"开始"选项卡"绘图"组中"排列"按钮,在打开的下拉菜单中选择"旋转"下"其他旋转选项"命令,打开"设置形状格式"对话框,设置"大小"中旋转分别为"60°"和"120°"。选中三条线段,单击"绘图"组中"排列"按钮,在打开的下拉菜单中选择"对齐"下"对齐幻灯片"、"左右居中"、"上下居中",再选择"组合",组合为三线图。单击一条线段,右击选择"设置形状格式",选择"线条颜色",设置"渐变线"中左右渐变光圈颜色分别为"红、黄"色,用相同方法设置另两条渐变颜色分别为"橙、浅绿"和"绿、浅蓝"。

⑧单击选中整个三线图,单击"开始"选项卡的"剪贴板"组中"复制"按钮,再单击"粘贴",单击"绘图"组中"排列"按钮,在打开的下拉菜单中选择"旋转"下"其他旋转选项"命令,打开"设置形状格式"对话框,设置"大小"中旋转为"30°"。选中两个线图,单击"绘图"组中"排列"按钮,在打开的下拉菜单中选择"对齐"下"对齐幻灯片"、"左右居中"、"上下居中",再选择"组合",组合为六线图。

⑨单击"开始"选项卡的"剪贴板"组中"复制"按钮,再单击"粘贴",单击"绘图"组中"排列"按钮,在打开的下拉菜单中选择"旋转"下"其他旋转选项"命令,打开"设置形状格

式"对话框,设置"大小"中旋转为"15°"。选中两个线图,单击"绘图"组中"排列"按钮,在打开的下拉菜单中选择"对齐"下"对齐幻灯片"、"左右居中"、"上下居中",再选择"组合",组合为十二线图。右击选择"设置形状格式",选择"线型",设置宽度为"2.5"。

⑩按住"Ctrl"键不放,拖放十二线图 7 次,即复制 7 个。分别右击每个组合线图,选择"设置形状格式"命令,在"线型"中分别设置不同的 8 种短划线类型,烟火图效果如图 3-86所示。

图 3-86　短划线烟火效果

⑪选中全部烟火图,单击"动画"选项卡"高级动画"组中"添加动画"按钮,在下拉列表中选择"更多进入效果"命令,选择"基本缩放"动画;单击"添加动画"按钮,在下拉列表中选择"更多退出效果"命令,选择"向外溶解"动画;单击"动画窗格"按钮,单击烟火"进入"动画第一项,按住 Shift 键不放,单击烟火"退出"动画最后一项,选中全部烟火动画项,单击最后一项右侧下拉按钮,选择"计时"命令,在"计时"选项卡设置"开始"方式为"与上一动画同时","期间"为"慢速(3 秒)","重复"为"直到下一次单击"。

⑫将烟火图拖放至向上发射图上方,位置交错,用"动画窗格"下方"重新排序"的上箭头,将烟火"退出"动画项移至与"进入"动画项相邻一一对应,选 4 个烟火(包括进入和退出)动画项(选法每隔一个),如图 3-87 所示,修改"计时"选项卡中"延时"为"0.5"秒,其他设置不变。

⑬单击"插入"选项卡"图像"组中"图片"按钮,在打开的"插入图片"对话框中浏览找到"南明湖"文件夹,选择图片"烟火.jpg",单击"插入"按钮。

⑭单击"动画"选项卡"高级动画"组中"添加动画"按钮,在下拉列表中选择"进入"栏中"淡出"动画,单击"高级动画"组中"动画窗格"按钮,单击"动画窗格"中"淡出"动画项右侧下拉按钮,在打开的菜单中选择"计时"命令,打开"淡出"对话框,设置"开始"方式为"与上一动画同时"、"延时"为"10"秒、"期间"为"非常慢(5 秒)",单击"确定"按钮。

图 3-87　设置烟火图动画

⑮单击"开始"选项卡"绘图"组中"排列"按钮，在打开的下拉菜单中选择"置于底层"命令，将图片"烟火.jpg"置于底层。

4. 设计与制作结束页面

幻灯片以帆船湖景为背景，滚动字、缩放字和变色字展示结束页面。最终效果如图 3-88所示。

图 3-88　结束页效果

设计与制作步骤如下：

①单击"插入"选项卡"图像"组中"图片"按钮，在打开的"插入图片"对话框中浏览找到"南明湖"文件夹，选择图片"帆船.jpg"，单击"插入"按钮。

②单击"开始"选项卡的"剪贴板"组中"复制"按钮，再单击"粘贴"3 次，复制 2 个相同"帆船.jpg"图片。

③框选三幅"帆船.jpg"图片，单击"开始"选项卡"绘图"组中"排列"按钮，在打开的下拉菜单中选择"对齐"下"对齐幻灯片"、"左对齐"、"顶端对齐"，再单击幻灯片画面外任意处取消选中状态。

④单击上面图片，单击"图片工具"下"格式"选项卡"大小"组中"裁剪"按钮，往上拖动裁剪控制点至合适位置，再单击幻灯片画面外任意处确定裁剪。

⑤单击上面图片，单击"图片工具"下"格式"选项卡"大小"组中"裁剪"按钮，往下拖动裁剪控制点至合适位置，再单击幻灯片画面外任意处确定裁剪。

⑥单击"插入"选项卡"文本"组中"文本框"下拉按钮，选择"横排文本框"命令，在幻灯片裁剪图片上方拖动鼠标生成文本框，输入制作相关信息：素材来源、制作者、制作时间。选中全部文字，右击选择"字体"命令，设置"中文字体"为"华文行楷"，"字体样式"为"加粗"，"大小"为"24"，"字体颜色"为"黄色"；再右击选择"段落"命令，设置"行距"为"1.5倍"。最后位置及效果如图 3-89 所示。

图 3-89　图片裁剪与文字效果

⑦选中文本框，单击"动画"选项卡"高级动画"组中"添加动画"按钮，在下拉列表中选择"进入"栏中"飞入"动画；单击"动画窗格"按钮，单击文本框"飞入"动画项右侧下拉按钮，选择"计时"命令，在"计时"选项卡设置"开始"方式为"与上一动画同时"，"期间"为"8 秒"。

⑧选中中间帆船图片，单击"动画"选项卡"高级动画"组中"添加动画"按钮，在下拉列表中选择"强调"栏中"透明"动画；单击"动画窗格"按钮，单击图片"透明"动画项右侧下拉

按钮,选择"计时"命令,在"计时"选项卡设置"开始"方式为"与上一动画同时","期间"为"8 秒"。

⑨选中上下两图片,右击选择"置于顶层/置于顶层"命令。

⑩单击"插入"选项卡"文本"组中"文本框"下拉按钮,选择"横排文本框"命令,在幻灯片中间拖动鼠标生成文本框,输入"再见",选中全部文字,右击选择"字体"命令,设置"中文字体"为"黑体","字体样式"为"加粗","大小"为"120","字体颜色"为"黄色"。

⑪选中文本框,单击"动画"选项卡"高级动画"组中"添加动画"按钮,在下拉列表中选择"进入"栏中"缩放"动画;单击"添加动画"按钮,在下拉列表中选择"强调"栏中"字体颜色"动画;单击"动画窗格"按钮,单击文本框"缩放"动画项右侧下拉按钮,选择"计时"命令,在"计时"选项卡设置"开始"方式为"上一动画之后";单击文本框"字体颜色"动画项右侧下拉按钮,选择"计时"命令,在"计时"选项卡,设置"开始"为"上一动画之后"、"重复"为"直到下一次单击",单击"效果"选项卡,设置"字体颜色"为"黄色","样式"为"绿黄",如图 3-90所示。

图 3-90   设置字体颜色效果选项

⑫保存文件。单击"文件"选项卡,选择"另存为",找到"南明湖"文件夹,输入文件名"南明湖",单击"保存"按钮。

5.输出为视频

①单击"文件"选项卡,在打开菜单中选择"保存并发送"命令。

②选择"保存并发送"下的"创建视频"命令。

③单击"创建视频"下的"计算机和 HD 显示"下拉按钮,选择视频质量"便携式设备"。

④单击"创建视频"按钮,找到"南明湖"文件夹,输入文件名"南明湖",单击"保存"按钮。

3.3.4   项目小结

本项目主要演示了 PowerPoint 2010 的绘图技术与技巧、动态功能灵活运用,另外,使用了动画触发器、超链接交互;同一图的复制修改灵活利用,灵活的时间控制。为了减少幻灯片张数,采用了素材层叠和动画延时控制。只要你领会制作方法,举一反三,就能制作出满意的、效果好的演示文稿。

本项目可进一步提高的地方:给风景图片配上合适的动态或变色文字,烟火增加类型,如用十字星形图填充不同颜色组合来制作等,这样可进一步提高观赏性。

3.4   项目 3   报告式演示文稿的设计与制作

3.4.1   项目描述

一份文字简练、图文并茂、界面新颖的报告能够吸引观众的注意,产生较好的报告效果。利用 PowerPoint 2010 制作一个城市建设报告的演示文稿,用 10 张幻灯片,介绍城市建设发展目标和推动城市建设事业发展措施,发展目标文字与图表结合,建设措施文字与图片结合,展示静态与动态结合,制作成演示讲解式报告演示文稿。

10 张幻灯片依次如下:报告封面、目录、城市化率、绿化建设、污水处理、建立规划体系、基础设施建设、保障住房建设、创建园林城市、致谢。

3.4.2   知识要点

(1)母版背景设置。

(2)插入图像、图表及格式设置。

(3)绘制形状与格式设置。

(4)图片裁剪成形状、形状填充图像。

(5)素材的组合、位置调整。

(6)幻灯片切换效果设置。

(7)素材动画的设置。

(8)超链接的使用。

(9)演示文稿输出。

3.4.3　制作步骤

1. 母版设置与创建演示文稿

①启动 PowerPoint 2010,进入工作界面。

②单击"视图"选项卡"母版视图"组中"幻灯片母版"按钮,切换到幻灯片母版视图,并在左侧列表中单击第 1 张幻灯片。

③使用鼠标框选所有占位符,按"Delete"键删除。

④单击"幻灯片母版"选项卡"背景"组中"背景样式"按钮,在打开的列表样式中选择"设置背景格式"命令,打开"设置背景格式"对话框,选择"填充"中的"图片或纹理填充"项,单击"插入自"下的"文件"按钮,找到"报告"文件夹,选择图片"背景.jpg",单击"插入"按钮,单击"关闭"按钮,将图片设置为背景。

⑤单击"文件"选项卡,在打开的菜单中选择"新建"命令,在"可用的模板和主题"窗格中,单击"样本模板"选项,单击选择"培训"模板,如图 3-6 所示,并单击最右边窗格中"创建"按钮,即用"培训"模板新建"演示文稿 2"。

⑥单击"演示文稿 2",选择"视图"选项卡"母版视图"组中"幻灯片母版"按钮,切换到幻灯片母版视图,右击幻灯片左侧的波浪图,选择打开的快捷菜单中"复制"命令。

⑦单击任务栏中"演示文稿 1"按钮,切换回原"演示文稿 1",右击幻灯片,在打开的快捷菜单中,单击选"粘贴选项"下"图片",将图片复制到幻灯片中,选中拖动旋转柄调整方向,拖动控制块调整大小,拖放置于底部,如图 3-91 所示。

图 3-91　设置母版背景

⑧单击"关闭母版视图"按钮,关闭母版视图,返回到"普通视图",单击"新建幻灯片"下拉按钮,选择列表版式中"空白"版式,再单击"新建幻灯片"按钮 8 次,即创建了一个 10

张幻灯片的演示文稿。

⑨单击快速工具栏中"保存"按钮，在打开的"另存为"对话框中找到要保存演示文稿的"报告"文件夹，并在"文件名"文本框中输入"报告"，单击"保存"按钮保存。

2. 设计与制作封面

①单击"设计"选项卡"背景"组中"背景样式"按钮，在打开的列表样式中选择"设置背景格式"命令，打开"设置背景格式"对话框，选择"填充"中"图片或纹理填充"项，单击"插入自"下的"文件"按钮，找到"报告"文件夹，选择图片"t1.jpg"，单击"插入"按钮，单击"关闭"按钮，勾选"隐藏背景图形"复选框，将图片"t1.jpg"设置为封面背景。

②单击"插入"选项卡"媒体"组中"音频"按钮，在打开的"插入音频"对话框中浏览找到"报告"文件夹，选择声音文件"音乐.wav"，单击"插入"按钮。单击"音频工具"下"播放"选项卡"音频选项"组中"开始"右侧下拉按钮，选择"自动"，并勾选"放映时隐藏"复选框。

③在标题框输入"推动城市建设事业再上新台阶"，选中右击选择"字体"命令，在"字体"对话框中，设置中文字体为"隶书"、字体样式为"加粗"、大小为"44"、颜色为"深红"。选中标题文字，选中右击选择"设置文字效果格式"命令，在"设置文字效果格式"对话框中，选中阴影，设置颜色为"白色"、透明度为"0%"、虚化为"0 磅"，其他选项用默认值。

④在副标题框输入"抓住机遇科学发展"，选中右击选择"字体"命令，在"字体"对话框中，设置中文字体为"隶书"、字体样式为"加粗"、大小为"40"、颜色为"深蓝"。

⑤将副标题拖到上方，标题略往下方拖一点位置，调整好两者位置。

⑥选中副标题，单击"动画"选项卡"高级动画"组中"添加动画"按钮，在下拉列表中选择"进入"栏中"缩放"动画；单击"动画窗格"按钮，单击"缩放"动画项右侧下拉按钮，选择"计时"命令，在"计时"选项卡，设置"开始"方式为"与上一动画同时"、"期间"为"中速（2秒）"，选择"效果"选项卡，设置"消失点"为"幻灯片中心"。

⑦用相同方法为标题设置"进入"动画"上浮"，在"计时"选项卡设置"开始"为"上一动画之后"、"期间"为"中速（2 秒）"。

⑧单击"插入"选项卡"图像"组中"图片"按钮，在打开的"插入图片"对话框中浏览找到"报告"文件夹，选择 Gif 动画"鸟.gif"，单击"插入"按钮。

⑨在"图片工具"下"格式"选项卡"大小"组中"形状高度"框，调整为"1 厘米"，"形状宽度"自动调整。按住 Ctrl 键不放，用鼠标拖放鸟 4 次，即复制 4 只相同的鸟，调整成斜向直线一列，框选，单击"开始"选项卡"绘图"组中"排列"按钮，选择"组合"命令，组合为一队列，再次单击"排列"按钮，选择"置于底层"命令。

⑩将鸟队列拖到幻灯片画面外右中偏下，单击"动画"选项卡"高级动画"组中"添加动画"按钮，在下拉列表中选择"动作路径"栏中"自定义路径"动画，从鸟队列处开始画路径至左上方幻灯片外，在终点处双击终止，如图 3-92 所示；单击"动画窗格"按钮，单击"自定义路径"动画项右侧下拉按钮，选择"计时"命令，在"计时"选项卡，设置"开始"方式为"上一动画之后"、"期间"为"非常慢（5 秒）"，选择"效果"选项卡，设置"平滑开始"和"平滑结束"均为"0 秒"。

图 3-92　设置路径动画

3. 设计与制作第 2 张目录页

①复制封面副标题与标题至目录页。在封面幻灯片，鼠标拖动选中副标题文字后，按住 Ctrl 键不放，鼠标拖动同时选中标题文字，单击"开始"选项卡"剪贴板"组中"复制"按钮。选择第 2 张幻灯片，单击"开始"选项卡"剪贴板"组中"粘贴"下拉按钮，在列表中选择"保留源格式"项，选中副标题文字，调整大小为"32"，选中标题文字，调整大小为"36"，拖动控制块调整文本框大小，拖放到上方。

②单击"插入"选项卡"图像"组中"图片"按钮，在打开的"插入图片"对话框中浏览找到"报告"文件夹，选择图片"t2.jpg"，单击"插入"按钮。右击选择"大小和位置"命令，设置"大小"中高度为"2.7 厘米"、宽度为"2.4 厘米"。

③绘制圆角矩形与添加文字。单击"插入"选项卡"插图"组中"形状"按钮，在列表中选择"矩形"栏中"圆角矩形"，拖动鼠标绘制一个圆角矩形，右击圆角矩形，选择"编辑文字"，输入"一、'十二五'城市建设事业发展目标"，选中文字，设置字体为"宋体"、大小为"24"、样式为"加粗"，拖动控制块调整圆角矩形大小，右击圆角矩形，选择"设置形状格式"，打开"设置形状格式"对话框，设置"填充"为"渐变填充"、中间渐变光圈颜色为"白色"、左右渐变光圈颜色为"浅青绿"，如图 3-93 所示。"线条颜色"设置为"实线"、颜色为"深蓝"，"线型"宽度为"0.75 磅"；"大小"设置高度为"1.6 厘米"、宽度为"16 厘米"。

④绘制椭圆。单击"插入"选项卡"插图"组中"形状"按钮，在列表中选择"基本形状"栏中"椭圆"，拖动鼠标在圆角矩形下绘制一个椭圆，右击椭圆，选择"设置形状格式"，打开"设置形状格式"对话框，设置"填充"为"渐变填充"、左右渐变光圈颜色分别为"白色"和"灰色"，"线条颜色"为"无线条"，"大小"中高度为"1 厘米"、宽度为"18 厘米"。单击"开始"选项卡"绘图"组中"排列"按钮，选择"置于底层"，将椭圆置于底层。

⑤图片图形组合与复制。调整好图片、圆角矩形和椭圆三者相对位置，框选后组合成一

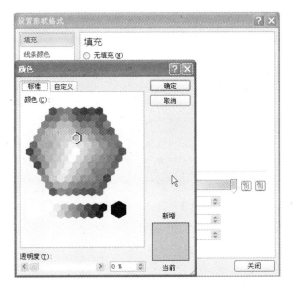

图 3-93 设置"填充"颜色

体。按住"Ctrl"键不放,用鼠标拖放至下方,复制一个与上方对齐。在下方圆角矩形拖动选中文字部分,修改成"二、推动城市建设事业又好又快地发展",如图 3-94 所示。

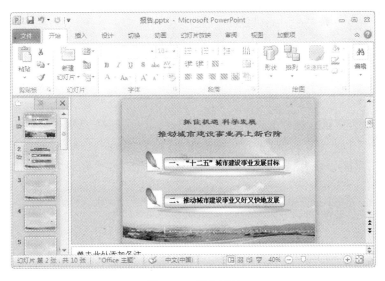

图 3-94 制作目录

⑥设置动画。框选两组合目录,单击"动画"选项卡"高级动画"组中"添加动画"按钮,在下拉列表中选择"进入"栏中"擦除"动画;单击"动画窗格"按钮,单击最下方"擦除"动画项右侧下拉按钮,选择"计时"命令,在"计时"选项卡,设置"开始"方式为"上一动画之后",选择"效果"选项卡,设置"方向"为"自左侧"。

⑦建立目录链接。双击上方圆角矩形边框,单击"插入"选项卡"链接"组中"动作"按钮,打开的"动作设置"对话框,单击"鼠标单击"选项卡,在"单击鼠标时的动作"下选择"超

链接到"→"下一张幻灯片"→单击"确定"按钮。用相同方法设置下方圆角矩形"超链接到"→"幻灯片"→"6.幻灯片 6"。

4.设计与制作第 3 张幻灯片

①绘制圆角矩形。选中第 3 张幻灯片,单击"插入"选项卡"插图"组中"形状"按钮,在列表中选择"矩形"栏中"圆角矩形",拖动鼠标绘制一个圆角矩形,右击圆角矩形,选择"设置形状格式",打开"设置形状格式"对话框,设置"填充"为"渐变填充",左右渐变光圈颜色分别为"白色,背景 1"和"白色,背景 1,深色 15%","线条颜色"为"无线条","大小"设置高度为"1.6 厘米"、宽度为"16 厘米","位置"设置水平为"5 厘米"、垂直为"1.5 厘米"。

②绘制横向矩形与添加文字。单击"插入"选项卡"插图"组中"形状"按钮,在列表中选择"矩形"栏中"矩形",在圆角矩形上拖动鼠标绘制一个矩形,右击矩形,选择"编辑文字",输入文字"'十二五'城市建设事业发展目标",选中文字,设置字体为"宋体"、大小为"24"、样式为"加粗",右击矩形,选择"设置形状格式",打开"设置形状格式"对话框,设置"填充"为"渐变填充",中间渐变光圈颜色为"水绿色,强调文字颜色 5,淡色 60%"、左右渐变光圈颜色为"白色,背景 1","线条颜色"为"无线条","大小"设置高度为"1.2 厘米"、宽度为"13.6 厘米","位置"设置水平为"7 厘米"、垂直为"1.7 厘米"。

③绘制椭圆形标注图。单击"插入"选项卡"插图"组中"形状"按钮,在列表中选择"标注"栏中"椭圆形标注",在圆角矩形左边拖动鼠标绘制一个椭圆形标注,拖动调整指向柄指向左下,右击,选择"设置形状格式",打开"设置形状格式"对话框,设置"填充"为"渐变填充",中间添加两渐变光圈,中间渐变光圈颜色为"浅蓝"、左右渐变光圈颜色为"白色,背景 1",如图 3-95 所示,"线条颜色"为"实线"、"浅蓝","线型"宽度为"0.75 磅",大小设置高度为"1.4 厘米"、宽度为"2 厘米","位置"设置水平为"3.7 厘米"、垂直为"1.2 厘米"。按住 Ctrl 键不放,用鼠标拖放复制两个椭圆形标注,分别拖动调整指向柄指向右下,分别修改"渐变填充"中间渐变光圈颜色和"线条颜色"均为"橙色","大小"高度分别为"0.8 厘米、1.2 厘米"、宽度分别为"1.14 厘米、1.7 厘米","位置"水平分别为"4.5 厘米、5 厘米"、

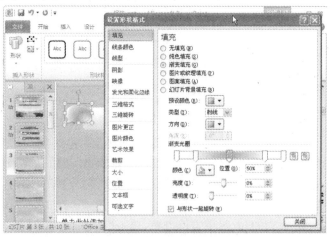

图 3-95　设置填充颜色

垂直分别为"2.32 厘米、1.7 厘米"。调整层次，最小在下、大在中、中等在上。

④组合椭圆形标注、圆角矩形、矩形为一体。

⑤绘制竖向矩形与添加文字。单击"插入"选项卡"插图"组中"形状"按钮，在列表中选择"矩形"栏中"矩形"，在幻灯片左侧中间拖动鼠标绘制一个竖向矩形，右击矩形，选择"编辑文字"，输入文字"城市化率"，选中文字，设置字体为"隶书"、大小为"36"、样式为"加粗"，右击矩形，选择"设置形状格式"，打开"设置形状格式"对话框，设置"填充"为"图片或纹理填充"，单击"纹理"按钮，选择"水滴"；设置"线条颜色"为"无线条"；设置"阴影"为"预设""外部"栏中"右下斜偏移"；设置"大小"高度为"6.5 厘米"、宽度为"1.8 厘米"；设置"位置"水平为"2 厘米"、垂直为"6 厘米"。

⑥绘制竖向圆柱和箭头。单击"插入"选项卡"插图"组中"形状"按钮，在列表中选择"基本形状"栏中"圆柱形"，在竖向矩形右侧中间拖动鼠标绘制一个竖向圆柱，右击圆柱，选择"设置形状格式"，打开"设置形状格式"对话框，设置"填充"为"纯色填充"、颜色为"浅蓝色"；设置"线条颜色"为"无线条"；设置"大小"高度（代表 100％）为"8 厘米"、宽度为"2厘米"。用相同方法在圆柱中绘制一小圆柱，设置"填充"为"纯色填充"、颜色为"蓝色"；设置"线条颜色"为"无线条"；设置"大小"高度（代表 48.4％）为"2.89 厘米"、宽度为"1.4 厘米"；调整底部直径对齐。绘制一个上箭头，设置"填充"为"纯色填充"、颜色为"红色"；设置"线条颜色"为"无线条"；设置"大小"高度为"1.5 厘米"、宽度为"0.6 厘米"；调整位置于小圆柱上方。横框选大小圆柱和上箭头，单击"开始"选项卡"绘图"组中"排列"按钮，选择"对齐"下"左右居中"，再选"组合"。

⑦复制与调整组合圆柱。按住"Ctrl"键不放，拖放组合圆柱，复制成 4 个相同组合圆柱，调整好位置并底端对齐。调整第 2 个组合圆柱中小圆柱高度（代表 60％）为"4.8 厘米"，调整好与大圆柱相对位置和上箭头位置。调整右边两个组合圆柱中各部分：大小圆柱颜色分别为"浅绿、绿色"，小圆柱高度（65％、75％）分别为"5.2 厘米、6 厘米"，上箭头颜色为"蓝色"，调整好相对位置。插入 4 个文本框，分别输入"48.4％、60％、65％、75％"，并分别与各柱形图组合，如图 3-96 所示。

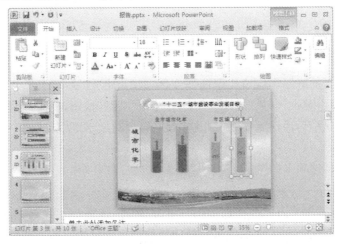

图 3-96　制作柱形图

⑧绘制矩形长条。单击"插入"选项卡"插图"组中"形状"按钮,在列表中选择"矩形"栏中"矩形",在组合圆柱底部拖动鼠标绘制一个长条矩形,并设置填充和轮廓颜色均为红色。

⑨插入文本框与输入文字。单击"插入"选项卡"文本"组中"文本框"下拉按钮,选择"横排文本框",在组合圆柱上方拖动形成横向文本框,输入文字"全市城市化率市区城市化率",字体颜色分别设置为"深红"和"蓝色"。在红色长条矩形下方插入文本框,输入文字"2010 2015 2010 2015 人口　35.2 万→46 万 建成区面积　32.3 平方公里→45 平方公里",字体颜色设置为"黑色",两箭头设置为"黄色",效果与布局如图 3-97 所示。

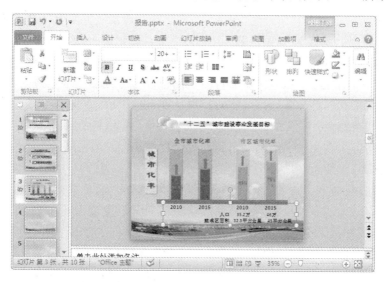

图 3-97　制作文本框

⑩设置动画。框选 4 个柱形组合图,单击"动画"选项卡"高级动画"组中"添加动画"按钮,在下拉列表中选择"进入"栏中"擦除"动画;单击"动画窗格"按钮,单击最下方"擦除"动画项右侧下拉按钮,选择"计时"命令,在"计时"选项卡,设置"开始"方式为"上一动画之后"。拖动选中底部两行文字,相同方法设置"擦除"动画,将"效果"选项卡中"方向"改为"自左侧"。

5. 设计与制作第 4 张幻灯片

①选中第 3 张的标题和城市化率两部分,单击"开始"选项卡"剪贴板"组"复制"按钮,选择第 4 张幻灯片,单击"开始"选项卡"剪贴板"组"粘贴"按钮,复制标题和城市化率两个内容。在"城市化率"后面输入文字"绿化建设",再删除文字"城市化率",这样可保持文字为原格式。

②单击"插入"选项卡的"插图"组中"图表"按钮,打开"插入图表"对话框,如图 3-14 所示。

③选择"柱形图"中"三维簇状柱形图",单击"确定"按钮。

④自动启动 Excel,在工作表的单元格中将数据更改成如图 3-98 所示的数据。

⑤更改数据后,单击 Excel 窗口右上角"关闭"按钮。

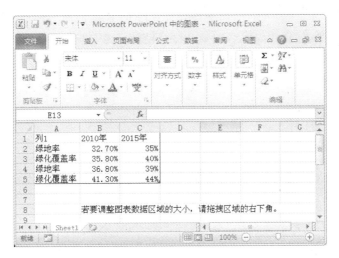

图 3-98　修改图表数据

⑥鼠标移到图表边框上,当指针变为十字箭头时,拖动调整图表位置;鼠标移到图表边框中间上,当指针变为上下或左右箭头时,拖动图表边框调整大小。

⑦分别单击两种颜色的柱形,单击"图表工具""格式"选项卡中"形状填充"按钮,选择"绿色"和"黄色",将柱形分别更改为"绿色"和"黄色"。

⑧单击图表,单击"图表工具""布局"选项卡中"数据标签"按钮,在打开的列表中选择"显示"项,显示数据标签百分比在柱形上方。分别单击上下数据标签,将字大小修改为"12"。

⑨单击"图标标题"按钮,在打开的列表中选择"图表上方"项,添加图表标题在柱形上方,输入修改标题为"全市建成区市区建成区",选中文字"全市建成区",单击"格式"选项卡"艺术字样式"组中"文本填充"按钮,选择"深红"颜色;用相同方法设置文字"市区建成区"颜色为"紫色",拖动调整图表标题位置,如图 3-99 所示。

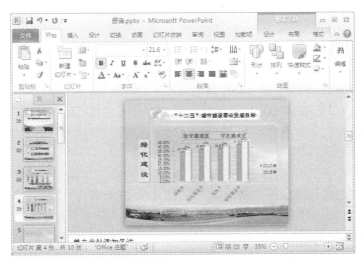

图 3-99　设置图表布局

⑩设置动画。单击选中图表，单击"动画"选项卡"高级动画"组中"添加动画"按钮，在下拉列表中选择"进入"栏中"擦除"动画；单击"动画窗格"按钮，单击"擦除"动画项右侧下拉按钮，选择"计时"命令，在"计时"选项卡，设置"开始"方式为"上一动画之后"，单击"图表动画"选项卡，设置组合图表为"按分类中的元素"。

6. 设计与制作第 5 张幻灯片

①框选第 4 张幻灯片全部内容，单击"开始"选项卡"剪贴板"组"复制"按钮，选择第 5 张幻灯片，单击"开始"选项卡"剪贴板"组"粘贴"按钮，复制全部内容。

②在"绿化建设"后面输入文字"污水处理"，再删除文字"绿化建设"，这样可保持文字为原格式。

③单击图表，右击图表框选择"编辑数据"命令，将原数据修改成如图 3-100 所示，单击"关闭"按钮。

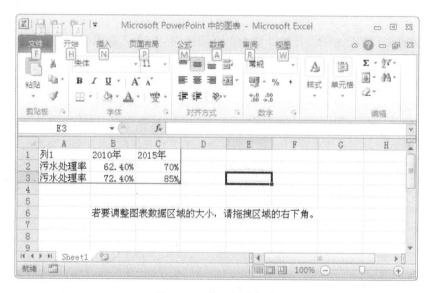

图 3-100　修改图表数据

④修改图表标题文字为"全市城市市区城市"。

⑤单击图表，右击图表框选择"更改图表类型"命令，选择"簇状柱形图"，单击"确定"。

⑥分别单击绿色和黄色柱形，选择"格式"选项卡"形状样式"组"形状填充"按钮，选择"橙色"和"蓝色"，更改两类柱形颜色，如图 3-101 所示。

⑦单击"插入"选项卡"插图"组中"形状"按钮，在列表中选择"矩形"栏中"矩形"，绘制一个盖住整个在幻灯片的矩形，分别单击"格式"选项卡"形状样式"组中"形状填充"和"形状轮廓"按钮，分别选择"无填充颜色"和"无轮廓"，修改为透明矩形。单击"插入"选项卡"链接"组中"超级链接"按钮，单击选择"链接到"下"本文档中的位置"，选择"2. 幻灯片 2"，单击"屏幕提示"按钮，打开"设置超级链接屏幕提示"对话框，输入"本部分结束，单击返回目录页选择"，单击"确定"按钮。

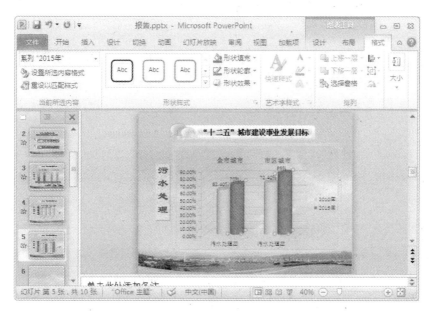

图 3-101　修改图表形状填充颜色

7. 设计与制作第 6 张幻灯片

①框选第 4 张幻灯片标题组合图,单击"开始"选项卡"剪贴板"组"复制"按钮,选择第 6 张幻灯片,单击"开始"选项卡"剪贴板"组"粘贴"按钮,复制标题组合图。修改文字为 "(一)以规划引领为重点,加快建立规划体系",将标题组合图往左拖,单击选中下方圆角矩形,拖动右方控制块延长,再单击文字矩形,拖动右方控制块延长,直到文字能一行显示。

②在标题下插入横向文本框,输入文字"一要大力加强规划研究和编制。二要着力强化规划的刚性控制。三要抓好重要区块和节点规划建设",设置文字字体为"隶书"、大小为"24"、段首空 2 格。

③选中文本框,设置"进入"动画为"出现",设置"计时"中"开始"为"与上一动画同时",设置"效果"中动画文本为"按字母"、字母之间延时秒数为"0.1"。

④绘制圆角矩形。单击"插入"选项卡"插图"组中"形状"按钮,在列表中右击"矩形"栏中"圆角矩形",选"锁定绘图模式",依次拖动鼠标绘制三个圆角矩形(一长两短),添加完成后按 Esc 键退出,调整好位置与大小。右击上边长圆角矩形,选择"设置形状格式",打开"设置形状格式"对话框,设置"填充"为"图片或纹理填充",单击"插入自:"下"文件"按钮,插入"报告"文件夹下图片文件"t3.jpg"。用相同方法,在下边左右两短圆角矩形中分别填充"报告"文件夹下图片文件"t4.jpg"和"t5.jpg"。

⑤框选三个圆角矩形,右击选择"设置对象格式",打开"设置图片格式"对话框,设置"线条颜色"为"实线"、颜色为"白色,背景 1",设置"线型"宽度为"3 磅",设置"阴影"为"预设"中"外部"栏"右下斜偏移",如图 3-102 所示。

⑥单击"动画"选项卡"高级动画"组中"添加动画"按钮,在下拉列表中选择"进入"栏

图 3-102　设置形状填充图片

中"劈裂"动画;单击"动画窗格"按钮,单击最下方"劈裂"动画项右侧下拉按钮,选择"计时"命令,在"计时"选项卡,设置"开始"方式为"与上一动画同时",单击"效果"选项卡,设置方向为"中央向左右展开"。

8. 设计与制作第 7 张幻灯片

①框选第 6 张幻灯片标题组合图和文本框,单击"开始"选项卡"剪贴板"组"复制"按钮,选择第 7 张幻灯片,单击"开始"选项卡"剪贴板"组"粘贴"按钮,复制标题组合图。修改文字为"(二)以基础设施建设为重点,加快完善城市功能",将标题组合图往左拖,单击选中下方圆角矩形,拖动右方控制块延长,再单击文字矩形,拖动右方控制块延长,直到文字能一行显示。

②在原文本框文字后输入"加强城市公共设施建设,合理布局并积极推进市政、路网、公园、广场、体育、文化、教育、卫生等项目,完善城市服务功能",再删除原文字,保持原格式与动画效果。

③插入图片。单击"插入"选项卡"图像"组中"图片"按钮,在打开的"插入图片"对话框中浏览找到"报告"文件夹,选择图片文件"t6.jpg、t7.jpg、t8.jpg",单击"插入"按钮。调整大小为合适,调整位置和层次为"t7.jpg"在"t6.jpg"右上方、"t8.jpg"在"t6.jpg"左上方,如图 3-103 所示。

④框选三张图片,单击"动画"选项卡"高级动画"组中"添加动画"按钮,在下拉列表中选择"更多进入效果",选择"螺旋飞入"动画;单击"动画窗格"按钮,单击最下方"螺旋飞入"动画项右侧下拉按钮,选择"计时"命令,在"计时"选项卡,设置"开始"方式为"在上一动画之后"。

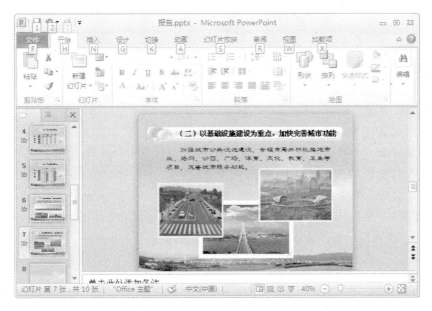

图 3-103　调整图片大小和位置

9. 设计与制作第 8 张幻灯片

①复制修改标题。框选第 6 张幻灯片标题组合图,单击"开始"选项卡"剪贴板"组"复制"按钮,选择第 8 张幻灯片,单击"开始"选项卡"剪贴板"组"粘贴"按钮,复制标题组合图。修改文字为"(三)以保障房建设为重点,加快房地产健康发展"。

②绘制圆角矩形并加文字。单击"插入"选项卡"插图"组中"形状"按钮,在列表中单击"矩形"栏中"圆角矩形",拖动鼠标绘制圆角矩形,并拖动圆角控制块调整成半圆;右击圆角矩形,选择"设置形状格式",打开"设置形状格式"对话框,设置"填充"为"纯色填充",颜色为"深蓝";设置"线条颜色"为"实线",颜色为"白色";设置"线型",宽度为"3 磅";设置"大小",高度为"2 厘米"、宽度为"18 厘米"。右击圆角矩形,选择"编辑文字",输入"'十二五'市区开工建设的住房",设置字体颜色为"黄色"、字体为"隶书"、大小为"28"。

③绘制箭头。单击"插入"选项卡"插图"组中"形状"按钮,在列表中单击"箭头总汇"栏中"下箭头",拖动鼠标绘制下箭头;右击下箭头,选择"设置形状格式",打开"设置形状格式"对话框,设置"填充"为"渐变填充",设置左右两渐变光圈,颜色分别为"蓝色"和"浅绿";设置"线条颜色"为"无线条";设置"大小",高度为"4 厘米"、宽度为"20 厘米"。

④图形居中。框选圆角矩形和箭头,单击"开始"选项卡"绘图"组中"排列"按钮,选择"对齐"下"左右居中",将两图居中。

⑤绘制圆。单击"插入"选项卡"插图"组中"形状"按钮,在列表中单击"基本图形"栏中"椭圆",按住"Shift"键不放,拖动鼠标绘制圆;右击圆,选择"设置形状格式",打开"设置形状格式"对话框,设置"填充"为"渐变填充",设置类型为"线性",角度为"90°",左右两渐变光圈颜色分别为"白色"和"深蓝";设置"线条颜色"为"无线条";设置"大小",高度为"4.5 厘米"、宽度为"4.5 厘米"。

⑥复制圆。按住"Ctrl"键不放,分别拖放圆到中间下方和右方,复制两个圆。分别修改右渐变光圈颜色为"深绿"和"橙色",其余不变。

⑦绘制椭圆。单击"插入"选项卡"插图"组中"形状"按钮,在列表中单击"基本图形"栏中"椭圆",在第1个圆下方拖动鼠标绘制椭圆,作为影子;右击椭圆,选择"设置形状格式",打开"设置形状格式"对话框,设置"填充"为"渐变填充",设置类型为"路径",左右两渐变光圈颜色分别为"灰色"和"白色";设置"线条颜色"为"无线条";设置"大小",高度为"0.8厘米"、宽度为"4厘米"。

⑧椭圆居中。将影子椭圆与上面圆居中对齐,按住"Ctrl"键不放,分别拖放椭圆到中间圆下方和右圆下方,复制两个椭圆影子。

⑨输入文字。分别在各个圆上右击,选择"编辑文字",输入文字"保障房60万平方米"、"安居房70万平方米"和"商品房600万平方米",并设置字体为"宋体"、大小为"18"、字体样式为"加粗",用按回转车换行调整文字位置,如图3-104所示。

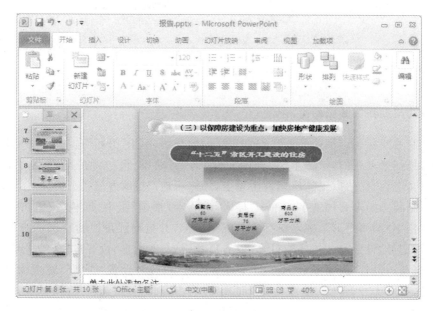

图3-104   绘制图形与添加文字

⑩设置动画。选中圆角矩形,单击"动画"选项卡"高级动画"组中"添加动画"按钮,在下拉列表中选择"进入"栏"劈裂"动画;单击"动画窗格"按钮,单击"劈裂"动画项右侧下拉按钮,选择"计时"命令,在"计时"选项卡,设置"开始"方式为"在上一动画之后",选择"效果"选项卡,设置方向为"中央向左右展开"。用相同方法选中箭头,设置"进入"动画"擦除",设置"开始"方式为"在上一动画之后",设置"效果"中方向为"自顶部"。框选三个圆,设置"进入"动画"轮子",设置"开始"方式为"与上一动画同时",再将第1个圆"开始"方式改为"上一动画之后"。框选三个椭圆,设置"进入"动画"淡出",设置"开始"方式为"在上一动画之后"。在"动画窗格"调整椭圆动画项位置,使之分别在每个圆之后。

10. 设计与制作第 9 张幻灯片

①复制标题和文本框。框选第 7 张幻灯片标题组合图和文本框，单击"开始"选项卡"剪贴板"组"复制"按钮，选择第 9 张幻灯片，单击"开始"选项卡"剪贴板"组"粘贴"按钮，复制标题组合图和文本框。

②修改文字。选中标题修改文字为"（四）以创建园林城市为重点，加快提升城市品位"。在原文本框文字后输入"全面推进园林城市创建。'十二五'期间，各县（市）都要启动创园工作，市区 2013 年实现创建国家级园林城市目标"，再删除原文字，保持原格式和动画效果。

③插入图片。单击"插入"选项卡"图像"组中"图片"按钮，在打开的"插入图片"对话框中浏览找到"报告"文件夹，选择图片文件"t9.jpg、t10.jpg"，单击"插入"按钮。

④裁剪左图为形状。选中图片"t9.jpg"，调整大小为合适，单击"图片工具"下"格式"选项卡"大小"组中"裁剪"下拉按钮，选择"裁剪为形状"下"对角圆角矩形"；拖动黄色圆角控制块，调整圆角位置与半径；单击"图片边框"按钮，选择主题颜色为"黑色"、粗细为"1.5磅"。

⑤裁剪右图为形状。选中图片"t10.jpg"，调整大小为合适，单击"图片工具"下"格式"选项卡"大小"组中"裁剪"下拉按钮，选择"裁剪为形状"下"剪去对角的矩形"；拖动黄色剪角控制块，调整剪角位置；单击"图片边框"按钮，选择主题颜色为"白色"、粗细为"1.5磅"。

⑥调整位置和层次为"t10.jpg"在"t9.jpg"右上方，如图 3-105 所示。

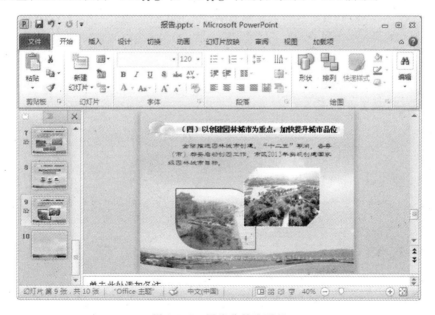

图 3-105　图片裁剪为形状

⑦设置左图动画。选中左边图片，单击"动画"选项卡"高级动画"组中"添加动画"按钮，在下拉列表中选择"更多的进入效果"，选择"基本缩放"动画；单击"动画窗格"按钮，单

击"基本缩放"动画项右侧下拉按钮,选择"计时"命令,在"计时"选项卡,设置"开始"方式为"与上一动画同时",单击"效果"选项卡,设置缩放"从屏幕中心放大"。

⑧设置右图动画。选中右边图片,单击"动画"选项卡"高级动画"组中"添加动画"按钮,在下拉列表中选择"飞入"动画;单击"动画窗格"按钮,单击"飞入"动画项右侧下拉按钮,选择"计时"命令,在"计时"选项卡,设置"开始"方式为"与上一动画同时",单击"效果"选项卡,设置方向"自右下部"。

11. 设计与制作结束幻灯片

①选择第 10 张幻灯片,右击幻灯片,选择"设置背景格式",在"填充"下勾选"隐藏背景图形",单击"插入自"下"文件"按钮,找到"报告"文件夹下图片文件"t4. jpg",单击"插入"按钮,单击"关闭"按钮。

②单击"插入"选项卡"图像"组中"图片"按钮,在打开的"插入图片"对话框中浏览找到"报告"文件夹,选择图片文件"t4. jpg",单击"插入"按钮。

③拖动控制块调整图片与幻灯片画面一样大,单击"开始"选项卡的"剪贴板"组中"复制"按钮,再单击"粘贴"3 次,复制三幅相同"t4. jpg"图片。

④拖移图片,使 4 幅图片均部分可见依次选中每幅图片,单击"图片工具"下"格式"选项卡"调整"组中"颜色"按钮,分别设置为"水绿色,浅色"、"蓝色,浅色"、"灰度"、"饱和度200%",如图 3-106 所示。

图 3-106　更改图片颜色

⑤框选 4 幅图片,单击"开始"选项卡"绘图"组中"排列"按钮,在打开的下拉菜单中选择"对齐"下"对齐幻灯片"、"左对齐"、"顶端对齐",再单击幻灯片画面外任意处取消选中状态。

⑥单击"动画"选项卡"高级动画"组中"添加动画"按钮,在下拉列表中选择"进入"栏

中"淡入"动画;单击"动画窗格"按钮,单击文本框"淡入"动画项右侧下拉按钮,选择"计时"命令,在"计时"选项卡设置"开始"方式为"在上一动画之后","期间"为"快速(1 秒)"。

⑦单击"插入"选项卡"文本"组中"文本框"下拉按钮,选择"横排文本框"命令,在幻灯片中间拖动鼠标生成文本框,输入"谢谢",选中全部文字,右击选择"字体"命令,设置"中文字体"为"黑体"、"字体样式"为"加粗"、"大小"为"120"、"字体颜色"为"蓝色"。

⑧选中文本框,单击"动画"选项卡"高级动画"组中"添加动画"按钮,在下拉列表中选择"进入"栏中"缩放"动画;单击"添加动画"按钮,在下拉列表中选择"强调"栏中"字体颜色"动画;单击"动画窗格"按钮,单击文本框"缩放"动画项右侧下拉按钮,选择"计时"命令,在"计时"选项卡设置"开始"方式为"与上一动画同时";单击文本框"字体颜色"动画项右侧下拉按钮,选择"计时"命令,在"计时"选项卡,设置"开始"为"上一动画之后"、单击"效果"选项卡,设置"字体颜色"为"红色"。最终效果如图 3-107 所示。

图 3-107　结束幻灯片效果

12. 设置幻灯片切换效果

①单击"切换"选项卡"切换到此幻灯片"组中"其他"按钮,在下拉列表中选择"动态内容"栏中"旋转"切换效果。

②单击"计时"组中"全部应用"按钮。

③选中第 2 张幻灯片,去掉"单击鼠标时"的复选框的勾选,只能用超链接跳转。

④保存文件。

3.4.4　项目小结

本项目主要演示了 PowerPoint 2010 的绘图技术与技巧、图形图片结合、动画技术灵活运用,另外,使用了透明形状超链接交互;同一图的复制改色灵活利用,组图形图片的动画快速设置。只要你领会制作方法,举一反三,就能制作出满意的报告式的演示文稿。

3.5　实践练习题

1. 设计与制作一个自我介绍演示文稿。

要求:突出自己个性,反映自己所长,技术上使用主题与母版设置,目录超链接,使用多媒体素材(文本、图形、图像、动画、视频素材等)并设置美化格式,素材动画的设置,设置幻灯片切换效果,演示文稿输出为放映格式。

2. 设计与制作一个家乡景点介绍演示文稿。

要求:选有代表性的景点,动态展示景点的美,技术上要求设置背景,使用多媒体素材(文本、图形、图像、动画、视频素材等)并设置美化格式,设置素材动画,设置幻灯片切换效果,保存演示文稿同时输出为视频格式。

3.设计与制作一个所学课程介绍报告式演示文稿。

要求:介绍每门课程的主要内容,技术上使用主题与母版设置,建立以课程名为目录,建立超链接,使用多媒体素材(文本、图形、图像、动画、视频素材等)并设置美化格式,素材动画的设置,设置幻灯片切换效果,演示文稿输出为放映格式。

第 4 章

Access 高级应用

【学习目的及要求】掌握 Access 2010 的高级应用技术,能够熟练掌握数据表、查询、窗体、报表和数据的导入导出。具体地说,掌握以下内容:

1. 数据表的创建与使用

(1)掌握数据表的设计与创建。

(2)掌握数据表间的关联设置。

(3)掌握数据表的编辑与格式设置。

2. 查询的建立

(1)掌握一般简单查询的创建方法。

(2)掌握条件查询、计算查询、汇总查询、参数查询和交叉表查询等高级查询的创建。

3. 窗体、报表的设计

(1)掌握创建窗体、报表的各种常见创建方法。

(2)掌握数据透视表窗体、数据透视图窗体等高级窗体的创建;掌握标签报表、图形报表等高级报表的创建。

4. Access 数据的导入与导出

掌握 Access 与外部文件或数据库间导入与导出数据的方法。

4.1　Access 高级应用主要技术

4.1.1　表的设计

数据表是数据库中最基本的对象,是数据库中所有数据的载体。数据库中的所有数据都是存储在数据表中,数据库中其他对象对数据的任何操作都是基于数据表进行的。

1. 表对象的创建

(1)利用模板创建数据表

①新建一个数据库,在"创建"选项卡的"模板"组中,单击"应用程序部件"按钮。

②在下拉列表的"快速入门"中选择所需表模板（如"联系人"），如图 4-1 所示。

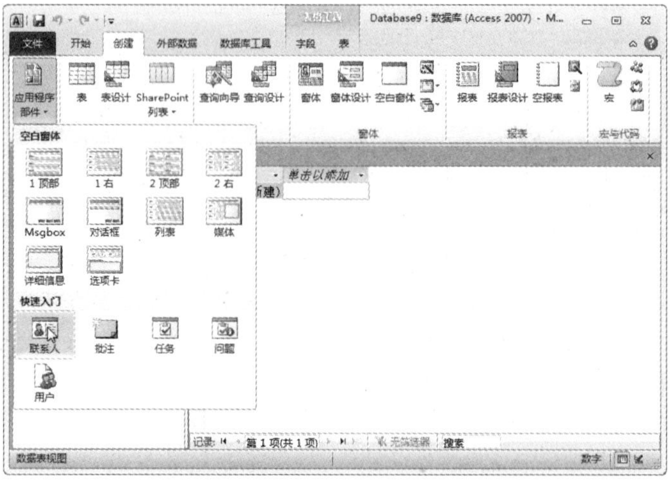

图 4-1 Access 应用程序模板列表

（2）利用空白表创建数据表

①在"创建"选项卡的"表格"组中，单击"表"按钮，新建一个空白表，并进入该表的"数据表视图"。

②单击表中"单击以添加"处，弹出下拉列表框，从中选择表字段的数据类型，如图 4-2所示。

图 4-2 选择表字段数据类型

③在表中"字段 1"处输入字段名。

④根据实际需要重复步骤②、③创建表字段，完成数据表的创建。

（3）利用设计视图创建数据表

表模板中提供的模板类型非常有限，运用模板创建的数据表也不一定完全符合要求，必须进行适当修改。更多的情况下，需要在表的"设计视图"中完成表的创建和修改。

①在"创建"选项卡的"表格"组中，单击"表设计"按钮，进入表的设计视图，如图 4-3 所示。

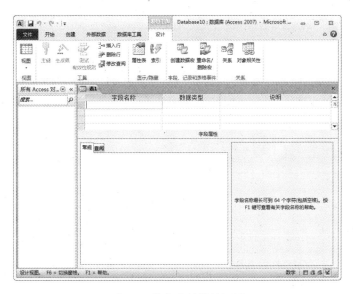

图 4-3　数据表的设计视图

②在数据表的设计视图中，逐一在"字段名称"栏输入表对象的各个字段名称，并在各个字段的"数据类型"下拉列表框中选择该字段的数据类型。

③如图 4-4 所示，在"字段属性"下的常规选项卡和查阅选项卡中设置各个字段的属性。

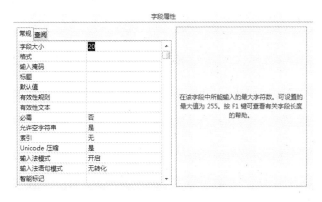

图 4-4　字段常规属性设置

表字段属性分为常规属性和查阅属性两种，Access 常用的各项属性如表 4-1 和表 4-2 所示。

表 4-1　字段常规属性设置

属性名	属性功能
字段大小	指定在表字段中所能输入的最大字符数或数字的类型
格式	指定字段的显示格式
输入掩码	指定字段的数据输入模式
标题	指定显示给用户的字段说明标题
默认值	指定 Access 数据表新增记录时该字段自动填入的值
有效性规则	指定输入数据时该字段所要遵循的约束条件和要求
有效性文本	指定当字段的输入值不符合有效性规则时的提示文本
必需	指定字段是否必需输入信息
允许空字符串	指定字段是否允许输入为空字符串
索引	指定是否用当前字段为表建立索引（逻辑排序）

表 4-2　字段查阅属性设置

属性名	属性功能
显示控件	指定窗体上用来显示该字段的控件类型
行来源类型	指定控件数据源的来源类型
行来源	指定控件的数据源
列数	指定显示的列数
列标题	指定是否用字段名、标题或数据的首行作为列标题或图标标签
允许多值	指定一次查阅是否允许多值
列表行数	指定在组合框列表中显示行的最大数目
限于列表	指定是否只在于所列的选择之一相符时才接受文本
仅显示行来源值	指定是否仅显示与行来源匹配的数值

④设置数据表主键，主键是唯一标识表中每条记录的一个字段或多个字段的组合，主键字段值不允许为空。Access 建议每个表都要设置主键，用来标识数据表中的记录和定义表之间的关系。

在数据表的设计视图中，右击要设为主键的字段，在快捷菜单上选择"主键"命令；或者单击"设计"选项卡下的"主键"按钮。若要选择多个字段作为主键，按住"Ctrl"键并选择多个字段，再执行上述同样操作即可。

如果要更改设置的主键，可以先删除现有的主键，再重新指定新的主键。删除主键的操作步骤与创建主键步骤相同，先选择作为主键的字段，然后单击"主键"按钮或选择快捷菜单中的"主键"命令，即可删除主键。

2. 表对象的关联

在关系数据库中，表之间主要存在两种关联：一对一和一对多。一对一是指 A 表的一条记录在 B 表中只能有一条记录匹配,同样 B 表中的记录在 A 表中也只能有一条记录匹配。一对一关联要求两个数据表中的联接字段分别是这两个表的主键字段。一对多是指 A 表的一条记录在 B 表中有多条记录匹配,但是 B 表中的一条记录在 A 表中只能有一条记录匹配。

　　①打开数据库,在"数据库工具"选项卡的"关系"组中,单击"关系"按钮,打开关系设计视图窗口,如图 4-5 所示。

　　②在关系设计视图窗口内单击右键,在快捷菜单中选择"显示表"命令或者在"设计"选项卡的"关系"组中单击"显示表"按钮,弹出"显示表"对话框,如图 4-6 所示。

　　注意:第一次进入数据库关系设计窗口时,"显示表"对话框会自动弹出。

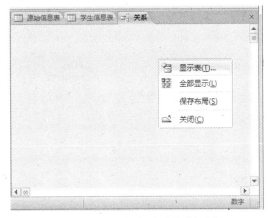 

　　　　图 4-5　空数据库关系设计视图　　　　　　　图 4-6　"显示表"对话框

　　③在"显示表"对话框中,依次选择需要对其设定关联的表对象并单击"添加"按钮,使得这些表显示在关系设计视图窗口内。单击"关闭"按钮,关闭"显示表"对话框。

　　④在关系设计视图窗口中,用鼠标指向主表中的关联字段,按住鼠标左键将其拖曳至从表的关联字段上放开,弹出"编辑关系"对话框,如图 4-7 所示。

　　⑤在"编辑关系"对话框中单击"联接类型"按钮,弹出"联接属性"对话框,如图 4-8 所示。Access 数据库支持三种联接类型:只包含两个表中联接字段相等的行;包括所有主表的记录和从表中联接字段相等的记录;包括所有从表的记录和主表中联接字段相等的记录。用户可以根据实际需要从中选定一种联接类型。

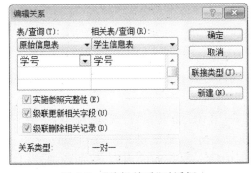 

　　　　图 4-7　"编辑关系"对话框　　　　　　　图 4-8　"联接属性"对话框

⑥在"编辑关系"对话框中分别选中"实施参照完整性"复选框、"级联更新相关字段"复选框和"级联删除相关记录"复选框,完成数据表关联的创建和参照完整性的设置。

3. 表记录的编辑

数据表存储着大量的数据信息,对数据库进行数据管理,很大程度上就是对数据表中的数据进行管理。

(1)添加与修改表记录

①直接添加、修改记录。打开数据表,如图 4-9 所示,进入该表的"数据表视图"。将光标移到表的最后一行,该行的行首标志为" ＊ ",然后输入所需添加的数据。若要修改表记录,单击要修改的单元格,在单元格中直接修改记录。

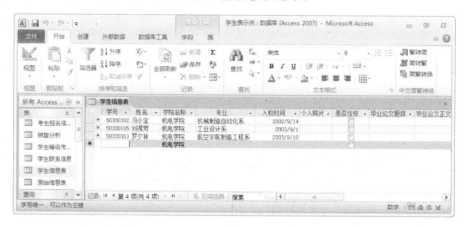

图 4-9　学生信息表的"数据表视图"

②应用导航按钮。打开数据表,进入该表的"数据表视图"。单击数据表窗口的导航按钮" 记录: 第 1 项(共 10 项 ▶ ▶ ▶) "上的增加新记录按钮" ▶ ",光标自动跳到表的最后一行上,即可输入所需添加的数据。

③应用工具栏按钮。打开数据表,进入该表的"数据表视图"。在"开始"选项卡的"记录"组中,单击"新建"按钮,光标会自动跳到表的最后一行上,即可输入新的表记录。

(2)删除表记录

打开数据表,进入该表的"数据表视图"。右击要删除的表记录左侧的行选择区域,在弹出的快捷菜单中选择"删除记录"命令或者单击"开始"选项卡中的"删除"按钮,弹出确认删除对话框。单击"是"按钮,删除指定的记录。

(3)查找与替换表记录

和其他 Office 软件一样,Access 也提供了灵活的"查找和替换"功能,用以对指定的数据进行查看和修改。

①打开数据表,进入该表的"数据表视图"。在"开始"选项卡的"查找"组中,单击"查找"按钮或者按下组合键"Ctrl"+"F",打开"查找和替换"对话框,如图 4-10 所示。

②在"查找"选项卡的"查找内容"下拉列表框中输入要查询的内容,以前的搜索记录会保留在下拉列表框中。

图 4-10　"查找"对话框

③在"查找范围"下拉列表框中设置查找的范围是整个数据表还是当前光标所在列的字段。

④在"匹配"下拉列表框中设置查找数据的匹配方式,可以选择"字段任何部分"、"整个字段"和"字段开头"中的任一项。

⑤在"搜索"下拉列表框中设置搜索的方向。

⑥勾选"区分大小写",设置查找内容时区分字母大小写;勾选"按格式搜索字段",设置按格式搜索字段。

⑦单击"查找下一个"按钮,系统将会按指定的条件对数据表进行搜索。

若表中某一字段下的很多数据需要改为同一个数据,可以使用替换功能。

①在"开始"选项卡的"查找"组中,单击"替换"按钮或者按下组合键"Ctrl"+"F",如图 4-11 所示,进入"查找和替换"对话框的"替换"界面。

②在"查找内容"下拉列表框中输入查找内容,再在"替换为"下拉列表框中输入要替换的内容。

③设置其他项如"查找范围"、"匹配"、"搜索"等,其操作与查找操作相同。

④单击"查找下一个"按钮,搜索到要查找的内容。如果需要替换,单击"替换"按钮;否则,单击"查找下一个"按钮,继续搜索下一个查找对象。可以单击"全部替换"按钮,将所有满足"查找内容"指定值的字符串全部更改为"替换为"指定的内容。

图 4-11　"替换"对话框

(4)排序表记录

和 Excel 中的排序操作相似,Access 提供了强大的排序功能,用户可以按照文本、数值或日期值进行数据的排序。

①打开数据表,进入该表的"数据表视图"。

②将光标定位在排序字段列中,在"开始"选项卡的"排序和筛选"组中,单击"升序"或"降序"按钮;或者右击排序字段列,从弹出的快捷菜单中选择"降序"(或"升序")命令,可使得数据表按该字段降序(或升序)排列显示。

上述的简单排序方法只能按单列字段排序。若要在排序关键字相同的情况下区分出记录的顺序,可以使用高级排序方法同时对多列字段进行排序。

①打开数据表,在"开始"选项卡的"排序和筛选"组中,单击"高级"按钮,在弹出的下拉菜单中选择"高级筛选/排序"命令,打开排序筛选窗口。

②在排序筛选窗口的字段行中依次设置各个字段的排序方式。

③在快速访问工具栏单击"保存"按钮,弹出"另存为查询"对话框,输入文件名后单击"确定"按钮,高级排序操作会以查询的形式保存下来。

(5)筛选表记录

如果想要数据表只显示符合某种条件的数据记录,可以使用数据筛选功能。

①打开数据表,进入该表的"数据表视图"。

②将光标移至筛选字段列任意位置,右击(或者单击该列字段名旁的箭头;或者单击工具栏"排序和筛选"组中的"筛选器"按钮),在弹出的菜单中选择"＊＊筛选器"命令。

③在"＊＊筛选器"的级联菜单中选择筛选方法(如图 4-12、图 4-13 所示,不同数据类型字段的筛选方法有所区别)。

④系统弹出"自定义筛选"对话框,在对话框中设置筛选条件,单击"确定"按钮,便完成了筛选操作。

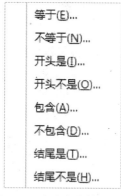

图 4-12　文本字段筛选方法　　　　图 4-13　数字字段筛选方法

4.数据表的格式设置

数据表创建好后,用户可以根据个人喜好或数据管理的实际要求,自行修改、设定数据表的格式。

(1)设置表的行高

①在数据表视图中打开表,鼠标移至需要更改行高的表记录行,右击表左侧的行选择区域,在弹出的快捷菜单中选择"行高"命令。或者在"开始"选项卡的"记录"组中,单击"其他"按钮,从下拉菜单中选择"行高"命令。

②系统弹出"行高"对话框,如图 4-14 所示,在"行高"文本框中输入要设置的行高数值,单击"确定"按钮。

(2)设置表的列宽

①在数据表视图中打开表,鼠标移至需要更改列宽的字段列,右击列字段名,在弹出的快捷菜单中选择"字段宽度"命令。或者在"开始"选项卡的"记录"组中,单击"其他"按钮,从下拉菜单中选择"字段宽度"命令。

②系统弹出"列宽"对话框,如图 4-15 所示,在"列宽"文本框中输入要设置的列宽数值,单击"确定"按钮。

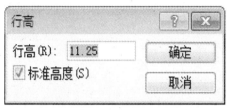

图 4-14　行高设置对话框　　　　　　　图 4-15　列宽设置对话框

(3)设置表记录的字体格式

①打开数据库中的表对象,进入该表的"数据表视图"。

②在"开始"选项卡的"文本格式"组中,有设置字体格式的"字体"、"大小"、"颜色"及"对齐方式"等功能按钮。

③如果要设置表记录的字体格式,将光标定位于任一单元格,单击"字体"按钮,在下拉菜单中选择所需的字体样式。

④对表中内容进行字型、大小、颜色、对齐方式等字体效果的设置和上面字体设置步骤相似。

(4)隐藏和显示字段

①打开数据库中的表对象,进入该表的"数据表视图"。

②右击要隐藏的字段名,在弹出的快捷菜单中选择"隐藏字段"命令,该字段即被隐藏。

③若要取消字段的隐藏,右击表中任一列字段名,在弹出的快捷菜单中选择"取消隐藏字段"命令,系统弹出"取消隐藏列"对话框,如图 4-16 所示。将隐藏字段名前的复选框选中,单击"关闭"按钮,则被隐藏的字段又恢复显示。

(5)冻结和取消冻结

①打开数据库中的表对象,进入该表的"数据表视图"。

②右击要冻结的字段名,在弹出的快捷菜单中选择"冻结字段"命令,该字段即被冻结,如图 4-17 所示。表中"姓名"字段被冻结后就不能随着滚动条的左右移动而移动。

③若要取消字段的冻结,右键单击表中任一列字段名,在弹出的快捷菜单中选择"取消冻结所有字段"命令,字段的冻结就被取消。

图 4-16　"取消隐藏列"对话框

图 4-17　冻结了"姓名"字段后的数据表视图

4.1.2　查询设计

建立查询,可以从数据库中提取出所需的数据,并进行检索、组合、重用和分析。查询既可以从一个或多个数据表中检索出需要的数据,也可以使用一个或多个查询作为其他查询、窗体和报表的数据源。

1.普通查询的创建

(1)使用"查询向导"创建查询

①在"创建"选项卡的"查询"组中,单击"查询向导"按钮,弹出"新建查询"向导对话框,如图 4-18 所示。

②选择要创建的查询类别,单击"确定"按钮。Access 2010 的查询向导提供了 4 种查询的创建方法:简单选择查询、交叉表查询、重复项查询和不匹配项查询。

③根据向导的提示,选择查询数据源表或查询,再选择查询需要的字段,单击"下一步"按钮。

④根据实际需要选择采用明细查询或汇总查询,单击"下一步"按钮。

⑤为查询指定标题。单击"完成"按钮,完成查询的创建。

(2)使用"查询设计"创建查询

查询的"设计视图"也称为"查询设计器",利用它可以随时定义各种查询条件、统计方式等,从而灵活地创建或修改查询。

①指定查询的数据源。在"创建"选项卡的"查询"组中,单击"查询设计"按钮,打开查询设计视图窗口并弹出"显示表"对话框。在"显示表"对话框中逐个地指定数据源(表或查询),通过"添加"按钮将其添加到查询设计视图窗口的数据源显示区域内,如图 4-19 所示。

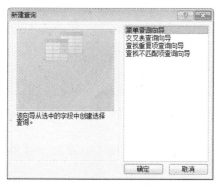

图 4-18　"新建查询"向导对话框

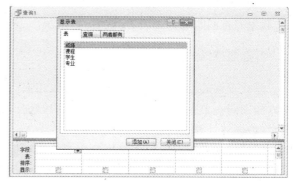

图 4-19　查询设计视图和"显示表"对话框

②选择需要在查询中显示的数据源字段。根据需要将字段从数据源逐个地拖曳至查询设计网格的"字段"行的各列中；或者逐个单击"字段"行下拉列表框，从中选取需要显示的数据字段；或者逐个双击数据源中需要显示在查询中的数据字段。

③设定查询结果是否进行排序。在查询设计网格"排序"行单击相应字段的下拉列表框，从中选择排序方式。有 3 种排序方式可供用户选择：升序、降序和不排序。

④设定查询的查询条件。在查询设计网格"条件"行中输入相应字段的条件表达式，即可完成查询条件的设定。也可在字段相对应的"条件"行中单击右键，在快捷菜单中选择"生成器"命令；或者在"查询工具—设计"选项卡的"查询设置"组中，单击"生成器"按钮。如图 4-20 所示，系统弹出"表达式生成器"对话框。在"表达式生成器"对话框中，上面的表达式编辑框用来输入条件表达式。左下方的表达式元素列表能提供数据库中所有表或查询的字段名称、窗体和报表中的控件、Access 函数、操作符、常量、通用表达式等，将之合理组合就可以构造出需要的条件表达式。

图 4-20　表达式生成器

⑤设定字段是否会显示在查询结果中。在查询设计网格取消相应字段"显示"行的复选框选择，则对应字段不会显示在查询结果中。

⑥单击"保存"按钮，弹出"另存为"对话框，用于为新建查询对象命名。

⑦在"设计"选项卡的"结果"组中,单击"运行"按钮;或者单击"视图"按钮下拉列表中的"数据表视图",可以查看查询的运行结果。

2. 高级查询的创建

高级查询的创建步骤与普通查询大致相似。一般都是采用"查询向导"或"查询设计"的方法创建一个查询,然后再逐步进行设计修改,以实现相关类型查询的设计结果。

(1)设计计算查询

通过查询操作完成数据源或数据源之间数据的计算,是建立查询对象的一个常用功能,计算操作可以通过在查询对象中设计计算查询列来实现。

在查询的"设计视图"中,将光标定位在需要设置计算查询列的"字段"行上。在"设计"选项卡的"查询设置"组中,单击"生成器"按钮;或者右击,在快捷菜单中选择"生成器"命令,弹出"表达式生成器"对话框,如图 4-20 所示。与普通查询条件的逻辑表达式设置不同,此处设置为计算表达式。

如图 4-21 所示,建立查询在工资表中增加一列"税前应发金额",其计算公式为:基本工资＋岗位津贴＋误餐费－工会费－住房公积。"税前应发金额"就是一个计算查询列,在这一列的"字段"行中输入的内容为"税前应发金额:[基本工资]＋[岗位津贴]＋[误餐费]－[工会费]－[住房公积]"。这个计算表达式用冒号隔开成两部分,冒号左边等同于计算查询列的字段名,冒号右边是该列的计算公式。

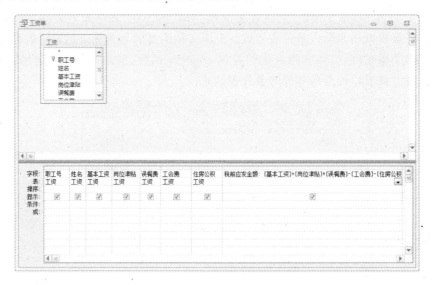

图 4-21 计算查询示例设计视图

(2)设计汇总查询

若要建立查询时得到数据的汇总统计结果,可以应用查询的汇总功能。

在"查询工具－设计"选项卡的"显示/隐藏"组中,单击"汇总"按钮。如图 4-22,查询设计视图下部的设计网格中将增加一个名为"总计"的行,其间参数均为"Group By"。"总计"行中的参数表明各字段是属于分类字段(Group By)还是汇总字段(Expression)。

一个汇总查询至少应有一个分类字段和一个汇总字段。

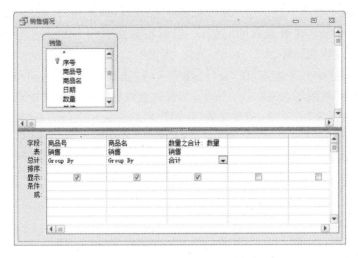

图 4-22　汇总查询示例设计视图

如图 4-22 所示，统计"销售"表中各"商品"的销售总数量。"商品号"和"商品名"字段为分类字段，"数量"为汇总字段，在"总计"行的下拉列表中选择汇总方式为"合计"。

（3）设计参数查询

参数查询，就是查询运行时需要用户输入一些信息（即参数）才能得到结果，输入不同的参数得到不同的查询结果。

在查询的"设计视图"中，将光标定位在需要设置参数的字段下的"条件"行中，输入带方括号的文本作为参数查询的提示信息，保存设计结果并运行查询，系统会弹出"输入参数值"对话框。

如图 4-23 所示，查询学校各个分院一级考试成绩的平均分。在"院系名称"的条件行中输入文本"［请输入查询的分院名称］"，在"报名类别"的条件行中输入一级考试报名代码"11"，设置"考试成绩"为汇总字段，汇总方式为"平均值"。保存设置并运行，系统弹出"输入参数值"对话框。输入要查询的分院名称，即可得到查询结果。

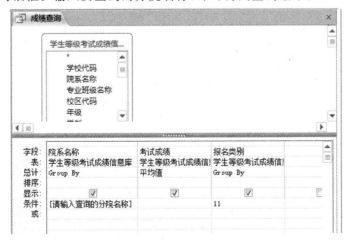

图 4-23　参数查询示例设计视图

（4）创建交叉表查询

交叉表查询主要用于显示某一字段数据的统计值，如求和、计数、求平均值等。它将数据分组显示，一组列在数据表的左侧，一组列在数据表的上部。这样便于用户查看数据，分析数据的规律和趋势。

在"设计视图"中打开查询，在"设计"选项卡的"查询类型"组中，单击"交叉表"按钮，进入交叉表"设计视图"。如图 4-24 所示，与普通查询的"设计视图"相比，交叉表查询"设计视图"多了"交叉表"行。单击"交叉表"行可以看到下拉列表框中有"行标题"、"列标题"和"值"3 个选项。设计查询时至少有一个字段设为"行标题"，有一个字段设置"列标题"，行列交叉处的字段设为"值"。

如图 4-24 所示，查询学校各个分院等级考试的平均分情况。设置"院系名称"字段的交叉表行为"行标题"，设置"语种"字段的交叉表行为"列标题"，设置"考试成绩"字段的交叉表行为"值"，汇总方式为"平均值"。

图 4-24　交叉表查询示例设计视图

（5）创建操作查询

操作查询不仅能进行数据的筛选，还能对数据表中的数据进行修改。根据操作查询的内容，又分为：更新查询、追加查询、删除查询和生成表查询。

更新查询的创建：在"设计视图"中打开查询，在"设计"选项卡的"查询类型"组中，单击"更新"按钮。这时查询设计视图下部的设计网格中将增加一个名为"更新到"的行。在相应字段"更新到"行中输入更新规则，在"条件"行中输入更新条件。运行更新查询，即可按照更新规则对数据源的数据进行更新。

如图 4-25 所示，建立查询将"商品"表中单价大于 2000 的商品单价下调 5％。设置"单价"字段的"更新到"行为"＊0.95"，"条件"行为"＞2000"。

追加查询的创建：在"设计视图"中打开查询，在"设计"选项卡的"查询类型"组中，单击"追加"按钮，弹出"追加"对话框，选择需要追加数据的表对象。这时查询设计视图下部

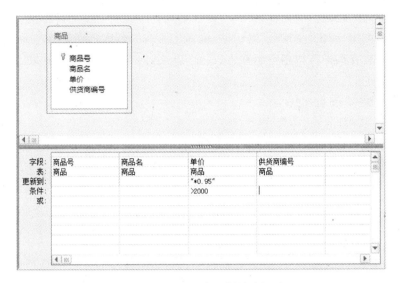

图 4-25　更新查询示例设计视图

的设计网格中将增加一个名为"追加到"的行,逐个输入需要追加数据的表对象中的对应
字段名。运行追加查询即可对指定数据表进行数据的追加。

　　删除查询的创建:在"设计视图"中打开查询,在"设计"选项卡的"查询类型"组中,单击
"删除"按钮。这时查询设计视图下部的设计网格中将增加一个名为"删除"的行,在相应字
段"条件"行中输入删除条件。运行删除查询即可按指定的条件删除数据源表中的记录。

　　如图 4-26 所示,建立查询将学生名册中姓名为"杨万里"的记录删除,在删除查询设
计视图"条件"行输入"杨万里"。

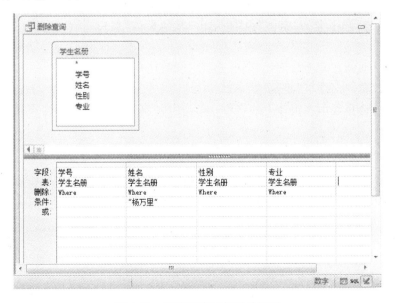

图 4-26　删除查询示例设计视图

生成表查询的创建：在"设计视图"中打开查询，在"设计"选项卡的"查询类型"组中，单击"生成表"按钮，弹出"生成表"对话框，输入生成表的名称并确定新表所属的数据库即可。运行生成表查询即可按指定名称生成一个新表，内容与查询结果一致。

4.1.3 窗体设计

窗体是用户工作的界面，是管理数据库的窗口。窗体既可以用于接受用户对数据表进行记录的查看、输入、修改及删除等操作，也可以用于用户对表信息的查询、打印等操作。

1. 普通窗体的创建

（1）使用"窗体"工具创建窗体

利用"窗体"工具创建窗体，来自数据源的所有字段都放置在窗体上。

①在数据库导航窗格中，选择要在窗体上显示数据的表或查询。

②在"创建"选项卡的"窗体"组中，单击"窗体"按钮。Access 将创建窗体，并以布局视图显示该窗体。在布局视图中，可以在窗体显示数据的同时对窗体进行设计方面的更改；也可以在设计视图中修改该窗体以更好地满足需要。

③单击"保存"按钮保存新建的窗体。

（2）使用"多项目"工具创建窗体

使用"窗体"工具创建的窗体，一次只能显示一条记录。如果需要一次显示多条记录，可以使用"多项目"工具创建窗体。

①在数据库导航窗格中，选择要在窗体上显示数据的表或查询。

②在"创建"选项卡的"窗体"组中，单击"其他窗体"按钮，从弹出的下拉列表中选择"多个项目"。

③系统自动创建多项目窗体，单击"保存"按钮保存。

（3）使用"窗体向导"创建窗体

要更好地选择显示在窗体上的字段，可以使用"窗体向导"来替代"窗体"和"多项目"工具。

①在"创建"选项卡的"窗体"组中，单击"窗体向导"按钮。

②系统弹出"窗体向导"对话框，根据向导的提示选择窗体的数据源表或查询，再选择窗体中出现的字段。

③单击"下一步"按钮，选择窗体布局，如图 4-27 所示。系统总共提供了 4 种布局方式可供选择：纵栏表、表格、数据表和两端对齐。

④单击"下一步"按钮，为窗体指定标

图 4-27 "窗体向导"对话框中确定布局

题。输入窗体的名称,然后可以选择查看窗体还是在设计视图中修改窗体。

⑤单击"完成"按钮,即可完成对窗体的创建。

(4)使用"分割窗体"工具创建分割窗体

分割窗体可以同时提供数据的两种视图:窗体视图和数据表视图,见图 4-28。使用分割窗体可以在一个窗体中同时利用两种窗体类型的优势。例如,可以使用窗体的数据表部分快速定位记录,然后使用窗体部分查看或编辑记录。

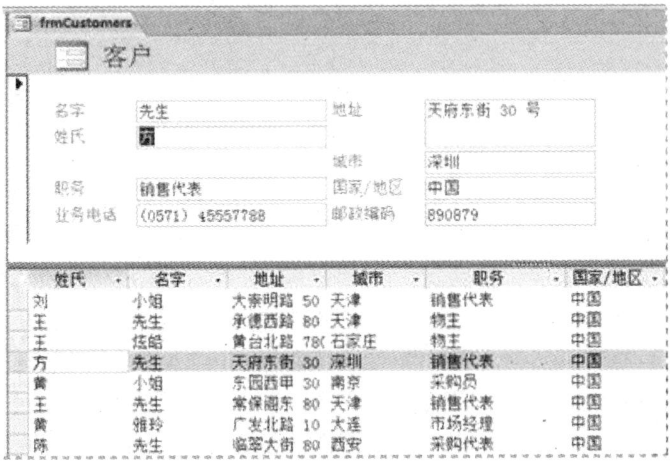

图 4-28　分割窗体示例

①在导航窗格中,选择要在窗体上显示数据的表或查询。或者在数据表视图中打开该表或查询。

②在"创建"选项卡的"窗体"组中,单击"其他窗体"按钮,在弹出的下拉列表中选择"分割窗体"。Access 将创建分割窗体,并以布局视图显示该窗体。在布局视图中,可以在窗体显示数据的同时对窗体进行设计方面的更改。

③单击"保存"按钮保存新建窗体。

2. 创建高级窗体

(1)创建数据透视表窗体

数据透视表是一种交互式的表,它用于对数据库中数据表或查询中的数据进行汇总和分析,概括出有用的统计数据。

①在数据库导航窗格中,选择要在窗体上显示数据的表或查询。

②在"创建"选项卡的"窗体"组中,单击"其他窗体"按钮,在弹出的下拉列表中选择"数据透视表",进入数据透视表设计视图,如图 4-29 所示。

③选定作为数据透视表中行标题的字段,然后将其从"数据透视表字段列表"拖曳到"将行字段拖至此处"区域;或者选择"数据透视表字段列表"中的相应字段,再选择下拉列表框中的"行区域",单击"添加到"按钮。

④选定作为数据透视表中列标题的字段,用同样的方法将其添加到"将列字段拖至此处"区域。

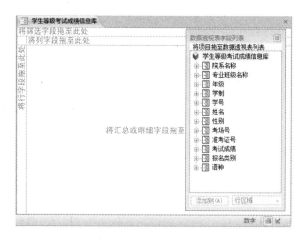

图 4-29　数据透视表窗体"设计视图"

⑤选定要查看其明细或汇总数据的那些字段,然后用同样的方法将其添加到"将汇总或明细字段拖至此处"区域。默认情况下,Access 会显示明细记录。若要创建汇总行和列,执行步骤⑥。

⑥在数据透视表明细区域中,单击要创建汇总字段的列标题。在"数据透视表工具—设计"选项卡上的"工具"组中,单击"自动计算"按钮,选择汇总命令。要隐藏字段明细信息并且仅显示汇总信息,执行步骤⑦。

⑦单击明细字段的列标题,在"数据透视表工具—设计"选项卡上的"显示/隐藏"组中,单击"隐藏详细信息"按钮,完成对数据透视表窗体的创建。

（2）创建数据透视图窗体

数据透视图窗体,是指在窗体中以图形的方式,显示数据的统计信息,使数据更加具有直观性。例如,常见的柱形图、饼图等都是数据透视图的具体形式。

①在导航窗格中,选择要在窗体上显示数据的表或查询。

②在"创建"选项卡的"窗体"组中,单击"其他窗体"按钮,在弹出的下拉列表中选择"数据透视图",进入数据透视图设计视图,如图 4-30 所示。

图 4-30　数据透视图窗体"设计视图"

③选定作为数据透视图的分类字段,然后将其从"图表字段列表"拖曳到"将分类字段拖至此处"区域;或者选择"图表字段列表"中的相应字段,再选择下拉列表框中的"分类区域",单击"添加到"按钮。

④选定作为数据透视图的系列字段,然后用同样的方法将其添加到"将系列字段拖至此处"区域。

⑤选定要查看其汇总数据的字段,然后用同样的方法将其添加到"将数据字段拖至此处"区域,系统会根据字段的数据类型采用默认的汇总方式显示汇总结果。若要更改字段的汇总方式,执行步骤⑥。

⑥选定"将数据字段拖至此处"区域处的数据字段名,在"数据透视图工具－设计"选项卡上的"工具"组中,单击"自动计算"按钮,在弹出的下拉菜单中选择汇总命令。

⑦如图 4-31 所示,若要在图表中进行数据的筛选,则单击系列字段名"院系名称"旁的按钮,在下拉列表中勾选需要显示在图表中的字段。

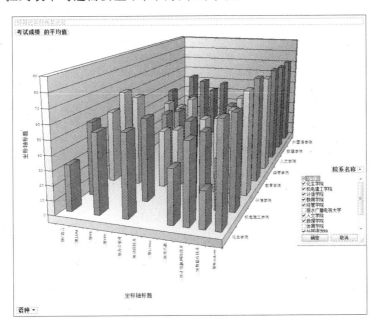

图 4-31　数据透视图中筛选数据

⑧若要更改图表的类型,选中图表,在"数据透视图工具－设计"选项卡的"类型"组中,单击"更改图表类型"按钮,在弹出的"属性"对话框中选择新的图表类型。

3. 使用窗体操作数据

窗体作为和用户交互的主要界面,其最重要的作用就是对数据表数据进行查看、添加、修改和删除等编辑操作。

(1)查看并修改记录

打开窗体,便可对窗体中的数据进行查看操作。对数据进行查看时,可以借助系统提供的导航按钮" 第1项(共10项) 无筛选器 搜索 "。利用窗体导航按钮可以查看上一条记录、下一条记录、第一条记录、尾记录等,也可以通过在导航按钮中输入记录号直接进行定位。若要修改记录,可以直接修改窗体控件中显示的数据,修改后的结果会保存在窗体数据源中。

(2)添加、删除记录

如果要添加表记录,在窗体导航按钮上单击新记录按钮"▶"即可。窗体上将显示一个空白记录,用户可以在相应的控件中输入每一个字段的值。如果要删除记录,选中要删除的记录值,然后直接单击"删除"按钮或者按下"Delete"键。

(3)排序记录

如果要按某字段来排序窗体中表记录,选择要排序的字段列,在"开始"选项卡的"排序和筛选"组中,单击"升序"按钮或"降序"按钮,使所有表记录重新按照该列数据由小到大或由大到小进行排列。

(4)筛选记录

要在窗体中进行数据筛选,操作与在数据表中进行数据筛选类似。将光标定位到筛选字段列任意位置,右击或者单击"开始"选项卡下"排序和筛选"组中的"筛选"按钮,在弹出的菜单中选择"＊＊筛选器"命令,就可以完成很多筛选功能。具体的操作方法前面已经详细说明,这里不再赘述。

(5)查找记录

在窗体中要查找某特定记录,在"开始"选项卡的"查找"组中,单击"查找"按钮,弹出"查找与替换"对话框。如图 4-10、4-11 所示,用户可以通过这个对话框来查找或替换某个特定的字段值。具体的操作方法前面已经详细说明,这里不再赘述。

4.1.4　报表设计

报表是 Access 的重要对象,主要用来把数据库中的数据表、查询甚至是窗体中的数据生成报表,供打印输出。在报表中,数据可以被分组和排序,也可以被汇总或加以统计,然后再将这些信息显示和打印出来。

1.创建普通报表

Access 提供了强大的建立报表功能。一般创建报表的步骤可以分为两步:先选择报表数据源;再利用报表工具建立报表。

(1)使用"报表"工具创建报表

①在数据库导航窗格中,选择用作报表数据源的表或查询。

②在"创建"选项卡的"报表"组中,单击"报表"按钮。Access 将创建一个包含数据源所有字段的报表。报表将自动使用表格式布局,如果数据源包含足够多的字段,Access 将以横向格式创建报表。

③报表在布局视图中打开,这样在显示数据的同时也可以更改报表的布局。例如,改变字体颜色、改变背景颜色等。

④单击"保存"按钮保存新建的报表。

（2）使用"报表向导"创建报表

报表向导是一种创建具有大量字段和复杂布局的快速方法。利用报表向导创建报表的具体操作步骤如下：

①在"创建"选项卡的"报表"组中，单击"报表向导"按钮。

②系统将弹出"报表向导"对话框，同查询与窗体的创建相似，根据向导的提示选择数据源表或查询，再选择所需字段。

③单击"下一步"按钮，根据需要添加分组级别。

④单击"下一步"按钮，设置数据排序次序及汇总信息。如图 4-32 所示，用户最多可以按 4 个字段对记录进行排序。单击对话框中的"汇总选项"按钮，在"汇总选项"对话框中，用户可以对数字型、货币型的字段设置汇总方式。

⑤单击"下一步"按钮，设置报表布局方式和打印方向。

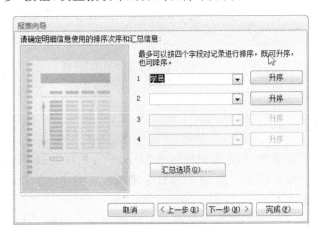

图 4-32　"报表向导"对话框设置数据排序

⑥单击"下一步"按钮，设置报表名称。输入报表的名称，单击"完成"按钮，即完成对报表的创建，进入报表的打印预览视图，如图 4-33 所示。

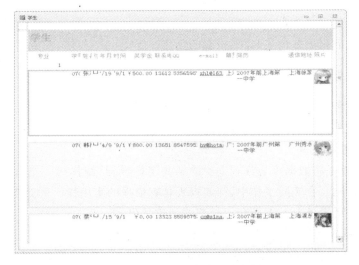

图 4-33　学生报表打印预览视图

图 4-34 "空白报表"及"字段列表"窗格

(3)使用"空报表"工具创建报表

①在"创建"选项卡上的"报表"组中,单击"空报表"按钮。如图 4-34 所示,Access 将在布局视图中打开一个空白报表,并显示"字段列表"窗格。

②在"字段列表"窗格中,单击表名旁边的加号(＋),加号变减号,表中可用字段被展开显示出来。若要向报表添加字段,先单击该字段所在表旁边的加号(＋),然后双击该字段或者将其拖动到报表上。

注意：在添加第一个字段后,接下去可以一次添加多个字段。方法是在按住 Ctrl 键的同时单击所需的多个字段,然后将它们同时拖动到报表上。

③使用"报表布局工具－设计"选项卡上的"页眉/页脚"组中的工具可向报表添加徽标、标题、日期和时间。

④使用"报表布局工具－设计"选项卡上的"主题"组中的工具可重新设置报表外观的颜色和文字的字体。

⑤保存新建的报表并命名,完成报表的创建。

2. 创建高级报表

和创建高级窗体一样,用于显示数据和打印数据的报表也可以利用各种控件,建立各种专业的高级报表,完成各种复杂的功能。

(1)创建标签型报表

标签报表,就是将数据库表或查询中的某些字段数据,制作成一个个小的标签,以便打印出来进行粘贴。在实际工作中,标签报表具有很强的实用性。例如设备管理标签,可将其直接贴在财产设备上。下面介绍标签的创建过程。

① 在数据库导航窗格中,选择要用作标签数据源的表或查询。

② 在"创建"选项卡的"报表"组中,单击"标签"按钮,弹出"标签向导"对话框。如图

4-35 所示,在该对话框中选择标签的制造商和型号。默认的是 Avery 厂商的 C2166 型号,这种标签的尺寸是 52 mm×70 mm,一行显示两个。

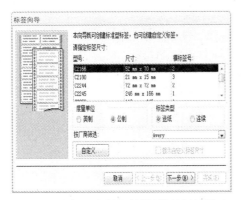

图 4-35　"标签向导"对话框设置标签尺寸　　图 4-36　"标签向导"对话框设置标签显示内容

③单击"下一步"按钮,设置文本的外观格式。

④单击"下一步"按钮,如图 4-36 所示,设置标签显示内容。用户既可以直接输入要显示的文字,也可以从左边的"可用字段"列表框中选择要显示的字段。具体通过以下步骤在标签的每行上添加显示的字段内容:

● 在"原型标签"上,单击要添加字段的行;

● 输入要在该标签上显示的任何文字、空格或标点。例如,图 4-36 中第一行输入文字"产品 ID"及多个空格;

● 在"可用字段"列表中,双击希望在该行上显示的数据字段。如果意外添加了某个不需要的字段,可以通过选择该字段然后按"Delete"键将其删除。

⑤单击"下一步"按钮,选择标签的排序次序。

⑥单击"下一步"按钮,设定报表名称。

⑦单击"完成"按钮,如图 4-37 所示,Access 将在"打印预览"模式下打开标签。

图 4-37　"打印预览"下的标签报表

⑧完成后可以在报表的设计视图中进行美化,或者在"打印预览"模式下打印标签。

(2)创建图形报表

在报表中除了直接显示数据以外,还可以使用图表来表现数据。

①打开数据库窗口,在"创建"选项卡的"报表"组中,单击"报表设计"按钮,如图 4-38

所示,系统进入报表的"设计视图"。

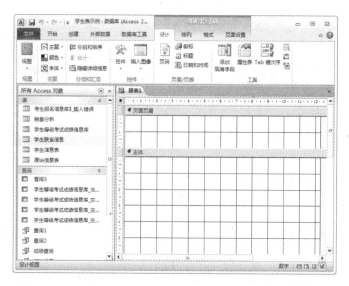

图 4-38　报表"设计视图"

②选择"设计"选项卡,在"控件"组中单击"图表"控件,在报表的主体部分拖曳出一个矩形框。如图 4-39 所示,系统弹出"图表向导"对话框。在"请选择用于创建图表的表或查询"列表框中选择创建图形报表的数据源表或查询。

③单击"下一步"按钮,选择用于图表的字段。

④单击"下一步"按钮,选择图表类型。

⑤单击"下一步"按钮,弹出预览图表对话框,如图 4-40 所示。可通过将字段按钮拖放到示例图表中的方式更改数据在图表中的布局。若要更改字段的汇总方式,双击图表中的相应字段,在弹出的"汇总"对话框中选择新的汇总方式即可。

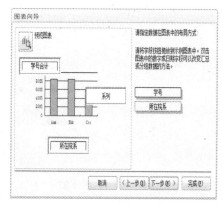

图 4-39　"图表向导"对话框选择字段　　　图 4-40　"图表向导"对话框指定图表布局

⑥单击"下一步"按钮,指定图表的标题以及是否显示图表的图例。

⑦单击"完成"按钮,如图 4-41 所示,系统进入报表的"报表视图",可以查看图形报表的情况。

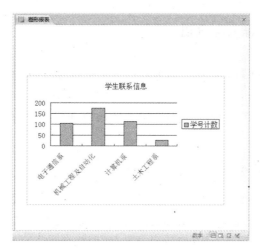

图 4-41　图形报表效果

⑧若要修改图形报表,将报表切换到设计视图。双击报表主体中的"图表"区域,系统会自动打开与图表有关的数据表及窗口工具按钮,用户可以像在 Excel 中一样修改图表的数据源、图表类型、图形格式等。

3. 打印报表

创建报表除了用于数据的查看以外,主要用于数据的打印输出。

(1)报表的页面设置

①对报表进行打印,一般先进入报表的打印预览视图。在"报表布局工具－设计"选项卡中单击"视图"按钮下面的箭头,在弹出的下拉菜单中选择"打印预览"命令;或者右击报表,在快捷菜单中选择"打印预览"命令,进入报表的打印预览视图。

②Access 窗口出现了"打印预览"选项卡,用以对报表页面进行各种设置。如纸张大小、打印方向、页边距等,只需要在"打印预览"选项卡中单击相应的按钮便可进行设置。

(2)打印报表

选择"打印预览"选项卡,单击"打印"按钮,弹出"打印"对话框,如图 4-42 所示,用来设置打印机、打印范围和打印份数等。单击"确定"按钮,即可进行报表打印。

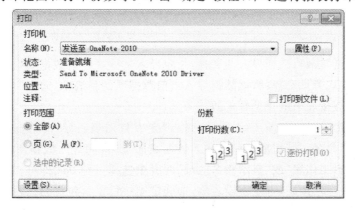

图 4-42　"打印"对话框

4.1.5　数据的导入与导出

Access 数据库中的数据不仅可以供数据库系统自身使用,也可以供其他外部的应用项目共享。Access 数据的共享,一种是由外部应用项目通过开放式数据库链接工具实现对 Access 数据的共享;另一种方式是通过 Access 提供的数据导出功能将数据导出从而实现对数据的共享。

1. Access 数据的导入

一般数据库获得数据的方式主要有两种:一种是在数据表或者窗体中直接输入数据;另一种是利用 Access 的数据导入功能,将外部数据导入到当前数据库中。数据的各种导入操作是通过"外部数据"选项卡的"导入并链接"组中各种工具按钮完成的。

Access 可以导入多种数据类型的文件,如 Excel、XML、文本和 SharePoint 列表等文件,也可以是其他数据库文件。下面以导入 Excel 文件为例,介绍数据的导入操作。

①打开数据库,在"外部数据"选项卡的"导入并链接"组中,单击 Excel 按钮" ",如图 4-43 所示,系统弹出"获取外部数据－Excel 电子表格"对话框。

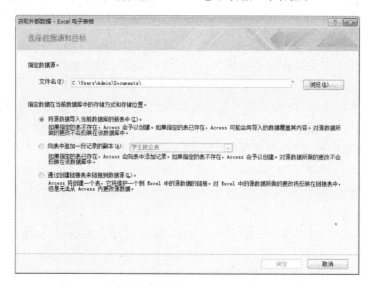

图 4-43　"获取外部数据－Excel 电子表格"对话框

②单击"浏览"按钮,选择导入的文件,指定导入文件在当前数据库中存储方式和存储位置。有三种方式可供选择:将源数据导入当前数据库的新表中、向表中追加一份记录的副本、通过创建链接表来链接到数据源。

③单击"确定"按钮,如图 4-44 所示,弹出"导入数据表向导"对话框。一个 Excel 工作表可由若干个命名区域组成,所以"导入数据表向导"询问导入数据所在的工作表或命名区域。在"显示工作表"或"显示命名区域"两者中选择一种方式即可。

④单击"下一步"按钮,选定字段名称,即确定第一行是否包含列标题。若第一行包含

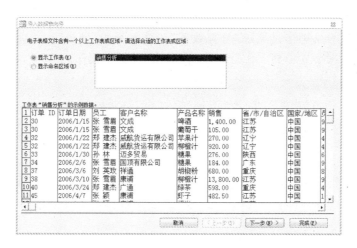

图 4-44　"导入数据表向导"对话框选择工作表或区域

各列标题,选中"第一行包含列标题"复选框。

⑤单击"下一步"按钮,如图 4-45 所示,设定字段信息。单击预览窗口中的各列,上面会显示字段的相关信息(如字段名称、数据类型、索引等),可以在窗口中直接修改各个字段的相应信息。

图 4-45　"导入数据表向导"对话框设定字段信息

⑥单击"下一步"按钮,设置主键。默认的是"让 Access 添加主键";若要自行设置,可选中"我自己选择主键"单选按钮并在其旁边的下拉列表框中选择主键字段。

⑦单击"下一步"按钮,设置数据表名称。

⑧单击"完成"按钮,保存导入步骤。选中保存导入步骤复选框,则需要继续输入必要的说明信息。若直接单击"关闭"按钮,导入的表已经在数据库导航窗格中了。

2. Access 数据的导出

Access 既可以将数据导出到多种类型的文件中,包括 Excel 文件、Word 文件、文本文件、SharePoint 列表等,也可以将数据导出到其他的 Access 数据库中,还可以直接使用

Word 中的"邮件合并"功能。

数据的各种导出操作是通过"外部数据"选项卡下的"导出"组中各种工具按钮完成的。下面以将数据表导出到 Excel 为例,介绍数据的导出操作。

图 4-46   "选择数据导出操作目标"对话框

①打开数据库中需要导出的数据表对象,进入该表的"数据表视图"。

②在"外部数据"选项卡的"导出"组中,单击 Excel 按钮" "。如图 4-46 所示,系统弹出选择操作目标对话框。

③利用对话框中的"浏览"按钮选定导出文件的保存位置,在保存路径后面输入文件名,在"文件格式"下拉列表框中选择"Excel 工作簿(.xlsx)"。

④确定导出选项:导出数据时包含格式和布局、完成导出操作后打开目标文件、仅导出所选记录,从中选择一种方式即可。

⑤单击"确定"按钮,即可完成将数据表导出到 Excel 文件操作。其他类型文件的导出也是在向导的引导下完成的,步骤类似,这里不再一一介绍。

4.2   项目 1   部门费用管理系统的设计与制作

4.2.1   项目描述

在 Access 系统中,用户输入的信息越详细,就越能够得到详细的数据,从而进行分析。例如,已知裕华公司在 2010 年 12 月产生的费用如表 4-3 所示。

表 4-3　裕华公司 2010 年 12 月费用

日 期	内　　容	费用名称	报销人	报销金额	票据数量
2010-12-16	购买办公耗费器材	办公费	占得利	500	6
2010-12-17	购买工会活动用品	福利费	黄三	600	5
2010-12-18	购买销售类书籍	办公费	赵刚	230	1
2010-12-19	本周电话费	通讯费	张海燕	60	1
2010-12-20	1 号至 7 号杭州出差费用	差旅费	王杰	500	6
2010-12-21	1 号至 7 号杭州出差费用	差旅费	周星	600	5
2010-12-22	1 号至 7 号杭州出差费用	差旅费	李德华	300	3
2010-12-23	本月户外广告费用	广告费	费娜	800	10
2010-12-24	本月报纸杂志广告费	广告费	费娜	560	1

要求：

(1)创建图表查看各部门的费用比例。

(2)使用透视图和透视表对费用情况进行多维分析。

4.2.2　知识要点

(1)组织创建数据库和数据表。

(2)输入数据或从外部文件中导入数据到数据表。

(3)建立数据表间关联，实现数据库完整性。

(4)利用向导创建查询，作为报表的数据源。

(5)创建报表特别是图形报表查看数据比例。

(6)创建数据透视图和数据透视表分析数据。

4.2.3　制作步骤

1. 创建数据源

数据源是数据库中创建窗体、报表等功能的基础。因此在创建各种报表之前，首先需要创建数据源。

(1)创建数据表

①启动 Access 2010，创建一个路径和名称为"E:\office 高级应用\部门管理.accdb"的数据库文件。

②在创建数据库后，新建一个名为"费用表"的数据表。

③打开"费用表.xlsx"工作簿，选择工作表中的数据，单击鼠标右键，在弹出菜单中选择"复制"命令。

④在数据库的导航窗格中,双击"费用表"。在打开的数据表窗口中,选中整个表。单击鼠标右键,在弹出的菜单中选择"粘贴"命令。

⑤系统弹出"您正准备粘贴 9 条记录。确实要粘贴这些记录吗"对话框,单击"是"按钮,将 Excel 工作表中的记录粘贴到 Access 表中,得到的结果如图 4-47 所示。

⑥单击快速访问栏中的保存按钮,保存对"费用表"的修改。

⑦单击数据表窗口的关闭按钮,关闭"费用表"。

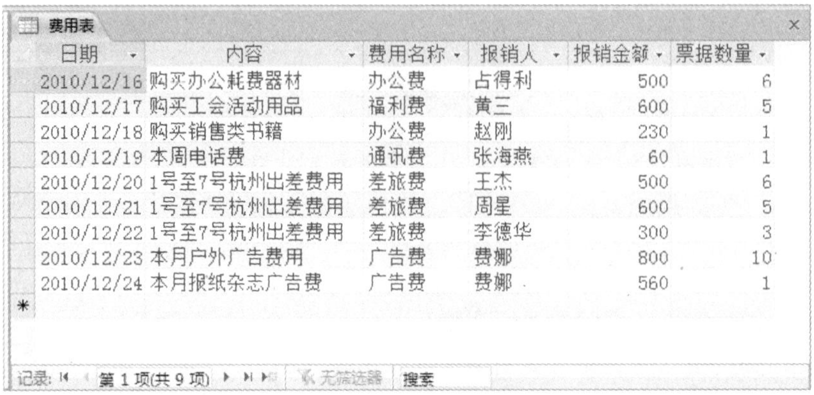

费用表						×
日期 ▾	内容 ▾	费用名称 ▾	报销人 ▾	报销金额 ▾	票据数量 ▾	
2010/12/16	购买办公耗费器材	办公费	占得利	500	6	
2010/12/17	购买工会活动用品	福利费	黄三	600	5	
2010/12/18	购买销售类书籍	办公费	赵刚	230	1	
2010/12/19	本周电话费	通讯费	张海燕	60	1	
2010/12/20	1号至7号杭州出差费用	差旅费	王杰	500	6	
2010/12/21	1号至7号杭州出差费用	差旅费	周星	600	5	
2010/12/22	1号至7号杭州出差费用	差旅费	李德华	300	3	
2010/12/23	本月户外广告费用	广告费	费娜	800	10	
2010/12/24	本月报纸杂志广告费	广告费	费娜	560	1	
*						

记录: Ⅰ◀ 第 1 项(共 9 项) ▶ ▶Ⅰ ▶* 无筛选器 搜索

图 4-47 "费用表"数据表视图

⑧在"外部数据"选项卡的"导入并链接"组中,单击 Access 按钮,弹出"获取外部数据－Access 数据库"对话框。

⑨单击"浏览"按钮,找到"E:\office 高级应用\部门和员工管理.accdb"文件,选择"将表、查询、窗体、报表、宏和模块导入当前数据库",单击"确定"按钮。

⑩系统弹出"导入对象"对话框,在"表"选项卡中选择"部门"和"员工基础信息",单击"确定"按钮。

⑪系统弹出"保存导入步骤"对话框,单击"关闭"按钮。

⑫打开"费用表"的设计视图,选择"报销人"字段。如图 4-48 所示,单击字段属性的"查阅"选项卡,在"显示控件"属性的下拉列表中选择"组合框";在"行来源类型"属性的下拉列表中选择"表/查询",并在"行来源"属性中输入"SELECT 员工基础信息.姓名 FROM 员工基础信息"。

⑬单击"保存"按钮保存"费用表",将其关闭。

⑭打开"员工基础信息"的设计视图,右击"姓名"字段,在弹出的快捷菜单中选择"主键"命令。

⑮单击"保存"按钮保存"员工基础信息",将其关闭。

⑯在"数据库工具"选项卡的"关系"组中,单击"关系"按钮,打开关系设计视图窗口并弹出"显示表"对话框。

⑰在"表"选项卡中分别选择"费用表"和"员工基础信息",单击"添加"按钮。再单击"关闭"按钮关闭"显示表"对话框。

⑱在关系设计视图窗口中选择"员工基础信息"的"姓名"字段,按住鼠标左键,拖动到

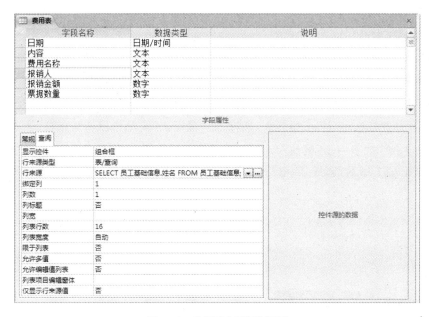

图 4-48　"费用表"设计视图

"费用表"中的"报销人"字段上。

⑲弹出"编辑关系"对话框,单击"创建"按钮完成表的关联,结果如图 4-49 所示。

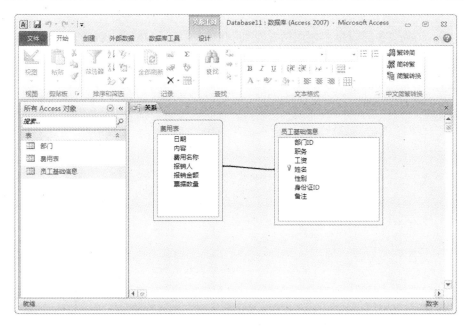

图 4-49　关系设计视图窗口

(2)创建查询

创建表并在表间创建关联后,可以通过查询来筛选表中有用的数据。具体的操作步骤如下。

①在"创建"选项卡的"查询"组中,单击"查询向导"按钮。如图 4-18 所示,弹出"新建查询"向导对话框。

②在"新建查询"向导对话框中选择"简单查询向导"命令,单击"确定"按钮。

③如图 4-50 所示,在对话框的"表/查询"下拉列表中,选择"表:部门",在"可用字段"列表中选择字段"部门名称",单击按钮" > "。

④再次单击"表/查询"下拉列表,选择"表:费用表"。单击按钮" >> ",将该表中全部字段都选定,单击"下一步"按钮。

⑤如图 4-51 所示,选择"明细(显示每个记录的每个字段)",单击"下一步"按钮。

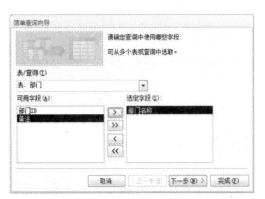

图 4-50 "简单查询向导"对话框中选定字段

图 4-51 "简单查询向导"对话框中确定明细或汇总

⑥输入名字"各部门费用使用情况查询"并单击"完成"按钮。创建完成的查询结果如图 4-52 所示。

部门名称	日期	内容	费用名称	报销人	报销金额	票据数量
指挥部	2010/12/16	购买办公耗费器材	办公费	占得利	500	6
指挥部	2010/12/17	购买工会活动用品	福利费	黄三	600	5
技术部	2010/12/18	购买销售类书籍	办公费	赵刚	230	1
销售部	2010/12/19	本周电话费	通讯费	张海燕	60	1
业务部	2010/12/20	1号至7号杭州出差费用	差旅费	王杰	500	6
业务部	2010/12/21	1号至7号杭州出差费用	差旅费	周星	600	5
策划部	2010/12/22	1号至7号杭州出差费用	差旅费	李德华	300	3
策划部	2010/12/23	本月户外广告费用	广告费	费娜	800	10
策划部	2010/12/24	本月报纸杂志广告费	广告费	费娜	560	1

记录: ◄ ◄ 第1项(共9项) ► ►► ►* 无筛选器 搜索

图 4-52 查询的数据表视图

2. 报表

(1)创建报表

①在"创建"选项卡的"报表"组中,单击"报表向导"按钮。

②弹出"报表向导"对话框,如图 4-53 所示。在对话框中的"表/查询"下拉列表框中选择"查询:各部门费用使用情况查询"。单击按钮" >> ",将"可用字段"列表中所有字

段添加到"选定字段"列表框中。

　　③单击"下一步"按钮,选择"部门名称"作为分组字段。

　　④单击"下一步"按钮,选择"日期"作为排序字段,排序方式为"升序"。

　　⑤单击对话框中的"汇总选项"按钮弹出"汇总选项"对话框,如图 4-54 所示。勾选"报销金额"字段的"汇总"选项,在"显示"组中选择"明细和汇总"。单击"确定"按钮,返回到设置数据排序次序及汇总信息对话框。

图 4-53　"报表向导"对话框中选定字段

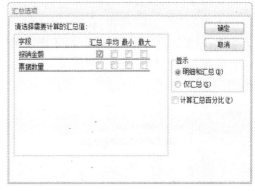

图 4-54　"汇总选项"对话框

　　⑥单击"下一步"按钮,在"布局"组中选择"递阶",在"方向"组中选择"纵向",并勾选"调整字段宽度使所有字段都能显示在一页中"复选框。

　　⑦单击"下一步"按钮,输入"部门费用报表"作为报表的名称,单击"完成"按钮完成报表的创建,其效果如图 4-55 所示。

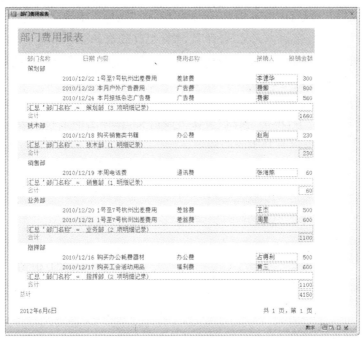

图 4-55　部门费用报表

（2）在报表中使用图表查看费用比例

①在"创建"选项卡的"报表"组中，单击"报表设计"按钮，系统新建一个空白报表并进入该报表的"设计视图"。

②在"设计"选项卡的"控件"组中，单击"图表"按钮，然后按住鼠标左键在报表的主体部分拖曳出一个图表区域。

③弹出"图表向导"对话框，如图 4-56 所示，在"视图"组中选择"查询"，在"请选择用于创建图表的表或查询"列表框中选择"查询：各部门费用使用情况查询"。

④单击"下一步"按钮，在"可用字段"列表框中依次将"部门名称"、"费用名称"、"报销人"和"报销金额"字段添加到"用于图表的字段"列表框中。

⑤单击"下一步"按钮，如图 4-57 所示，在对话框左侧的类型图列表中，选择"三维柱形图"。

图 4-56 "图表向导"对话框中选定报表数据源   图 4-57 "图表向导"对话框选择图表类型

⑥单击"下一步"按钮，如图 4-58 所示，x 轴是"部门名称"，图例区是"费用名称"，数据系列是"报销金额"，数据的汇总方式是"合计"。若要更改数字字段的汇总方式，可以直接双击图表中的数据字段。若要预览图表的打印效果，单击对话框左上方的"预览图表"按钮。

⑦单击"下一步"按钮，输入图表的标题为"部门费用图表分析"。

⑧单击"完成"按钮，完成报表的创建。

⑨选择"设计"选项卡，单击"视图"按钮下面箭头，在弹出的下拉列表中选择"报表视图"。如图 4-59 所示，可以看到图表的效果。

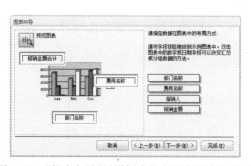
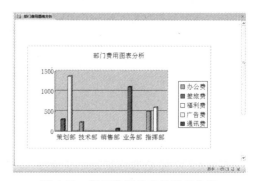

图 4-58 "报表向导"对话框中指定图表的布局方式   图 4-59 部门费用报表的图表分析

3. 在窗体中使用透视图表进行多维分析

Access 提供了多种方式对数据进行多维分析,其中包括图表、数据透视图和数据透视表等。

(1)创建数据透视图

①在数据库导航窗格中选择"各部门费用使用情况查询"。

②在"创建"选项卡的"窗体"组中,单击"其他窗体"按钮,选择"数据透视图"。

③如图 4-60 所示,系统会自动创建一个名为"各部门费用使用情况查询"的窗体,并在窗体中设置了一个空白的坐标轴,同时出现一个"图表字段列表"窗口。

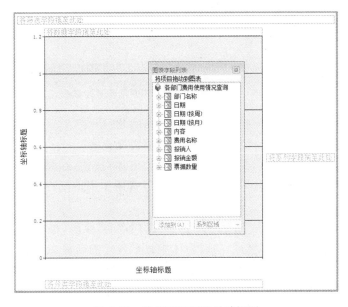

图 4-60　数据透视图的设计视图

④在窗体上的"图表字段列表"对话框中选择"部门名称"字段,按住左键,将其从"图表字段列表"拖曳到窗体下方的"将分类字段拖至此处"区域。

⑤同步骤④,将"图表字段列表"对话框中的"费用名称"字段拖曳到窗体右方的"将系列字段拖至此处"区域,将"图表字段列表"对话框中的"报销金额"字段拖曳到窗体上方的"将数据字段拖至此处"区域,此时报表将显示一个完整的数据透视图。

⑥此处需要在图表中显示各部门费用总和,因此需要更换一种图表类型。在"数据透视图工具-设计"选项卡的"类型"组中,单击"更改图表类型"按钮。系统弹出"属性"对话框,在"类型"选项卡中选择"堆积柱形图"后将对话框关闭。

⑦窗体最终的数据透视图效果如图 4-61 所示。从图表中可以看出使用费用最多的是策划部,业务部与指挥部费用相当,最少的是销售部。

⑧单击保存按钮,在弹出的"另存为"对话框中输入"部门费用数据透视图"并确定。

(2)创建数据透视表

数据透视表是一种可以快速汇总大量数据的交互式方法。使用数据透视表可以深入

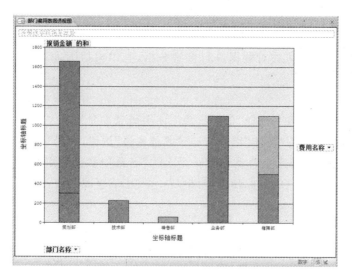

图 4-61　"各部门费用使用情况查询"的堆积柱形数据透视图

分析数值数据,并且可以回答一些预料不到的数据问题。

①在数据库导航窗格中选择"各部门费用使用情况查询"。

②在"创建"选项卡的"窗体"组中,单击"其他窗体"按钮,在弹出的下拉列表中选择"数据透视表"。系统会自动创建一个名为"各部门费用使用情况查询"的窗体,窗体上出现"数据透视表字段列表"窗口。

③在"数据透视表字段列表"对话框中选择"部门名称"字段,按住左键,将其拖曳到窗体左侧的"将行字段拖至此处"区域,这时窗体中显示各行的名称。

④在"数据透视表字段列表"对话框中选择"费用名称"字段,按住左键,将其拖曳到窗体上面的"将列字段拖至此处"区域,如图 4-62 所示,这时窗体中显示各列的名称。

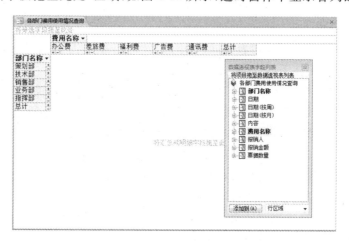

图 4-62　数据透视表的设计视图

⑤同步骤③、④,将"数据透视表字段列表"对话框中的"报销人"字段拖曳到窗体中的"将汇总或明细字段拖至此处"区域,将"报销金额"字段拖曳到窗体中"报销人"的右侧。

最终完成的数据透视表效果如图 4-63 所示。

⑥单击"保存"按钮,在弹出的"另存为"对话框中输入"部门费用数据透视表"。

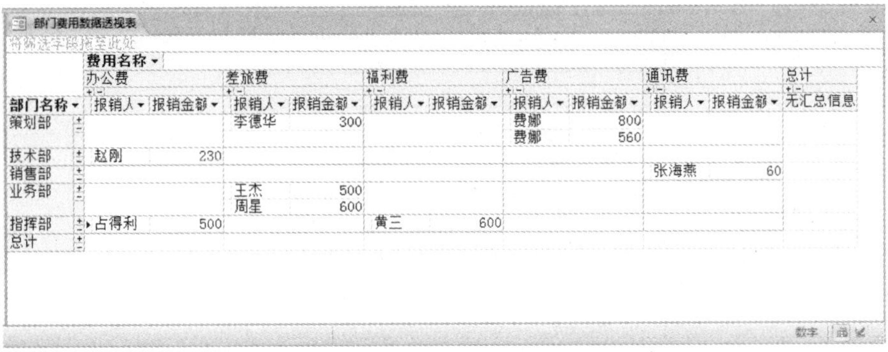

部门名称	办公费		差旅费		福利费		广告费		通讯费		总计
费用名称	报销人	报销金额	报销人	报销金额	报销人	报销金额	报销人	报销金额	报销人	报销金额	无汇总信息
策划部			李德华	300			费娜	800			
							费娜	560			
技术部	赵刚	230									
销售部									张海燕	60	
业务部			王杰	500							
			周星	600							
指挥部	占得利	500			黄三	600					
总计											

图 4-63 数据透视表的明细效果

4.2.4 项目小结

本项目涉及 Access 数据库的几个主要概念和操作,包括如何建立数据库及数据表;如何从外部文件共享数据;如何确保数据库的数据完整性等。如果想以图形化的形式来呈现信息以便进行分析,可以通过数据透视图窗体的方式来实现。另外数据透视表在深入分析数据方面可以得到一些意想不到的效果。

4.3 项目 2 员工工资管理系统的设计与制作

4.3.1 项目描述

使用 Access 为裕华公司编制一个工资管理系统,要求每个工资项目至少包括:姓名、部门、职务、工资、津贴、保险费用。功能包括:

(1)建立包含相关人员的工资信息表。

(2)创建窗体,能够对公司人员进行增减修改等管理。

(3)按所需关键字查阅人员工资。

(4)对工资库按某种关键字进行重新排序。

(5)建立报表进行工资总额的汇总及打印。

(6)能输出工资表及工资条。

其具体流程如图 4-64 所示。

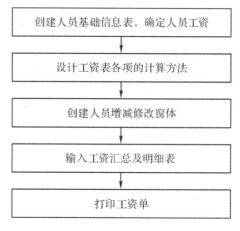

图 4-64　工资管理流程

4.3.2　知识要点

(1)创建各种查询如计算查询、生成表查询等。

(2)利用"多个项目"建立窗体,使用窗体操作数据表数据。

(3)利用向导创建报表,在报表设计视图中修改报表外观。

4.3.3　制作步骤

1.计算工资表

编制一个工资管理系统,当公司有员工新进或离职的时候,只需要做一些简单的操作便可以轻松地制作出当月的工资表。

管理工资,首先要根据员工的基本信息建立工资表。这里可以通过查询的计算功能来确定工资表中各个字段的关系。具体操作步骤如下:

①打开上一个项目所创建的"部门管理"数据库,在"创建"选项卡的"查询"组中,单击"查询设计"按钮,打开查询设计窗口并弹出"显示表"对话框。

②在"显示表"对话框中单击"表"选项卡,在列表中选择"部门"和"员工基础信息"表,单击"添加"按钮。

③单击"关闭"按钮,关闭"显示表"对话框。

④依次选择"部门"表中的"部门名称"字段以及"员工基础信息"表中的"姓名"、"职务"、"工资"字段。在"工资"字段列上,单击鼠标右键,在快捷菜单中选择"属性"命令。

⑤如图 4-65 所示,弹出"属性表"对话框,在对话框中选择"常规"选项卡。将"格式"属性设置为"标准",将"小数位数"属性设置为"2",关闭"属性表"窗口。

⑥在查询设计网格中选择"工资"字段旁边的空白列,右击该列的"字段"行,在弹出的

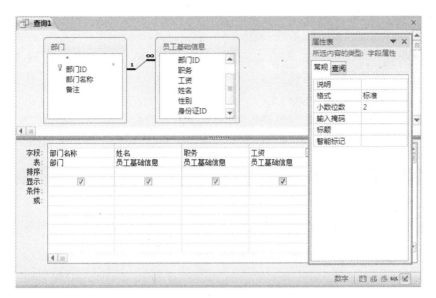

图 4-65　"工资查询"设计视图

快捷菜单中选择"生成器"命令。

⑦弹出"表达式生成器"对话框,使用表达式创建一个新字段"房屋补贴"。如图 4-66 所示,输入表达式"房屋补贴: IIf([职务]="普通员工",[工资]＊.06,0)",单击"确定"按钮。

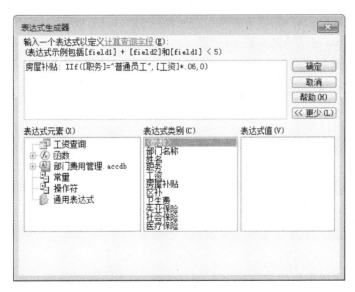

图 4-66　"房屋补贴"表达式对话框

⑧重复步骤⑦,依次创建如下字段:

区补: IIf([职务]="普通员工",100,0)。

卫生费: IIf([性别]="女",20,0)。

失业保险：[工资]*.01。

社会保险：[工资]*.08。

医疗保险：[工资]*.02。

应发工资：[工资]+[房屋补贴]+[区补]+[卫生费]−[失业保险]−[社会保险]−[医疗保险]。

⑨单击保存按钮，在弹出的"另存为"对话框中将查询命名为"工资查询"。

⑩在"设计"选项卡的"结果"组中，单击"运行"按钮，查询的字段结果如图 4-67 所示。

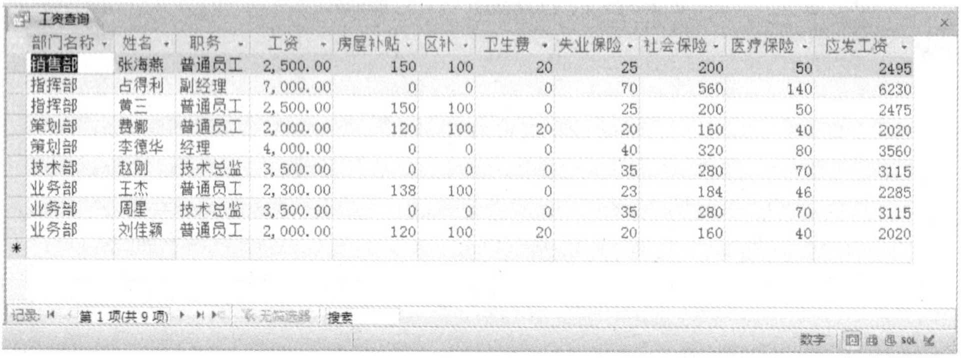

部门名称	姓名	职务	工资	房屋补贴	区补	卫生费	失业保险	社会保险	医疗保险	应发工资
销售部	张海燕	普通员工	2,500.00	150	100	20	25	200	50	2495
指挥部	占得利	副经理	7,000.00	0	0	0	70	560	140	6230
指挥部	黄三	普通员工	2,500.00	150	100	0	25	200	50	2475
策划部	费娜	普通员工	2,000.00	120	100	20	20	160	40	2020
策划部	李德华	经理	4,000.00	0	0	0	40	320	80	3560
技术部	赵刚	技术总监	3,500.00	0	0	0	35	280	70	3115
业务部	王杰	普通员工	2,300.00	138	100	0	23	184	46	2285
业务部	周星	技术总监	3,500.00	0	0	0	35	280	70	3115
业务部	刘佳颖	普通员工	2,000.00	120	100	20	20	160	40	2020

图 4-67　"工资查询"数据表视图

2. 创建人员增减录入窗体

设计人员增减录入窗体，以方便应对公司随时的人员变动问题。

①打开数据库，选定导航窗格中的"员工基础信息"表。

②在"创建"选项卡的"窗体"组中，单击"其他窗体"按钮，从弹出的下拉列表中选择"多个项目"选项。

③单击保存按钮，在弹出的"另存为"对话框中将新窗体命名为"员工信息录入窗体"。

④选择"设计"选项卡，单击"视图"按钮下面的箭头，从弹出的下拉列表中选择"窗体视图"。窗体的运行效果如图 4-68 所示，可以在窗体中完成对公司人员变动情况的编辑或信息的查询。

例如，公司新进一名员工李红，要在窗体中录入她的信息"B1 普通员工 2500 李红 女 332578198012035028"。在"开始"选项卡的"记录"组中，单击"新建"按钮；或者单击导航按钮的新记录按钮"▶※"。系统会在窗体中自动新建一行，在新的行中输入对应的信息即可。

如果需要在窗体中删除离职的员工记录信息，单击要删除记录左侧的行选择区域。在"开始"选项卡的"记录"组中，单击"删除"按钮，在弹出的对话框单击"是"按钮。

例如，要找"赵刚"的信息。将光标定位于条件字段列中。在"开始"选项卡的"查找"组中，单击"查找"按钮，弹出"查找和替换"对话框。在"查找"选项卡的"查找内容"输入框中输入"赵刚"，单击"查找下一个"按钮。当找到查找内容时，窗体中相应内容的背景色将自动填充为黑色，如图 4-69 所示。

图 4-68　"员工信息录入窗体"的窗体视图

图 4-69　在窗体中查找指定的内容

例如,按工资从高到低对公司所有人员进行排序。光标定位在"工资"字段列任意一个单元格,在"开始"选项卡的"排序和筛选"组中,单击"降序"按钮,则对员工基础信息按工资进行降序排序。

3. 设计工资表

当公司的员工信息和每个员工基本工资信息等确定下来后,需要将这些内容以工资表的形式输入并打印出来,其具体的操作步骤如下。

（1）创建月工资表

①在数据库的导航窗格中，选择"工资查询"对象。右击，在快捷菜单中选择"设计视图"命令，在设计视图中打开"工资查询"。

②在"设计"选项卡的"查询类型"组中，单击"生成表"按钮。

③如图4-70所示，系统弹出"生成表"对话框，输入"月工资表"表名称，单击"确定"按钮。

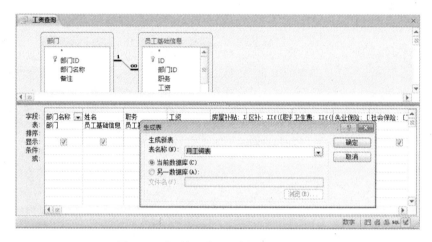

图4-70　"工资查询"设计视图中生成表

④单击"保存"按钮保存对"工资查询"的修改，然后将其关闭。

⑤在数据库的导航窗格中，双击修改后的"工资查询"。弹出对话框提示"您正准备执行生成表查询，该查询将修改您表中的数据"，单击"是"按钮确认创建新表。

⑥确认创建新表后，系统会弹出对话框确认是否向新表粘贴数据。单击"是"按钮确认，此时导航窗格中会自动创建一个名为"月工资表"的新表，如图4-71所示。

图4-71　数据库导航窗口新增"月工资表"

（2）创建月工资报表

①在"创建"选项卡的"报表"组中，单击"报表向导"。

②弹出"报表向导"对话框，在对话框中的"表/查询"下拉列表框中选择"表：月工资表"。单击按钮" >> "，将所有字段添加到"选定字段"列表框中。

③单击"下一步"按钮，从左边列表框中选择"部门名称"作为分组字段，如图 4-72 所示。

④单击"下一步"按钮，选择"工资"作为排序字段，"升序"作为排序方式。

⑤单击对话框中的"汇总选项"按钮，弹出"汇总选项"对话框。如图 4-73 所示，依次勾选"工资"、"房屋补贴"、"区补"、"卫生费"、"失业保险"、"社会保险"、"医疗保险"、"应发工资"等字段的"汇总"选项，在"显示"组中选择"明细和汇总"。单击"确定"按钮，返回到设置数据排序次序及汇总信息对话框。

⑥单击"下一步"按钮，在"布局"组中选择"块"，在"方向"组中选择"横向"，并勾选"调整字段宽度使所有字段都能显示在一页中"复选框。

图 4-72　"报表向导"对话框设置分组字段　　　　图 4-73　"汇总选项"对话框

⑦单击"下一步"按钮，输入"月工资表"作为报表的名称。

⑧选择"修改报表设计"选项，单击"完成"按钮，完成报表的创建并在设计视图将其打开。

⑨在报表"页面页眉"区中依次调整各个字段标签至合适位置。单击要调整位置的字段标签并按住左键拖动，就可以将该字段标签移至合适的位置。

⑩在报表"页面页眉"区中依次调整各个字段标签至合适大小。如果选中"部门名称"，对应的字段标签四周出现 8 个控制端点。将鼠标移到左右两侧的控制端点处，等待鼠标变成左右双向箭头时按住左键拖动，就可以调整该标签至合适的宽度。如果要调整字段标签的高度，只需将鼠标移至上下两侧的控制端点处，等待鼠标变成上下双向箭头时按住左键拖动即可。

⑪在报表"页面页眉"区中依次调整各个字段标签间的间距。按住 Ctrl 键依次将全部字段标签选中，在"报表设计工具－排列"选项卡的"调整大小和排序"组中，单击"大小/空格"按钮，在弹出的下拉菜单单中选择"间距"组的"水平相等"命令。

⑫在报表"页面页眉"区中依次调整各个字段标签间的对齐方向。按住 Ctrl 键依次

将全部字段标签选中,在"报表设计工具－排列"选项卡的"调整大小和排序"组中,单击"对齐"按钮,选择"靠下"命令。

⑬重复步骤⑩、⑪、⑫、⑬,依次调整"主体"、"部门名称页脚"、"报表页脚"等区域的控件位置、大小、间距和对齐格式。

⑭完成报表中各区域控件格式设置和修改后,在"报表设计工具－设计"选项卡的"视图"组中,单击"视图"下面的箭头,选择"报表视图"命令,可以看到报表的效果,如图 4-74所示。

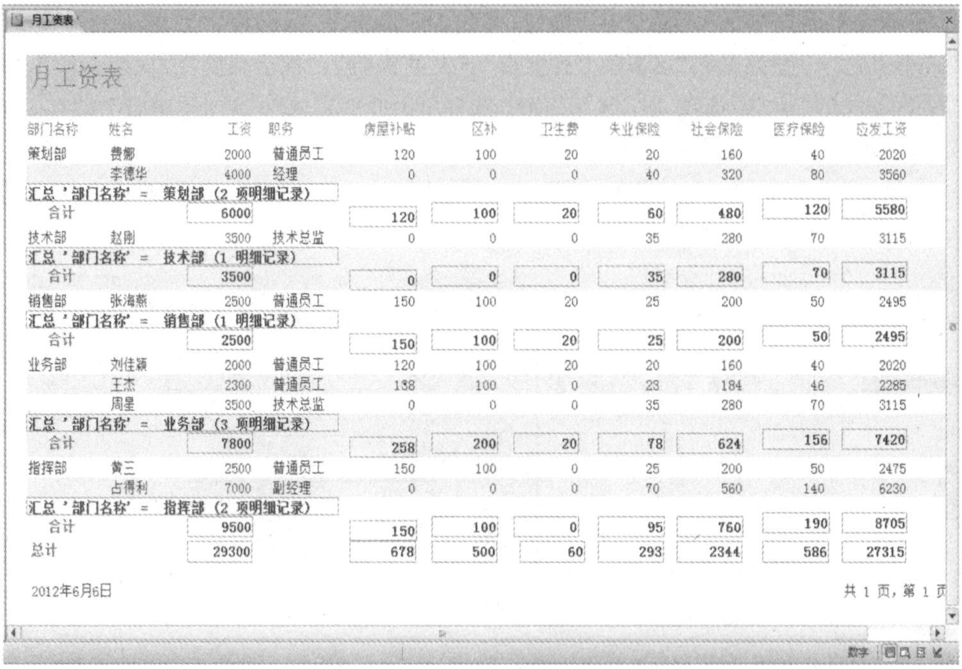

图 4-74   "月工资表"报表视图

4. 打印工资单

工资表财务留用一份用于做账,另外还需一份用于发放员工工资时使用。工资单的制作不需要重新创建报表,只需要在原工资表的基础上进行格式的修改即可。

①在数据库的导航窗格中,选择"月工资表"报表,单击鼠标右键,在弹出的快捷菜单中选择"复制"命令。

②在导航窗格的空白处,右击,在弹出的菜单中选择"粘贴"命令。

③弹出"粘贴为"对话框,在对话框中输入粘贴后的报表名称"打印工资单",单击"确定"按钮。

④在数据库的导航窗格中,选择"打印工资单"报表。

⑤右击,在快捷菜单中选择"设计视图"命令,在设计视图中打开"打印工资单"报表。

⑥在"报表页眉"区域上,右击,在弹出的快捷菜单中选择"排序和分组"命令。

⑦如图 4-75 所示,在报表窗体的下方增加"分组、排序和汇总"窗格。选择窗格中的

"分组形式 部门名称"行，单击该行中的"删除"按钮将"部门名称"分组删除。

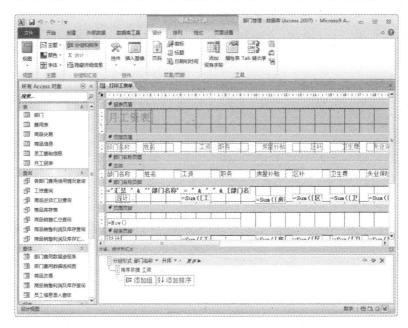

图 4-75　"分组、排序和汇总"对话框

⑧按住"Ctrl"键，单击"页面页眉"区域中的所有控件，然后按住鼠标左键将这些控件移到"主体"区域中。报表设计视图"主体"区域中的各个控件位置如图 4-76 所示。

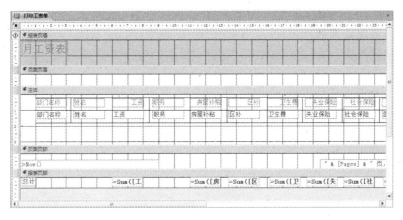

图 4-76　"打印工资单"报表设计视图

⑨为了让报表的设计更为清楚直观，去掉报表设计视图中的网格线。右击"页面页眉"区域，在弹出的快捷菜单中选择"网格"命令，即可去掉报表设计视图中的网格线。

⑩在"报表设计工具－设计"选项卡的"控件"组中，单击"直线"按钮。按住左键，在报表"主体"区域各个字段标签的上面画出一条横线。

⑪如图 4-77 所示，为了让报表美观，可以根据具体的需要在报表"主体"区域中创建多条横、竖直线，以便将工资单中各个字段信息分隔。

⑫再次在"主体"中创建一条用于分割各个员工工资单的虚线。虚线的绘制步骤如直线，在"报表设计工具—设计"选项卡的"控件"组中，单击"直线"按钮"＼"，在"主体"区域下方画出一条直线。右击直线，在快捷菜单中选择"属性"命令，并将其属性设置如图4-77所示。

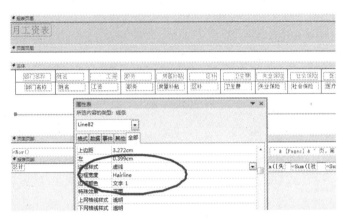

图 4-77 "虚线"属性对话框

⑬单击"报表页眉"区域中的标题控件，将光标定位于标签内，删除"月工资表"并输入"工资单"。按住左键，将该标题控件拖到"报表页眉"区域的中间。

⑭在"报表设计工具—设计"选项卡的"工具"组中，单击"属性表"按钮，在弹出"属性表"窗口的"格式"选项卡中，设置"标题"属性为"工资单"。

⑮单击"保存"按钮保存对"打印工资单"报表的修改。

⑯在"报表设计工具—设计"选项卡的"视图"组中，单击"视图"下面的箭头，从下拉列表中选择"报表视图"，可以看到"打印工资单"报表的效果如图4-78所示。

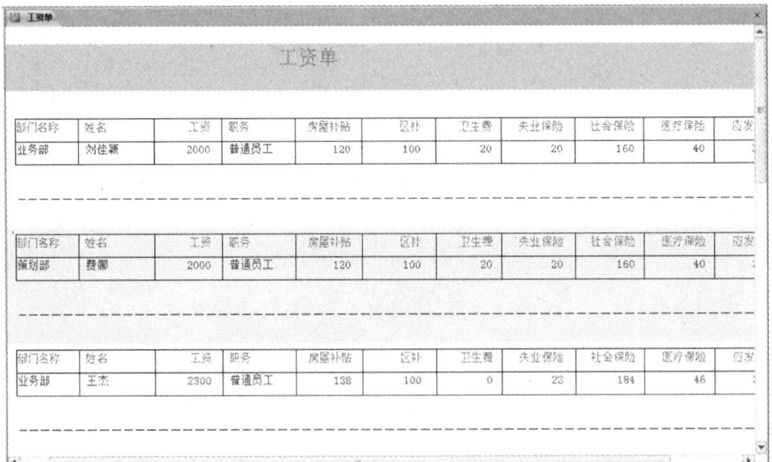

图 4-78 "工资单"报表视图

4.3.4　项目小结

本项目主要用到 Access 数据库的如下几个知识点：如何根据已有的数据表创建计算查询，如何根据已有的查询生成新的数据表；如何利用"多个项目"工具创建窗体，如何利用窗体对数据进行添加、修改、删除、查找等操作；如何利用向导创建汇总报表，如何根据实际需要来修改报表的布局和外观以便更好地呈现信息等。读者通过学习，可以开发类似的数据库管理系统。

4.4　项目3　商品销售管理系统的设计与制作

4.4.1　项目描述

在现代商业活动中，商品销售管理正在变得越来越重要。良好的商品进货、库存和销售管理，能够使公司清晰地掌握自己的经营状况、建立良好的客户关系、良好的企业信誉等。

本项目为裕华公司设计一个简单的商品销售管理系统，要求对商品信息、商品入库信息、商品的销售信息和库存信息等进行管理。主要功能包括以下内容：

(1)建立包含商品相关信息的数据表。

(2)确保数据库的实体完整性和参照完整性。

(3)能进行商品交易管理。

(4)输入符合查询要求的商品名称，可查阅指定商品的销售利润及库存。

(5)能对商品进行利润、库存的汇总及打印。

系统创建的具体流程图如图 4-79 所示。

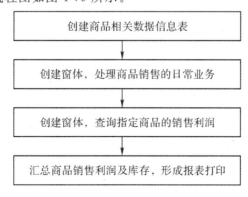

图 4-79　商品销售管理流程

4.4.2　知识要点

(1)数据表的设计及创建。
(2)数据表数据的编辑如输入操作。
(3)通过创建表间的关联确保数据库的完整性。
(4)各类查询特别是汇总查询、计算查询和参数查询的创建。
(5)窗体的创建和布局的修改。
(6)报表的设计及条件格式的应用。

4.4.3　制作步骤

1.建立数据源

本项目主要实现商品、商品进库、商品销售等信息的管理,首先需要建立存储商品相关信息的数据表。

(1)创建数据表

①打开上个项目所创建的"部门管理"数据库,在"创建"选项卡的"表格"组中,单击"表设计"按钮,进入表的设计视图。

②如图 4-80 所示,在表中依次创建字段:商品编号、商品名称、规格型号、品牌以及产地。

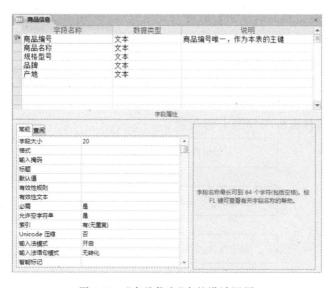

图 4-80　"商品信息"表的设计视图

③单击"保存"按钮,在弹出的"另存为"对话框中输入表的名称"商品信息"并单击"确定"按钮。

　　④设置字段"商品编号"作为本表的主键。右击"商品编号",在快捷菜单中选择"主键"命令。

　　⑤单击表设计窗口的关闭按钮,完成"商品信息"表的设计。

　　⑥在数据库导航窗格中,双击"商品信息"表,进入表的数据表视图,在表中输入记录如图 4-81 所示。输入结束,关闭表窗口。

商品信息					
商品编号	商品名称	规格型号	品牌	产地	单击以添加
00001	软体跳马	75*27.5*47c	小龙哈彼	江苏	
00002	城堡滑梯	1000*550*33	汇乐	浙江	
00003	睡床	12m	好娃娃	江苏	
00004	玩具火车	124*90	蓝天	福建	
00005	遥控越野车	29.5*18*17c	白云	上海	
00006	米奇六面体积木	10.5*10.5*3	飞鸟	浙江	
00007	三轮折叠滑滑板车	55*18*13cm	好娃娃	江苏	
00008	儿童智力拼图玩具汽车	15.5*5.8*4.	天才	上海	
00009	玩具吉他	66*22*7	梦想	安徽	
00010	兔斯基大号布娃娃	1.2m	印象卡奇	福建	

记录: ⋈ ◂ 第 1 项(共 10 项) ▸ ▸⋈ ▸* 无筛选器　搜索

图 4-81　"商品信息"表记录

　　⑦重复步骤①~③,创建一个新表,在表中依次创建字段:商品编号、交易日期、进/出库标志、交易数量、交易单价、交易金额、经办人,并将表保存为"商品交易"。

　　⑧设置"商品编号"字段属性。在表设计窗口中选择"商品编号"字段的"查阅"属性选项卡,在"显示控件"属性的下拉列表框中选择"组合框",在"行来源类型"属性的下拉列表框中选择"表/查询",在"行来源"属性的文本框中输入"SELECT 商品信息.商品编号 FROM 商品信息"。

　　⑨设置"经办人"字段属性。步骤同⑧相似,在表设计窗口中选择"经办人"字段"查阅"属性选项卡,在"显示控件"属性的下拉列表框中选择"组合框",在"行来源类型"属性的下拉列表框中选择"表/查询",在"行来源"属性的文本框中输入"SELECT 员工基础信息.姓名 FROM 员工基础信息",如图 4-82 所示。

图 4-82　"商品交易"表的属性设置

⑩打开 Excel"商品交易"工作簿,选中工作表,使用快捷键"Ctrl"+"C",将选中的数据复制到剪贴板上。

⑪在数据库导航窗格中,双击打开"商品交易"表。选中整个数据表,使用快捷键"Ctrl"+"V",将 Excel 工作表中的数据粘贴到 Access 数据表中。

⑫单击"保存"按钮保存对"商品交易"的修改。

(2)建立表之间的关联

要保证数据库里各个数据表之间数据的一致性和相关性,就必须对表之间建立关联。

在"商品交易"和"商品信息"表之间以"商品编号"为关联字段建立关联,具体操作步骤参考书中表关联的介绍。数据库中最终的关系如图 4-83 所示。

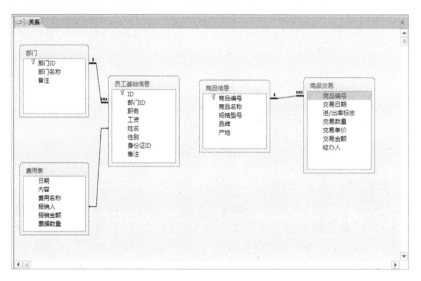

图 4-83   数据库的关系图

2. 创建查询

在实际应用中,往往需要对数据表的固定字段进行各类查询来重新组织和整合"信息"。"输入符合查询要求的商品名称,可查阅指定商品的销售利润及库存",这是一个典型的参数匹配查询,输入参数"商品名称"后查询商品的销售利润和库存情况。而商品的销售利润、库存量等信息则是在数据表中不存在的字段,这需要创建多个汇总查询后逐项汇总出商品的销售利润和库存。

(1)创建"商品进货汇总查询"和"商品销售汇总查询"

① 在"创建"选项卡的"查询"组中,选择"查询向导"按钮。

②弹出"新建查询"对话框,选择"简单查询向导"选项。

③在对话框左侧的"表/查询"下拉列表中选择"表:商品信息",在"可用字段"列表中选择字段"商品名称",单击按钮" > "移到"选定字段"列表。

④如图 4-84 所示,再次在"表/查询"下拉列表中选择"表:商品交易",依次将"商品编号"、"交易数量"和"交易金额"3 个字段通过单击按钮" > "移到"选定字段"列表。

图 4-84　"简单查询向导"对话框选择查询字段

　　⑤单击"下一步"按钮,选择"汇总"选项并单击"汇总选项"按钮,系统弹出"汇总选项"对话框。

　　⑥在"汇总选项"对话框中依次勾选字段"交易数量"和"交易金额"的"汇总"选项,单击"确定"按钮,返回到"请确定采用明细查询还是汇总查询"对话框。

　　⑦单击"下一步"按钮,系统弹出对话框指定查询标题。在对话框中输入标题"商品进货汇总查询",选择"修改查询设计"选项,单击"完成"按钮。

　　⑧至此已经完成了查询的基本信息设置,系统进入了查询的设计视图。

　　⑨如图 4-85 所示,将光标定位在"交易金额之合计"旁边的字段行,单击下拉按钮,从下拉列表中选择字段"商品交易.进/出库标志",查询多了一列字段"进/出库标志"。

　　⑩将字段"进/出库标志"的"显示"行处勾选去掉,在条件行处设置条件为"True"。

　　⑪将查询字段"交易数量之合计"改名为"进货总数量",将查询字段"交易金额之合计"改名为"进货总金额"。

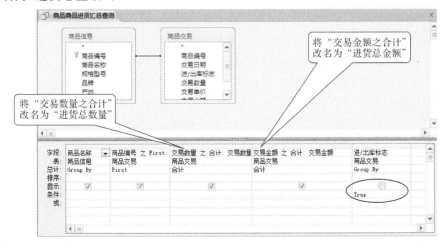

图 4-85　"商品进货汇总查询"设计视图

⑫在“设计”选项卡的“结果”组中，单击“运行”按钮，系统将查询结果以数据表的形式显示，其结果如图 4-86 所示。

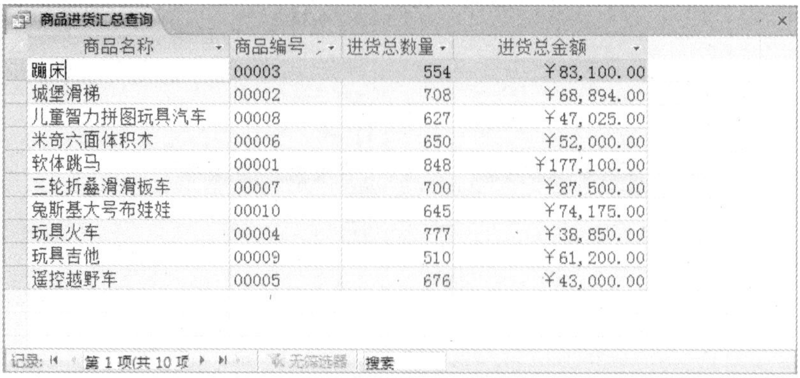

商品名称	商品编号	进货总数量	进货总金额
蹦床	00003	554	￥83,100.00
城堡滑梯	00002	708	￥68,894.00
儿童智力拼图玩具汽车	00008	627	￥47,025.00
米奇六面体积木	00006	650	￥52,000.00
软体跳马	00001	848	￥177,100.00
三轮折叠滑滑板车	00007	700	￥87,500.00
兔斯基大号布娃娃	00010	645	￥74,175.00
玩具火车	00004	777	￥38,850.00
玩具吉他	00009	510	￥61,200.00
遥控越野车	00005	676	￥43,000.00

图 4-86 “商品进货汇总查询”运行结果

⑬单击保存按钮，保存对“商品进货汇总查询”的设计。

⑭重复步骤①～⑨创建“商品销售汇总查询”。

⑮将字段“进/出库标志”的“显示”行处勾选去掉，在条件行处设置条件为“False”。

⑯将查询字段“交易金额之合计”改名为“销售总金额”，将查询字段“交易数量之合计”改名为“销售总数量”。

⑰单击保存按钮，保存对“商品销售汇总查询”的设计。

(2)创建“商品销售利润及库存查询”

根据上面创建的商品进货汇总查询和销售汇总查询计算商品的销售利润和库存。

① 在数据库窗口中，在“创建”选项卡的“查询”组中，单击“查询”按钮。

②系统进入查询设计视图并弹出“显示表”对话框。在“显示表”对话框中，依次将“表”选项卡下的“商品信息”表、“查询”选项卡下的“商品销售汇总查询”和“商品进货汇总查询”，通过“添加”按钮将其添加到查询设计视图的数据源显示区域内。

③依次用鼠标拖动“商品信息”表中的“商品编号”字段到“商品销售汇总查询”和“商品进货汇总查询”中的“商品编号”字段上，在查询数据源之间建立关联。

④将查询数据源中字段“商品编号”、“商品名称”、“规格型号”、“品牌”、“产地”、“进货总数量”、“进货总金额”、“销售总数量”、“销售总金额”等逐个拖曳至“字段”行的各列中。

⑤在“销售总金额”旁边一列输入“销售利润:销售总金额－进货总金额”。

⑥在“销售利润”旁边一列输入“库存数量:进货总数量－销售总数量”。

⑦在“商品名称”字段的“条件”行中，输入一个带有方括号的文本“[请输入商品名称:]”作为参数查询的提示信息。

⑧查询设计视图如图 4-87 所示，单击“保存”按钮，系统弹出“另存为”对话框，输入查询名字为“商品销售利润及库存查询”。

⑨在“设计”选项卡的“结果”组中，单击“运行”按钮，系统弹出“输入参数值”对话框。

⑩在“输入参数值”对话框中输入要查询的商品名称(如输入“玩具火车”)，单击“确定”按钮，得到的查询结果如图 4-88 所示。

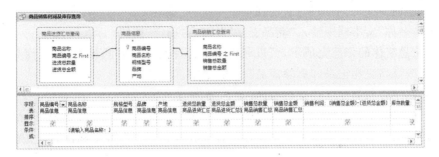

图 4-87　"商品销售利润及库存查询"设计视图

图 4-88　商品销售利润及库存参数查询运行结果

3. 创建商品的日常业务处理窗体

（1）创建商品交易窗体

① 在数据库的导航窗格中，选择"商品交易"表。

②在"创建"选项卡的"窗体"组中，单击"窗体"按钮，系统会根据数据表"商品交易"的字段自动创建一个新窗体。

③在"开始"选项卡的"视图"组中，单击"视图"按钮下面的箭头，从下拉列表中选择"设计视图"，系统进入窗体的设计视图。

④在"窗体设计工具-设计"选项卡的"控件"组中，单击"标签"按钮，在窗体"主体"区域的"进/出库标志"旁拖曳出一个区域，输入"若是商品入库，请将复选框勾选"。用同样的方法再在"进/出库标志"旁输入一行信息"若是商品销售，请去掉复选标志"。

⑤在"窗体设计工具-设计"选项卡的"视图"组中，单击"视图"按钮下面的箭头，从下拉列表中选择"窗体视图"，可以看到窗体的运行效果，如图 4-89 所示。

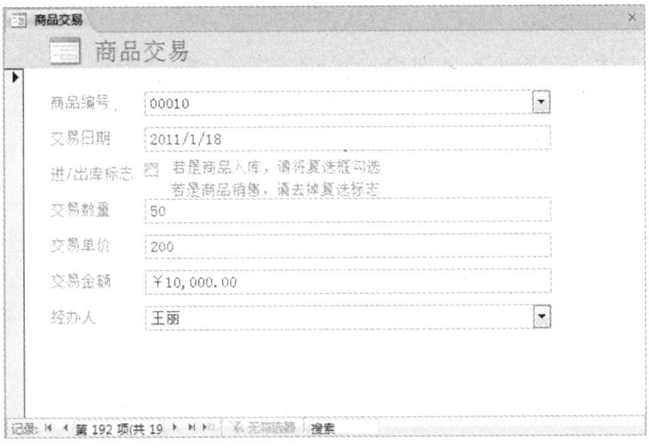

图 4-89　"商品交易"窗体视图

⑥右击"商品交易"选项卡,从快捷菜单中选择"保存"命令。系统弹出"另存为"对话框,在"窗体名称"文本框中输入"商品交易"并单击"确定"按钮。

商品交易窗体的创建完成了,可以利用它来管理商品交易的相关操作:商品入库、销售商品、修改商品交易记录和删除商品交易记录等。

(2)商品销售利润和库存查询窗体

前面创建的"商品销售利润及库存查询",实现了"按输入商品名称查询商品销售利润和库存"的要求。但是窗体能更直观地显示查询数据。本节将根据该查询建立窗体,进一步完善项目的查询要求。

①打开数据库,在"创建"选项卡的"窗体"组中,单击"窗体向导"按钮。

②系统弹出"窗体向导"对话框。在对话框中的"表/查询"下拉列表框,选择"查询:商品销售利润查询"作为窗体的数据源。

③单击按钮" >> ",将"可用字段"列表中的所有字段添加到"选定字段"列表中去。

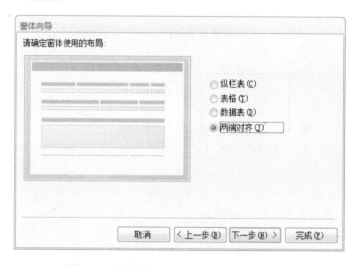

图 4-90   "窗体向导"对话框确定窗体的布局

④单击"下一步"按钮,如图 4-90 所示,选择"两端对齐"作为窗体的布局方式。

⑤单击"下一步"按钮,输入窗体标题为"商品销售利润及库存查询"。选中"修改窗体设计"选项,单击"完成"按钮,便进入了窗体设计视图。

⑥在窗体的"主体"区域对各个字段控件做布局调整。"商品名称"、"商品编号"、"规格型号"、"品牌"、"产地"等有关商品信息的字段作为一组排列在一行。"进货总数量"、"进货总金额"、"销售总数量"、"销售总金额"、"库存数量"、"销售利润"等商品销售信息作为另一组排列成三行。

⑦在"窗体设计工具-设计"选项卡的"控件"组中,单击"直线"按钮,在窗体"主体"区域两组商品信息之间画出一条直线。

⑧在"窗体设计工具-格式"选项卡的"格式"组中,单击"形状轮廓"按钮,在下拉菜单中依次选"颜色"(红色)和"线条宽度"(2pt)来设置直线的外观。

⑨单击"保存"按钮,弹出"另存为"对话框,输入"商品销售利润及库存查询"作为窗体

名称,单击"确定"按钮保存窗体的创建。

⑩在"窗体设计工具－设计"选项卡的"视图"组中,单击"视图"按钮下面的箭头,从下拉列表中选择"窗体视图"。系统弹出"输入参数值"对话框,输入要查询的商品名称"玩具火车"并单击"确定"按钮,得到的查询结果如图 4-91 所示。

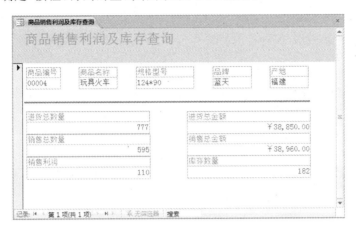

图 4-91　"商品销售利润及库存查询"的窗体视图

4. 设计利润汇总报表

①在数据库的导航窗格中,选择"商品销售利润及库存查询"。右击,在弹出的快捷菜单中选择"复制"命令。

②在导航窗格的空白处,单击鼠标右键,在弹出的快捷菜单中选择"粘贴"命令。

③系统弹出"粘贴为"对话框,输入"商品销售利润及库存汇总查询"作为新查询的名称,单击"确定"按钮。

④在数据库的导航窗格中,选择"商品销售利润及库存汇总查询"查询。单击右键,在快捷菜单中选择"设计视图"命令,进入查询的设计视图。

⑤在字段"商品名称"的条件行中删除条件设置"[请输入商品名称:]",单击"保存"按钮保存。

⑥在"创建"选项卡的"报表"组中,单击"报表向导"按钮。

⑦系统弹出"报表向导"对话框,在对话框中的"表/查询"下拉列表框中选择"查询:商品销售利润及库存汇总查询"。单击按钮" >> ",将所有字段添加到"选定字段"列表框。

⑧单击"下一步"按钮,采用系统默认设置,不添加分组级别。

⑨单击"下一步"按钮,采用系统默认设置,不设置数据排序次序及汇总信息。

⑩单击"下一步"按钮,设置报表布局方式,在"布局"组中选择"表格",在"方向"组中选择"横向"。

⑪单击"下一步"按钮,输入"商品销售利润及库存汇总"作为报表名称。选择"修改报表设计"选项,单击"完成"按钮,便完成了对报表的创建并在设计视图中将其打开。

⑫选中“报表页眉”区域的标题，拖曳至“报表页眉”区域中间使标题居中。

⑬在报表“页面页眉”、“主体”区中依次调整各个字段标签的位置及大小。

⑭单击“保存”按钮保存对报表的设置。单击“报表设计工具—设计”选项卡的“视图”按钮，“商品销售利润及库存汇总”报表的运行效果如图4-92所示。

商品销售利润及库存汇总查询

商品销售利润及库存汇总

商品编号	商品名称	规格型号	品牌	产地	进货总数量	进货总金额	销售总数量	销售总金额	销售利润	库存数量
00003	蹦床	12m	好娃娃	江苏	554	￥83,100.00	554	￥105,430.	2233	0
00002	城堡滑梯	1000*550*330c	汇乐	浙江	708	￥68,894.00	650	￥71,490.	259	58
00008	儿童智力拼图玩	15.5*5.8*4.3c	天才	上海	627	￥47,025.00	485	￥87,300.	4027	142
00006	米奇六面体积木	10.5*10.5*3.5	飞鸟	浙江	650	￥52,000.00	327	￥49,050.	-295	323
00001	软体跳马	75*27.5*47cm	小龙哈彼	江苏	848	￥177,100.00	745	￥187,325.	1022	103
00007	三轮折叠滑滑板	55*18*13cm	好娃娃	江苏	700	￥87,500.00	685	￥125,075.	3757	15
00010	兔斯基大号布娃	1.2m	印象卡奇	福建	645	￥74,175.00	558	￥125,600.	5142	87
00004	玩具火车	124*90	蓝天	福建	777	￥38,850.00	595	￥38,960.	11	182
00009	玩具吉他	66*22*7	梦想	安徽	510	￥61,200.00	510	￥102,000.	4080	0
00005	遥控越野车	29.5*18*17cm	白云	上海	676	￥43,000.00	615	￥73,800.	3080	61

2012年5月26日 共1页，第1页

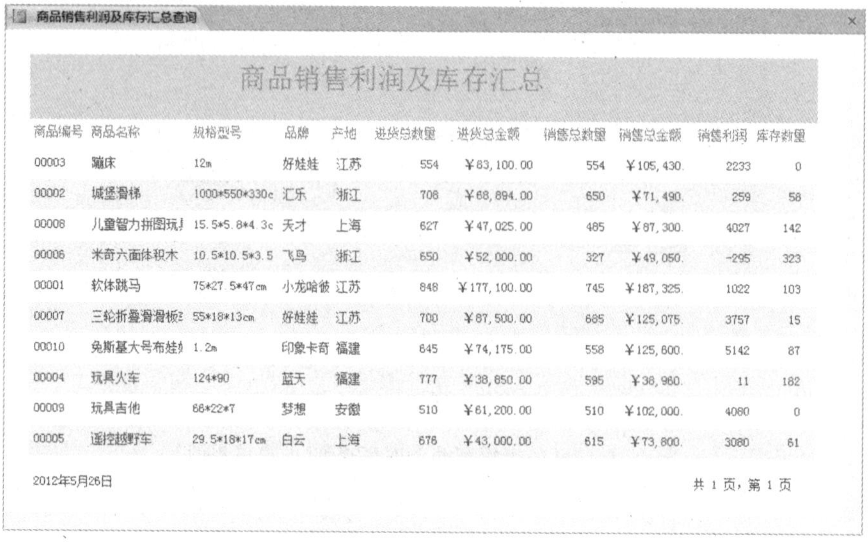

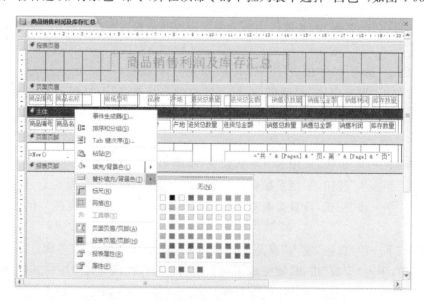

图4-92 “商品销售利润及库存汇总”报表视图

5. 使用条件格式在报表中预警

为了让报表中各种数据看起来更加清晰夺目，将商品销售利润和库存数量的多少用不同的颜色和样式表现出来。

①首先需要使报表中各行显示的颜色统一。右击报表的“主体”区域，在弹出的快捷菜单中选择“替补选项/背景色”命令，并在该命令的下拉列表中选择“白色”，如图4-93所示。

图4-93 “商品销售利润及库存汇总”报表设计视图

②选中窗体"主体"区域中的"销售利润"字段,在"报表设计工具—格式"选项卡的"控件格式"组中,单击"条件格式"按钮,系统弹出"条件格式规则管理器"对话框,如图 4-94 所示。

③单击"条件格式规则管理器"对话框的"新建规则"按钮,系统弹出"新建格式规则"对话框,如图 4-95 所示。

　　图 4-94　"条件格式规则管理器"对话框　　　　图 4-95　"新建格式规则"对话框

④在"新建格式规则"对话框中设置条件格式:当字段值小于 5000 时,显示为红色、加粗、下划线、背景为黄色。单击"确定"按钮,返回到"条件格式规则管理器"对话框。

⑤单击"显示其格式规则"旁的下拉按钮,在下拉列表中选择"库存数量"。系统弹出对话框提示"切换字段将丢失尚未应用的规则修改",这里选择"继续并应用设置"按钮。

⑥单击"新建规则"按钮,系统弹出"新建格式规则"对话框。设置条件格式:当字段值小于 50 时,显示为蓝色、加粗、加下划线、背景为浅灰色。单击"确定"按钮,返回到"条件格式规则管理器"对话框。

⑦在"条件格式规则管理器"对话框中单击"确定"按钮,完成条件格式的设置。

⑧单击"报表设计工具—设计"选项卡的"视图"按钮,"商品销售利润及库存汇总"报表的显示效果如图 4-96 所示。

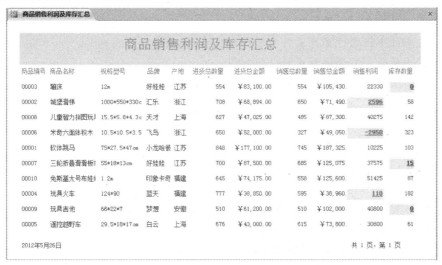

图 4-96　"商品销售利润及库存汇总"最终报表视图

4.4.4　项目小结

本项目主要介绍了如何设计和创建数据表,如何确保数据库的参照完整性和实体完整性;如何按照实际需求创建汇总查询、计算查询和参数查询;如何利用窗体向导创建窗体,如何根据实际需要修改窗体的布局和外观以便更好地呈现信息;如何将查询以报表的形式来呈现信息,如何对报表创建条件格式以便突出显示重要数据。读者可以将 Access 数据库的强大功能应用于各类信息管理系统的开发中。

4.5　实践练习题

1.模仿本章的项目实例,设计并实现一个简单的学籍管理系统,要求对学生基本信息、课程信息和成绩信息等进行管理。具体的功能要求如下:

(1)建立包含学籍管理相关信息的数据库和表:学生基本信息表、课程表和成绩表;

(2)确保数据库的实体完整性和参照完整性;

(3)建立窗体,输入学生姓名,能查阅指定学生的成绩信息;

(4)建立窗体,输入课程名,能查阅指定课程的成绩信息;

(5)以班级为单位打印输出所有学生的成绩明细报表;

(6)打印输出所有不及格学生的名单。

2.为裕华公司设计一个简单的客户管理系统,要求对客户信息和客户订单信息进行电子化管理。主要的功能包括以下内容:

(1)建立包含客户相关信息的数据库和表:客户信息表和客户订单表;

(2)确保数据库的实体完整性和参照完整性;

(3)可查阅某个时间段的订单情况;

(4)建立窗体能进行客户资料管理(新增、修改、删除客户信息);

(5)建立报表对客户详细资料进行打印;

(6)建立报表以客户为单位打印出所有订单信息。

3.模仿本章的项目实例,设计一个简单的工资管理系统,要求对裕华公司的工资管理加以完善。具体的功能要求如下:

(1)建立公司人员工资信息表;

(2)建立窗体,方便地在工资库中完成人员的新增、离职或部门调动;

(3)建立窗体,输入员工的姓名,可以查阅指定人员的工资详情;

(4)建立窗体,输入部门名称,可以查阅指定部门人员的工资详情;

(5)打印输出工资小于 2500 的职工名单;

(6)能以图表的方式分析公司工资的分布情况。

第 5 章

Visio 高级应用

【学习目的及要求】掌握 Visio 2010 应用技术,能够熟练掌握模板使用、图表创建、格式设置、数据处理、协同办公等。

1. 图表绘制和美化

(1) 掌握使用模板集、预绘制形状和模具完成图表创建。

(2) 掌握使用绘图工具绘制自定义形状(组合、图层)。

(3) 掌握使用"自动连接"功能或连接线工具连接形状。

(4) 掌握使用主题、使用样式、使用颜色等设置形状格式。

2. 图表对象和数据

(1) 掌握插入超链接、图片、图表、标注和 CAD 绘图的使用方法。

(2) 掌握 Excel、SQL Server 和其他外部源导入数据。

(3) 掌握数据、数据图形和数据图例应用于形状的使用方法。

3. 协调办公

(1) 掌握 Visio 图表发布为 Web 页、Web 绘图的方法。

(2) 掌握 Visio 图表与 Word、Excel、PowerPoint 等 Office 组件协同工作。

5.1 Visio 高级应用主要技术

使用 Visio 绘制图表的基本流程如图 5-1 所示。

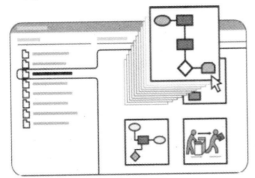
(a) 打开模板开始创建图表

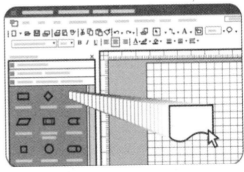
(b) 将形状拖到绘图页上来向图表添加形状,然后重新排列、调整大小和位置

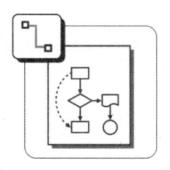
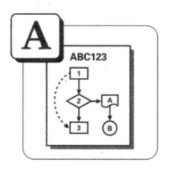
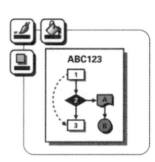

(c) 使用连接线工具连接图　　　(d) 为图表中的形状添加文本　　　(e) 使用格式菜单和工具栏按
　　表中的形状　　　　　　　　　并为标题添加独立文本　　　　　　钮设置图表中形状的格式

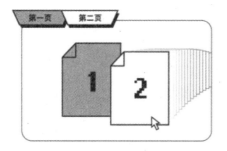
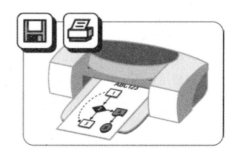

(f) 在绘图文件中添加和处理绘图页　　　　　　　(g) 保存和打印图表

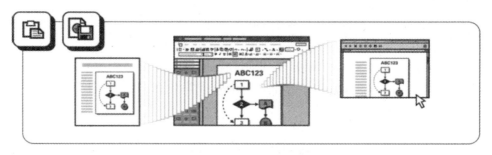

(h) 通过将图表发布到 Web 上或并入 Microsoft Office 文件，实现图表的共享

图 5-1　Visio 绘制图表基本流程

5.1.1　图表美化

1. 图表绘制

（1）使用模板

Visio 2010 提供了大量新颖专业的智能模板，满足对 IT、业务、流程管理等更多内容的图表绘制需要。每种模板包含各种特殊种类图形所需的形状。

①单击"文件"选项卡，单击"新建"。

②在"模板类别"中单击所需模板类别或单击"Office.com 模板",再单击模板缩略图查看模板的简短说明,如图 5-2 所示。

③双击模板或单击"创建"打开图表绘制窗口。

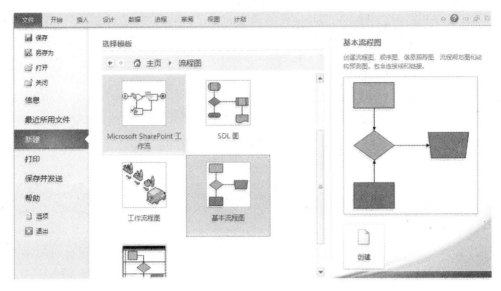

图 5-2　模板选择

（2）形状操作

形状是指拖至绘图页上的现成图像,它们是图表的构建基块。将形状从模具拖至绘图页上时,原始形状仍保留在模具上,该原始形状称为主控形状。放置在绘图上的形状是该主控形状的副本,也称为实例。可以根据需要将同一形状的任意数量实例拖至绘图页上。

①将形状从模具拖至绘图页上,然后松开鼠标按钮,如图 5-3 所示。

②如果本模板的模具不能满足要求,可在"形状"窗口中,单击"更多形状",指向所需的类别,然后单击要使用的模具名称,将新模具加入"形状"窗口。

（3）自定义形状操作

如果需要创建独特且具有个性的形状,可以绘制自定义形状。

①单击"文件"选项卡中的"选项"。在"Visio 选项"对话框中,单击"自定义功能区",选择"主选项卡",选中"开发工具"复选框,单击"确定",将"开发工具"选项卡显示出来。

②在"开发工具"选项卡的"形状设计"组中,单击"矩形"右侧的下拉箭头,选择相应绘图工具,按住鼠标在绘图页上拖动绘制各种形状,如图 5-4 所示。

③如果要创建复杂形状,可使用形状操作命令来合并简单形状。选中想要合并的形状,然后在"开发工具"选项卡的"形状设计"组中,单击"操作"。操作形状共有 8 种方法:拆分、组合、联合、剪除、相交、偏移、连接、修剪。表 5-1 显示了使用不同形状操作命令的示例。

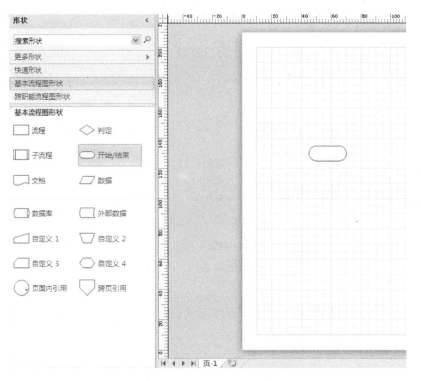

图 5-3　形状模具和图表绘制页

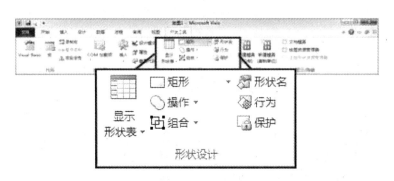

图 5-4　开发工具选项卡

表 5-1　使用形状操作命令不同方法的示例

命　令	结　　果	示　例
拆分	将一个形状拆分为多个更小的部分，或通过交叉线条或重叠的三维形状创建新的形状	
组合	通过所选形状创建新形状，如果所选形状重叠，则重叠区域将被切掉(丢弃)，产生饼干模子的效果	

续表

命　令	结　果	示　例
联合	使用两个或更多重叠形状的周界创建新的形状	
剪除	通过剪除选定内容与主要选定内容重叠的区域来创建新的形状	
相交	通过所选形状重叠后,剪除不重叠的区域所得的区域创建新的形状	
偏移	复制一条直线或曲线,以指定的距离放置在原始形状的左侧或右侧。如果形状是一个弧形,Visio 将创建端点与原始弧形的端点处于相同 X 轴和 Y 轴的新弧形	
连接	使用两个或更多重叠形状的单个线段创建新的封闭的形状	
修剪	两个形状或更多重叠在其相交处拆分,图像显示每个最终生成的形状已从其他修剪的部分稍微移出	

④自定义形状完成后,在"形状"窗口中,单击"更多形状",单击"新建模具"或"我的形状"选项下的"收藏夹",将自定义形状拖入新模具或收藏夹保存,以便重复使用。

(4)形状连接和文本输入

通过使用"自动连接"功能,可以将所连接的形状快速添加到图表中,而无需返回到"形状"窗口来获取每个形状。选择的每个形状在添加后都会间距一致并且均匀对齐。

①将指针放在形状上显示出蓝色箭头。

②将指针放置在要按其方向添加形状的箭头上,显示一个浮动工具栏,其中包含"快速形状"模具中当前存在的前四个快速形状。页面上则显示在该模具中选择的形状的实时预览。

③单击要添加的形状,自动添加到图表中,并自动连接到第一个形状,如图 5-5 所示。

④如果要添加的形状未出现在浮动工具栏上,则可以将所需形状从"形状"窗口拖放到蓝色箭头上,新形状即会连接到第一个形状。

⑤在"开始"选项卡的"工具"组中,单击"连接线",再点选图表中的连接线,拖动连接线红色的端点,可改变连接线粘附到形状的位置。拖动连接线蓝色的调节拐角,可改变连接线的形状。单击"✕"按钮,按住"Ctrl"键,然后在形状上要添加文本的位置单击,形状上将出现以洋红色突出显示的新连接点(✕)。双击连接线,键入文本,可为连接线添加文本,如图 5-6 所示。

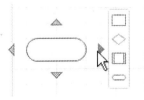

图 5-5　形状自动连接

⑥单击相应的形状并键入文本。右击在浮动工具栏中设置文本字体、颜色等样式,如图 5-7 所示。

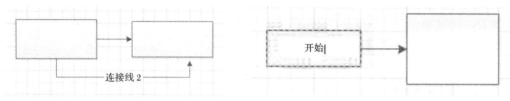

图 5-6　连接线改变和添加文字　　　　　图 5-7　为形状添加文本

(5)使用容器

标识和标记相关形状往往对复杂的图表有益,使用可见集合使快速理解图表结构变得更加容易。容器就是一种由可见边框包围的形状的集合。

①选择希望包含的形状,在"插入"选项卡的"图部分"组中,单击"容器",将指针放在容器样式上,查看容器在页面上的预览,单击以插入容器。

②选择容器后,键入形状集合的标题,也可在功能区中使用"容器工具-格式"选项卡,设置样式、调整大小和指定成员资格命令等,如图 5-8 所示。

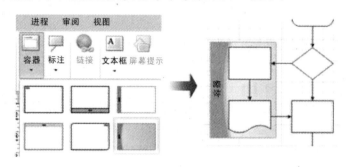

图 5-8　使用容器

(6)使用子流程

除了容器外,子流程图也有助于将复杂流程分解为可管理的部分,创建多个详细的子流程图,然后在一个较大的流程图中将它们链接在一起。

①选择一个形状序列,在"进程"选项卡的"子进程"组中,单击"根据所选内容创建",Visio 会将所选形状移到新页面,并将它们替换为与新页面自动链接的"子流程"形状,如图 5-9 所示。

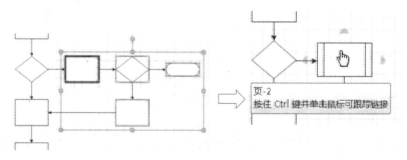

图 5-9　使用子流程

②若要跳转至子流程页,按"Ctrl"键,然后单击链接的形状,或右击形状,然后单击超链接。

2. 图表美化

(1)图表布局

①选择要将其他形状与之对齐的形状,然后在按住"Shift"键的同时单击想要与其对齐的形状,在"开始"选项卡的"排列"组中,单击"位置",进行对齐、间距等设置。

②如果图表简单且不确定最佳排列方法,在"设计"选项卡的"版式"组中,选择"重新布局页面",查看预览,然后再单击图表将其提交到布局。

③如果要对某图表使用的模板具有专用于该特定图表类型的选项卡,如"组织结构图"和"灵感触发图"模板,请在专门为该图表设计的布局命令中设置。

(2)使用主题

①在"设计"选项卡的"主题"组中,单击"其他",右击一个缩略图,然后单击"应用于当前页"或"应用于所有页"。

②在"设计"选项卡的"背景"组中,单击"背景",右击一个内置背景,然后单击"应用于当前页"或"应用于所有页",或选择"背景色",选择一种背景颜色。单击"边框和标题",右击一个内置边框和主题,然后单击"应用于当前页"或"应用于所有页"。

③若要创建自定义主题颜色,在"设计"选项卡的"主题"组中,单击"颜色",然后单击"新建主题颜色"。在"新建主题颜色"对话框中,选择所需颜色和效果,然后单击"确定"。如图 5-10 所示。

④若要创建自定义主题效果,在"设计"选项卡的"主题"组中,单击"效果",然后单击"新建主题效果"。在"新建主题效果"对话框中,选择所需的线条、填充或阴影,然后单击"确定",如图 5-11 所示。

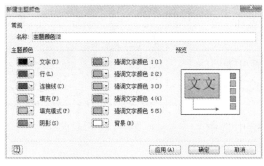

图 5-10　"新建主题颜色"对话框

图 5-11　"新建主题效果"对话框

⑤若要防止对某特定形状应用主题,右击相应的形状,指向"格式",然后选择"删除主题"命令。或取消选中"允许主题"命令,然后在"开始"选项卡的"形状"组中,单击"填充"、"线条"或"阴影",设置相应属性。

5.1.2　图表数据

1. 插入对象

(1)插入超链接

①选择要链接的形状。在"插入"选项卡的"链接"组中,单击"超链接"。

②在"地址"框中,执行下列操作之一:

● 如果需要链接到当前绘图中的另一页面或形状,请保留该框为空;

● 键入计算机或网络上的文件的路径;

● 键入网站地址、FTP 站点地址或电子邮件地址。

③要链接到特定页面或页面上的形状,或者要选择缩放级别,请单击"子地址"旁边的"浏览",并在"超链接"对话框中,执行下列操作:

● 选择要链接到的页面;

● 键入要链接到的形状的名称;

● 选择所需的缩放级别。

(2)插入图片

①在"插入"选项卡的"插图"组中,单击"图片"。

②找到包含要插入的图片的文件夹,单击该图片文件,然后单击"打开"。

以图形图像格式导入 Visio 绘图中的一些文件显示为图元文件。但是在 Visio 绘图中,位图文件(如 .bmp、.jpg、.pcx 等)仍为位图。

(3)插入图表

①在"插入"选项卡的"插图"组中,单击"图表"。随即便会向图表中添加一个嵌入的 Excel 工作簿。此工作簿包含两个工作表:一个图表和一个数据表,如图 5-12 所示。

②若要添加数据,单击此 Excel 工作簿中标为"Sheet1"的页标签。Visio 功能区会变为包含这些 Excel 标签,以便处理其中的数据。

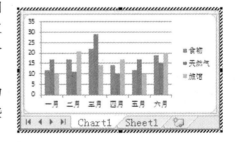

图 5-12　图表设置

③若要设置图表格式,在嵌入的工作簿中选中它。功能区中将显示三个"图表工具"选项卡,使用这些选项卡的命令即可设置图表的格式。

(4)插入 CAD 绘图

①在"插入"选项卡的"插图"组中,单击"CAD 绘图"。通过浏览找到文件,单击"打开"。

②右键单击对象,指向"CAD 绘图对象",单击"转换",可以将独立图层上的 CAD 对象转换为 Visio 形状,然后修改或删除这些 Visio 形状。

(5)插入标注

①选择要与标注关联的形状,在"插入"选项卡的"图部分"组中,单击"标注",单击所

需的标注样式。

②双击页面上的标注,键入文本。如果决定采用不同的标注样式,可右键单击相应的标注,指向"标注样式",然后单击另一种样式。

(6)插入域

①选择要插入域的形状,在"插入"选项卡的"文本"组中,单击"域",弹出"字段"对话框。

②选择"字段类别",单击所需的字段名称,单击确定,如图 5-13 所示。

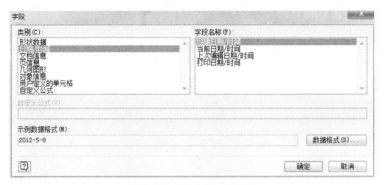

图 5-13　插入域对话框

2. 形状数据设置

(1)数据导入

使用 Microsoft Visio 2010,可以快速从 Excel、Access、SQL Server、SharePoint 网站和其他外部源导入数据。

①在"数据"选项卡的"外部数据"组中,单击"将数据链接到形状"。

②在"数据选取器"向导的首页上,选择要使用哪种类型的数据源,如图 5-14 所示。如果在向导首页上选择了除 Excel 工作簿、Access 数据库或 SharePoint 列表之外的选项,可能会在完成"数据选取器"向导的过程中暂时转换到"数据连接"向导。

图 5-14　"数据选取器"向导

③按照"数据选取器"向导中的说明操作。

④单击"数据选取器"向导最后一页上的"完成"后,将会显示"外部数据"窗口,该窗口在表格中显示导入的数据,如图 5-15 所示。

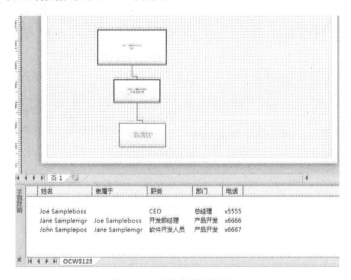

图 5-15 "外部数据"窗口

(2)链接数据到形状

有三种方法可将数据行链接到绘图中的形状。

①将行链接到现有形状(每次一行)。该方法最适合形状相对较少的现有绘图。

操作方法:将某一行从"外部数据"窗口拖到绘图中的形状上。形状中将显示导入的数据,并且链接图标将显示在"外部数据"窗口中的行的左侧,如图 5-16 所示。

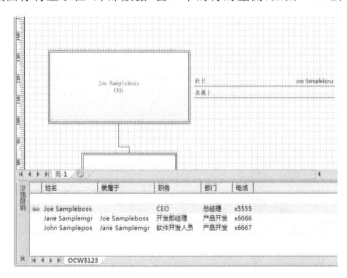

图 5-16 将行链接到现有形状

②自动将行链接到现有形状。此方法最适合具有许多形状的现有绘图。仅当形状中

已经包含数据,而且可以将其中的数据与数据源中的数据相匹配时,该方法才会生效。操作方法:在"数据"选项卡的"外部数据"组中,单击"自动链接"。按照"自动链接"向导中的说明操作。

③根据数据创建形状。此方法最适合绘图中尚没有形状而且不需要使用特定形状的情况。操作方法:将一行或多行从"外部数据"窗口拖到绘图中的空白区域上。对于拖动到绘图上的每一行,都会显示所单击的形状的一个实例。

(3)数据图形应用于形状

数据图形是可视化增强元素,可将它们应用到形状中以显示形状所含数据。数据图形将文字和视觉元素(如数字、标志和进度栏)结合在一起,以图文并茂的方式显示数据。

①选择要为其创建数据图形的形状。

②在"数据"选项卡的"显示数据"组中,单击"数据图形",然后选择"新建数据图形"。

③在"新建数据图形"对话框中,单击"新建项目"。

④在"新项目"对话框的"显示"下的"数据字段"列表中,选择要显示的数据字段。

⑤在"显示为"列表中,可选择"文本"、"数据栏"、"图标集"或"按值显示颜色",并进行相应设置,如图 5-17 所示。

⑥完成创建新数据图形项目后,单击"确定"。在"新建数据图形"对话框中单击"应用",然后单击"确定"。

⑦如果要显示图标集、颜色和数据栏的含义,可以在数据图形中添加图例。在"数据"选项卡的"显示数据"组中,单击"插入图例"旁的箭头。根据希望图例旋转的方向,单击"水平"或"垂直"。图例将自动显示当前页上使用的数据栏、图标和颜色值,如图 5-18 所示。

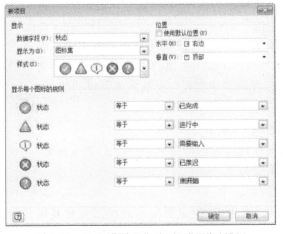

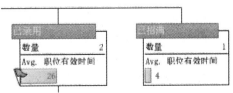

图 5-17　选定了图表集的"新项目"对话框　　　　图 5-18　在数据图形中添加图例

(4)数据检查和报告

①在"进程"选项卡的"图表验证"组中,单击"检查图表"。如果存在问题,将打开"问题"窗口,显示相关问题列表。如果其中某些问题不适用于您的图表,则可以将其忽略。

②如果需要也可以将规则集导入图表。在"进程"选项卡的"图表验证"组中,单击"检

查图表",然后指向"导入规则来源"。

③在"审阅"选项卡的"报表"组中,单击"形状报表"。在"报告"对话框中选择"报告名称"或单击"新建",进行"报告定义向导",单击"确定",生成一份图表报告,如图 5-19所示。

图 5-19 "报告"对话框

5.1.3   协同办公

使用 Visio 2010,可以轻松地与他人共享动态、数据链接的图表。通过确保所有人始终都可查看图表及其链接的数据的最新版本来保持所有人同步。

(1)发布为 Web 页

在将图表作为 Web 网页保存时,无需安装 Visio 即可在浏览器中查看图表。Web 绘图可以具有超链接、多个页面以及其他与标准 Visio 绘图类似的功能,包括连接到外部数据源的功能。如果安装了 Silverlight,还可以在网页中实现扫视缩放等高级功能。

①单击"文件"选项卡,单击"另存为"。

②在"另存为"对话框中的"保存类型"列表中,单击"Web 页"。

③要指定网页在浏览器中显示时将出现在标题栏内的标题,请单击"更改标题"。在"页标题"框中键入所需的标题,然后单击"确定"。

④要更精确地指定网页的属性,单击"发布"。

⑤在"另存为网页"对话框中,单击"常规"选项卡,指定要发布的绘图页和其他显示选项。

⑥单击"高级"选项卡,指定网页的输出格式、目标监视器的分辨率、用于嵌入所保存网页的主页面及其他选项。

⑦单击"确定",打开 Web 浏览器,然后查看该网页,如图 5-20 所示。

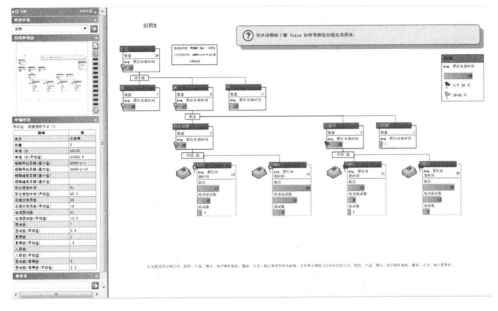

图 5-20　Web 图表页

（2）发布为 Web 绘图

在将图表作为 Web 绘图保存到 SharePoint 时，将使用 Visio 服务使得图表可供他人在浏览器中查看。

①单击"文件"选项卡，单击"保存并发送"，单击"保存到 SharePoint"。

②在"我的 SharePoint 位置"下，选择要将此图表发布到的网站。如果没有列出希望使用的网站，可以在单击"另存为"后选择"浏览位置"以浏览要发布图表的位置，或键入该位置。如果键入位置，请对路径使用 http(s)://host/path 格式。

③在"文件类型"下，选择"Web 绘图（*.vdw）"。单击"另存为"按钮。此时会打开"另存为"对话框，并显示出一些其他选项。

④单击"选项"按钮，打开"发布设置"对话框，配置要发布的页和数据源。通过发布页或者数据源，可在浏览器中查看这些内容。选中的项目将被发布，未选中的项目将被隐藏或断开连接。

⑤确保"保存类型"选项已设置为"Web 绘图（*.vdw）"，然后单击"保存"。

（3）发布为其他格式

Visio 图表还可以与 Word、Excel、PowerPoint 等 Office 组件进行协同工作，另外还可以通过 Visio 与 AutoCAD 的相互整合，来制作专业的工程图纸。

①单击"文件"选项卡，单击"另存为"。

②在"另存为"对话框中的"保存类型"列表中，选择合适的保存类型，如图 5-21 所示。

③单击"确定"，即可将 Visio 图表完整地呈现在 Word 文档、Excel 表格与 PowerPoint 演示文稿中，也可以在 Visio 图表与 AutoCAD 之间方便、快捷地进行数据转换，如图 5-22 所示。

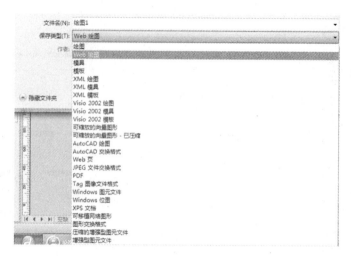

图 5-21 "另存为"对话框

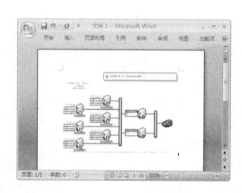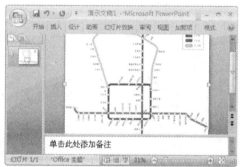

图 5-22 Visio 图表插入 Word 文档、PowerPoint 演示文稿

5.2 项目 1 组织结构图的设计与制作

5.2.1 项目描述

组织结构图是一种常用于显示雇员、职务和组之间的关系的报告层次图。小张进入某公司接到的第一个工作任务是为公司绘制组织结构图。要求利用组织结构图表明公司的雇员和隶属结构，并存储基本雇员信息（如姓名和职位）和详细信息（如部门、电子邮件、电话等），最后在组织结构图中加入雇员照片。

5.2.2　知识要点

(1)形状使用。

(2)形状属性设置。

(3)图片插入。

(4)图表布局。

(5)图表设计。

(6)外部数据导入。

5.2.3　制作步骤

经过公司相关工作人员帮助,小张首先将公司的管理组织结构关系使用表格方式列出,如表 5-2 所示。

表 5-2　某公司组织结构

ID	姓名	上级	部门	职务	电子邮件	电话
1	王强		董事会	总经理	1001@cx.net	8001
2	赵小兵	1	董事会	副总经理	1002@cx.net	8002
3	王睿	1	董事会	副总经理	1003@cx.net	8003
4	李成令	1	财务部	经理	1004@cx.net	8004
5	赵一哲	2	人力资源部	经理	1005@cx.net	8005
6	朱铭	2	质检部	经理	1011@cx.net	8011
7	王光明	3	市场营销部	经理	1006@cx.net	8006
8	肖艳	3	研发中心	经理	1007@cx.net	8007
9	张生	3	技术支持中心	经理	1008@cx.net	8008
10	李丽	8	开发一部	项目组长	1009@cx.net	8009
11	曲小云	8	开发二部	项目组长	1010@cx.net	8010

1.手动创建组织结构图

(1)文档创建

①启动 Visio 2010,创建新的绘图文档。在"模板类别"中单击"商务",再双击"组织结构图"打开图表绘制窗口。

②执行"Ctrl"+"S"命令将新文档保存为"组织结构.vsd"。

(2)形状添加和设置数据

①在"组织结构图形状"模具中选择"经理"形状,将其拖入绘图页合适的位置,如图 5-23 所示。随即出现"连接形状"对话框,并动态演示放置和连接形状的过程。如果希望

该演示不再出现,请选取"不再显示此消息"复选框并单击"确定"。

②在"数据"选项卡的"显示/隐藏"组中的"形状数据窗口"前打勾,绘图页右上角出现"形状数据"浮动面板。

③在绘图页中选择"经理"形状,参考表 5-2 中王强总经理的数据修改形状属性,如图 5-24 所示。

图 5-23　选取职位形状

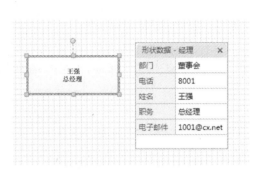

图 5-24　修改"总经理"形状属性

(3)修改形状显示文本内容

①在"组织结构图"选项卡的"组织数据"组中,单击"显示选项",弹出"选项"对话框。

②在对话框"字段"选项卡"块 1"的"部门"前打勾。并在"文本"选项卡中设置字体、大小、颜色等属性。设置完成,单击"确定"按钮,如图 5-25 所示。

③这时由于原来的形状大小可能无法显示全部内容,系统将弹出建议自动修改形状大小的交互对话框,用户选择"是"将自动调整大小,如图 5-26 所示。当然,如果形状大小合适时,则这个对话框不会弹出。

图 5-25　修改形状显示字段与顺序

(4)插入图片

在"组织结构图"选项卡的"图片"组中,单击"插入",选择总经理相片,单击"打开"完成操作,完成效果如图 5-27 所示。

图 5-26 自动调整形状高度   图 5-27 插入图片

（5）添加下属

①将"经理"形状直接拖到绘图页中的"经理"形状上。Visio 会自动将"经理"形状放在"经理"形状下方,并在它们之间添加一条连接线建立隶属关系,并将其属性设置为赵小兵副总经理。

②重复相同的操作,添加王睿副总经理。再选择"经理"形状,将其添加为总经理下属,并将其属性设置为"账务部李成令经理"。完成效果如图 5-28 所示。

③在"组织结构图形状"模具中选择"多个形状",将其直接拖到绘图页中的"赵小兵副总经理"形状上,弹出"添加多个形状"对话框,设置"形状的数目"为"2","形状"为"经理",单击"确定",如图 5-29 所示。并分别将其属性设置为人力资源部赵一哲经理和质检部朱铭经理。

图 5-28 添加下属   图 5-29 批量添加下属

④重复相同的操作,为其他副总经理、经理添加下属,要注意,其中项目组长为一般职员,要选择【职位】形状。完成效果如图 5-30 所示。

图 5-30 组织结构

（6）排列下属形状

①如果完成后的组织结构图存在形状互相遮挡及摆放不合理现象，可以重新进行布局。在"组织结构图"选项卡的"布局"组中，单击"扩展按钮"，打开"排列下属形状"对话框，单击相应的对齐按钮，设置水平、垂直和并排对齐方式，如图 5-31 所示。或者选择"重新布局"及"恰好适合页面"来自动排列。

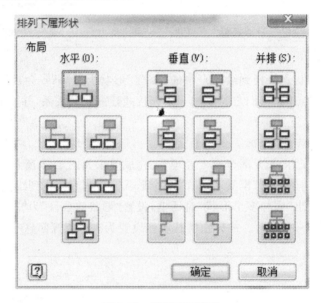

图 5-31　排列下属形状

②选中某一形状，在"组织结构图"选项卡的"排列"组中，单击"左移/上移"或"右移/下移"，可以调整形状位置，也可以在绘图页中使用鼠标进行手工排列，最终完成效果如图 5-32 所示。

图 5-32　重新排列后的组织结构

（7）格式设置

①在"设计"选项卡的"主题"组中，单击"颜色"，选择"办公室"颜色主题。单击"效果"，选择"按钮"。在"背景"组中，单击"背景"，选择"技术"。单击"边框和标题"，选择"都市"。

②在"组织结构图形状"模具中选择"名称和日期"形状，将其拖至绘图页合适位置，双击形状，输入"某公司组织结构图"，并设置其格式。

③按下"Ctrl"＋"S"快捷键保存文档，至此，组织结构图已经绘制完成，如图 5-33 所示。

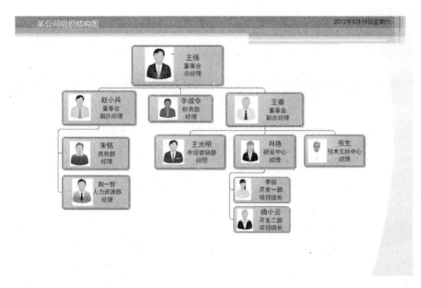

图 5-33　某公司组织结构

2. 使用现有数据源自动创建组织结构图

（1）制作组织结构 Excel 表

将表 5-2 做成一张 Excel 表格，保存为"组织机构.xlsx"，要求表格中需要有唯一标识每位员工的数据列，如每位员工的 ID 值都不重复；总经理上级为空，其他每位员工必须指定上级 ID。

（2）新建绘图页

①打开"组织结构图.vsd"，在"插入"选项卡的 "页"组中，单击"空白页"，选择"空白页"，自动在绘图区增加一个绘图页。

②双击"页 2"，输入"组织结构图 2"。

（3）导入数据

①在"组织结构图"选项卡的 "组织数据"组中，单击"导入"，弹出"组织结构图向导"对话框，选中"已存储在文件或数据库的信息"选项，单击"下一步"，如图 5-34 所示。

②选中"文本、Org Plus（＊.txt）或 Excel 文件"选项，单击"下一步"。

③单击"浏览"选择"组织结构.xlsx"文件，单击"下一步"按钮。如果弹出"无法打开

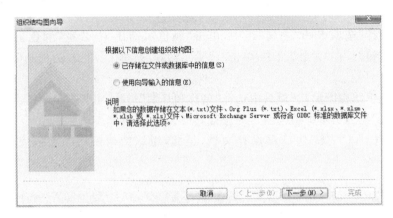

图 5-34　组织结构向导图 1

文件"提示框时,可能是因为"组织结构.xlsx"文件正在使用,立即关闭即可。

④在"姓名下接列表"中选择姓名字段,在"隶属于"下拉列表中选择"上级"字段,单击"下一步",如图 5-35 所示。

图 5-35　组织结构向导图 2

⑤选择"数据文件列"中的"部门"字段,单击"添加"将"部门"移到"显示字段"列表中,单击"向上"将"部门"移动到"职务"之上,单击"下一步",如图 5-36 所示。

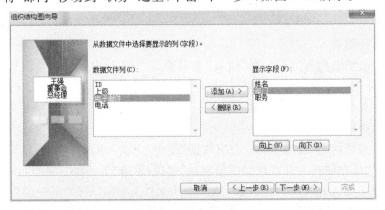

图 5-36　组织结构向导图 3

⑥将"数据文件列"列表中所有数据项移到"显示字段"列表，单击"下一步"。然后单击"完成"，完成组织结构图。当用户单击相关职位时，显示形状数据，如图 5-37 所示。

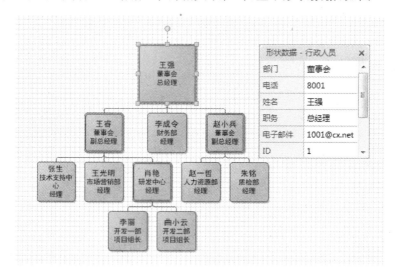

图 5-37   组织结构

⑦依据前面描述的方法插入图片，再设置格式，最终完成组织结构图。

5.2.4   项目小结

本项目创建了一个公司的组织结构图，创建过程中包含 Visio 2010 基本操作，如：使用形状、修改形状属性、插入图片、格式设置及外部数据导入等。通过学习，读者可以制作与之类似的组织结构图。同时，通过两种实现方法的比较，总结了 Visio 2010 通过简单设置可以实现对外部数据的无缝连接。

5.3   项目 2   数据透视关系图的设计与制作

5.3.1   项目描述

数据透视关系图是按树结构排列的形状集合，它有助于用户以一种可视化、易于理解的格式分析和汇总数据。小张是某公司的销售经理，他希望了解上两个季度本公司的销售情况，并通过图表形式提交给总经理查阅。具体要求如下：

(1)统计总销售额。

(2)统计每类商品销售额。

(3)统计每季度销售额。

(4)统计每位销售人员销售额。

(5)对每季度每位销售人员销售额完成情况进行分类。

①大于 80000 元。

②60000 至 80000 元。

③小于 60000 元。

5.3.2　知识要点

(1)模板向导设置。

(2)类别添加。

(3)汇总添加。

(4)应用形状。

(5)排序和筛选。

(6)数据图例。

5.3.3　制作步骤

小王将公司上两个季度的销售情况输入到 Excel 表中,存为"公司销售情况表.xlsx",如表 5-3 所示。

表 5-3　公司销售情况

编号	商品名称	季度	销售员	销售额
1	笔记本	第 3 季度	陈锋	￥42600
2	笔记本	第 3 季度	叶勇	￥12780
3	平板电脑	第 3 季度	陈锋	￥20640
4	平板电脑	第 4 季度	叶勇	￥18060
5	平板电脑	第 3 季度	林芳	￥51600
6	平板电脑	第 4 季度	林芳	￥11320
7	笔记本	第 3 季度	林芳	￥38340

1. 数据导入

(1)启动 Visio 2010,创建新的绘图文档。在"模板类别"中单击"商务",再双击"数据透视图表"打开图表绘制窗口,弹出"数据选取器"对话框。

(2)选中"Microsoft Excel 工作簿"选项,单击"下一步",如图 5-38 所示。

(3)单击"浏览"选择"公司销售情况表.xlsx"文件,单击"下一步"。

(4)单击"选择自定义范围",打开"公司销售情况表.xlsx",选择 b2:e9 区域。在"导入到 VISIO"对话框中单击"确定",如图 5-39 所示。

图 5-38　数据选取器向导 1

图 5-39　数据选取器向导 2

(5)回到"数据选取器"对话框,单击"下一步",选择要包含的数据行和列,再单击"下一步",然后单击完成。

(6)单击"完成"后,绘图页上会出现下面三个形状:

①包含关于数据源的信息的数据图例。

②包含数据透视关系图名称的文本框。

③包含导入数据集的顶节点,如图 5-40 所示。

Sheet1$B2:E9

图 5-40　数据透视关系图的默认组成部分

2. 数据分析

(1)每类商品销售情况

单击绘图页上的顶节点,然后在"数据透视关系图"窗口中,在"添加类别"下,单击"商品名称",即可在顶节点下产生一个"商品名称"的细目形状,以及每类商品的销售情况汇总,如图 5-41、图 5-42 所示。

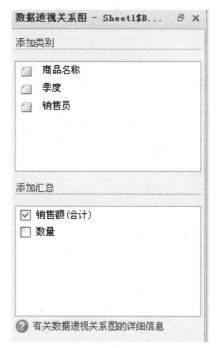

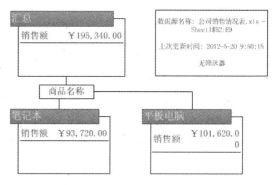

图 5-41　数据透视关系图窗口　　　　　　图 5-42　数据透视关系图数据分解

(2)每个季度销售情况

①在绘图页中,右击数据透视关系图的顶节点,单击"复制"。右击绘图中的任意位置,单击"粘贴",即可在同一绘图中创建同一源数据的两个视图,如图 5-42 所示。

②单击绘图页上的顶节点,然后在"数据透视关系图"窗口中,在"添加类别"下单击"季度",即可在顶节点下产生一个"季度"的细目形状,以及每季度的销售情况汇总,如图 5-43所示。

(3)每个销售员销售情况

参照每个季度销售情况,建立新的视图,并产生一个"销售员"的细目形状,以及每个销售员的销售情况汇总。

(4)每个季度每个销售员销售情况

单击"第 3 季度"节点,按住"Ctrl"键,再选择"第 4 季度"节点,然后在"数据透视关系图"窗口中,在"添加类别"下,单击"销售员",即可在"季度"的细目形状下产生下一级的"销售员"细目形状,以及每个销售员的销售情况汇总,如图 5-44 所示。

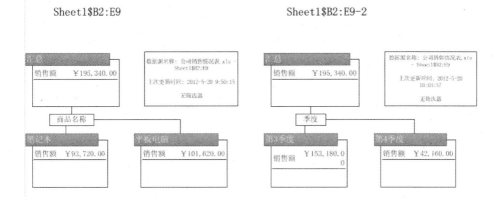

图 5-43　同一绘图中创建同一源数据的两个视图

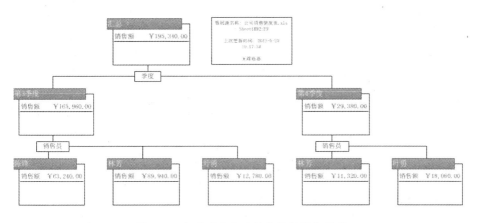

图 5-44　每个季度每个销售员的销售情况

3. 数据图形

数据图形将文字和视觉元素（如数字、标志和进度栏）结合在一起，以图文并茂的方式显示数据。本例中可以用数据图形来表示销售员指定销售额的完成情况。

①框选所有销售员的细目形状，在"数据"选项卡的"显示数据"组中，单击"数据图形"，选择"编辑数据图形"，弹出"编辑数据图形"对话框，如图 5-45 所示。

②单击"新建项目"，弹出"新项目"对话框。在"数据字段"列表中，选择"销售额"。在"显示为"列表中，选择"图标集"。在"样式"列表中，选择 `⚪⚠❗❌❓` ⌄。

③在显示每个图标的规则中，设置每个图标的数值范围，单击"确定"，如图 5-46 所示。

④在"编辑数据图形"对话框中，单击 ▲ 按钮将"销售额图标集"数据字段移到最上方，"将更改应用于"选择为"仅所选形状"。单击"应用"，再单击"确定"。

⑤在"数据"选项卡的"显示数据"组中，单击"插入图例"，选择"水平"。最终实现效果如图 5-47 所示。

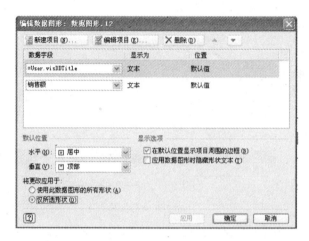

图 5-45　"编辑数据图形"对话框

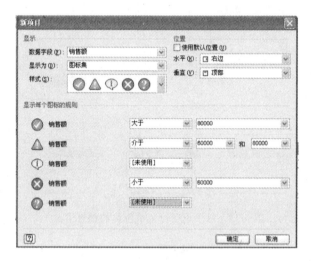

图 5-46　"新项目"对话框设置

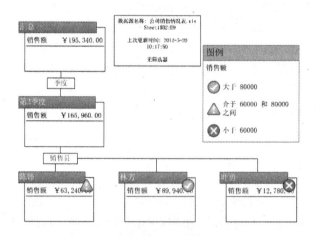

图 5-47　插入图例后的数据透视图

4. 应用形状

为增强显示效果可为节点应用形状。

①选中"陈锋"形状,在"数据透视图表"选项卡的 "格式"组中,单击"应用形状",弹出"应用形状"对话框,在"模具"列表中选择"工作流对象",再单击"人"形状,单击"确定"按钮,如图 5-48 所示。

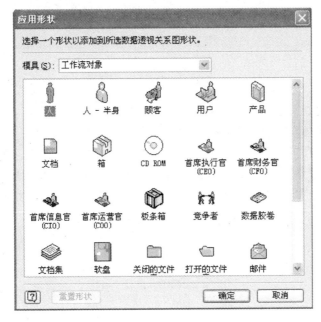

图 5-48　应用形状对话框

②重复以上类似操作,为每位销售员应用形状。效果如图 5-49 所示。

图 5-49　应用形状后的数据透视图

5. 排序

框选所有销售员形状,在"数据透视图表"选项卡的"排序和筛选"组中,单击"排序和筛选",弹出"细目选项"对话框,在"排序条件"列表中选择"销售额(合计)",并点选"降序排列",单击"确定",如图 5-50 所示。

图 5-50　排序和筛选

6. 格式设置

①双击数据透视关系图名称的文本框,输入"某公司销售情况表",在"开始"选项卡的"字体组",设置"黑体"、"14pt"。

②在"设计"选项卡的"主题"组中,单击"颜色",选择"基础"颜色主题。单击"效果",选择"方形"。在"背景"组中,单击"背景",选择"活力"。单击"边框和标题",选择"方块"。

③按下"Ctrl"+"S"快捷键保存文档,至此,数据透视关系图已经绘制完成,如图 5-51所示。

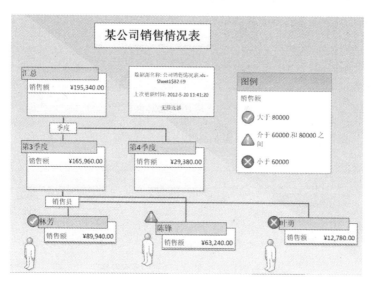

图 5-51　数据透视关系图

5.3.4　项目小结

本项目创建了一个公司销售情况数据透视关系图,创建过程中包含了数据透视关系图的基本操作,如:数据导入、添加类别、添加汇总、应用形状、编辑数据图形、排序筛选等。通过学习,读者可以制作与之类似的数据透视关系图,用最直观的方式实现对数据的分析。

5.4　项目 3　平面布置图的设计与制作

5.4.1　项目描述

平面布置图是一套建筑文档中的核心图表,经常被用作办公室布置、家具布局、电气布线等。小张是某建筑设计公司的新员工,经理希望他对一套三室两厅两卫的房子进行规划设计,快速给出多个候选规划设计图。具体要求如下:

(1)设计户型结构。

(2)设计家具布局。

(3)给出尺寸比例关系。

(4)标注关键信息。

5.4.2　知识要点

(1)模板使用。

(2)多模具应用。

(3)形状使用。

(4)形状数据设置。

(5)尺寸线添加。

(6)标注添加。

5.4.3　制作步骤

小张所做的其中一个候选平面布置如图 5-52 所示。

1. 开始绘制平面布置图

①单击"文件"选项卡下的"新建",再单击"地图和平面布置图",然后在"可用模板"下双击"平面布置图"打开绘图窗口。

②在"计划"选项卡的"计划"组中,单击"显示选项",弹出"设置显示选项"对话框,对门、墙、窗、空间进行设置,如图 5-53 所示。

2. 创建外墙结构

①在水平标尺和垂直标尺上按住鼠标左键,拖动参考线到绘图页指定位置。这些参考线用于指明建筑物的边界,如图 5-54 所示。

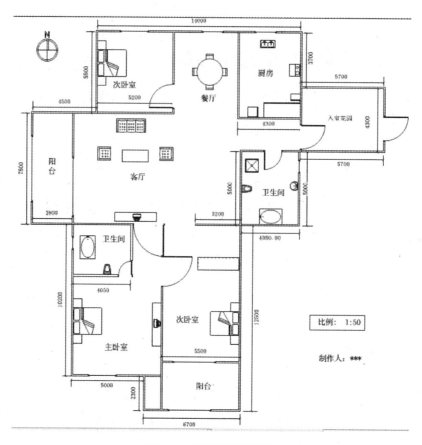

图 5-52　平面布置图实例

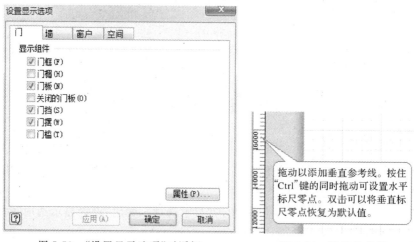

图 5-53　"设置显示选项"对话框　　　　图 5-54　拖出参考线

　　②将一个"外墙"形状从"形状"窗口中的"墙壁、外壳和结构"中拖到绘图页上。将该墙壁形状的端点拖到水平参考线和垂直参考线的交点,以将这些端点黏附到参考线并连接墙壁。

③在"数据"选项卡的"显示/隐藏"组中的"形状数据窗口"前打勾,绘图页右上角出现"形状数据"浮动面板。在绘图页中选择"外墙"形状,参考图 5-52 中的尺寸修改墙长,如图 5-55 所示。

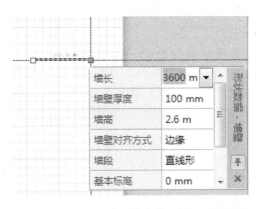

图 5-55　将墙壁黏附到参考线及设置形状属性

④重复以上操作,完成全部外墙结构。

3. 创建内墙结构

①从"墙壁、外壳和结构"模具中,将墙壁形状拖到绘图页上,并将它们放置在外部结构以内。在"形状数据"浮动面板参考图 5-52 中的尺寸修改属性。

②将一堵墙壁的端点拖到另一堵墙壁上。两堵墙壁粘在一起后,端点变为红色。两堵墙壁相交的部分自动清除。

③通过右击墙壁并单击快捷菜单上的"添加参考线",向内墙添加参考线。要挪动内墙的位置,只需拖动内墙所黏附的参考线,如图 5-56 所示。

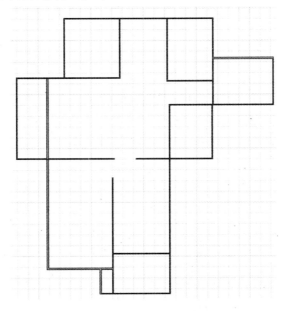

图 5-56　建筑物墙结构

4. 添加门、窗和开口

①从"墙壁、外壳和结构"中,将门或窗形状拖到墙壁上。门或窗户会自动旋转匹配墙壁角度,同时与墙壁对齐并黏附到其上,并继承该墙壁的厚度。在"形状数据"浮动面板参考图 5-51 修改属性。

②选取门窗形状,右击选择快捷菜单上的"向左打开/向右打开",设置门窗的转向。实现效果如图 5-57 所示。

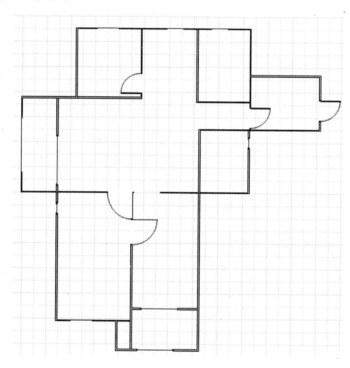

图 5-57　门窗添加

5. 添加家具

①在"形状"窗口中,单击"更多形状",指向"地图和平面布置图"下的"建筑设计图"下的"家具",单击将"家具"模具加入"形状"窗口。

②重复以上操作,将"建筑物核心"、"家电"、"卫生间和厨房平面图"等模具加入"形状"窗口。

③将所需形状拖到绘图页上,参照图 5-51 将它们放置在指定位置,并通过控制手柄旋转角度。要注意的是,此类形状一般不能改变大小。实现效果如图 5-58 所示。

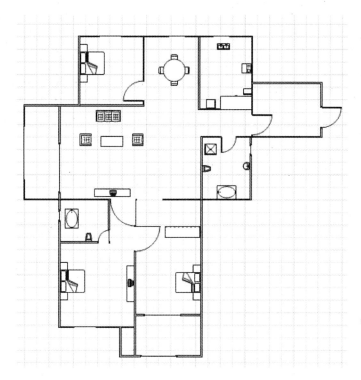

图 5-58   家具添加

6. 添加尺寸线

①选择要为其添加尺寸线的墙壁,右击,在快捷菜单上单击"添加一条尺寸线"。

②选中尺寸线,设置字号为"24pt"。

③选中尺寸线,右击,在快捷菜单上单击"精度和单位",弹出"形状数据"对话框,在精度列表中选择"0",单击确定。

④通过拖动控制手柄重定位尺寸线和尺寸文本,如图 5-59 所示。

图 5-59   尺寸线

7. 添加批注

①从"批注"模具中,将"12 磅的文本"形状拖到绘图页上。双击形状,输入文本内容,并设置字号为"30pt",如图 5-60 所示。

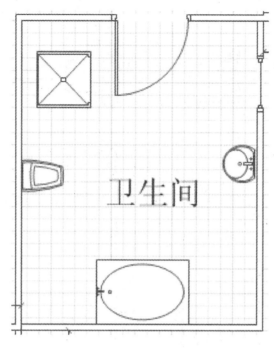

图 5-60　添加"文本"形状

②从"批注"模具中,将"向北箭头 3"形状拖到绘图页上,并调整形状大小。

③重复以上类似操作,将"绘制比例"、"信息线"等形状拖到绘图页上并设置格式。

④按下"Ctrl"+"S"快捷键保存文档,至此平面布置图已经绘制完成。

5.4.4　项目小结

本项目创建了一个平面布置图,创建过程中包含了平面布置图的基本操作,如结构设计、门窗添加、尺寸线、标注等,通过学习,读者可以制作与之类似的平面布置图,用最直观方式实现规划设置。

借助 Visio 中的"平面布置图"模板,还可以在绘制的平面布置图中显示建筑物核心部分(如楼梯和电梯)以及电气和电信系统(如电灯、插座和开关)。同时,Visio 还包含了大量其他建筑设计图模板,可以创建建筑或景观现场平面图、规划制造车间以及为自己绘制用于家居改造、内部设计或景观布置项目的家居规划图等。

5.5　实践练习题

1. 利用"详细网络图"模板,绘制公司局域网网络结构图,效果如图 5-61 所示。

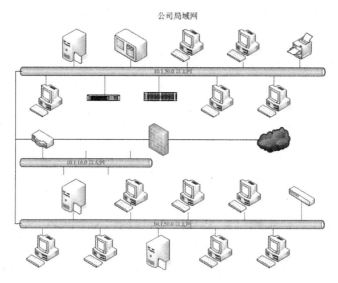

图 5-61　详细网络结构

2. 利用"日程安排"模板,绘制公司日历安排表,效果如图 5-62 所示。

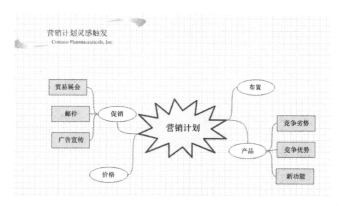

图 5-62　日历安排

3. 利用"灵感触发图"模板,绘制营销计划灵感触发图。效果如图 5-63 所示。

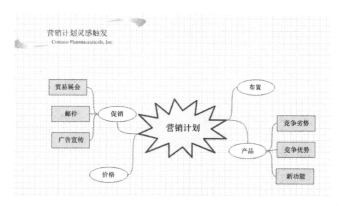

图 5-63　灵感触发图结构

4.利用"流程图"模板,绘制药品试验流程图。效果如图 5-64 所示。

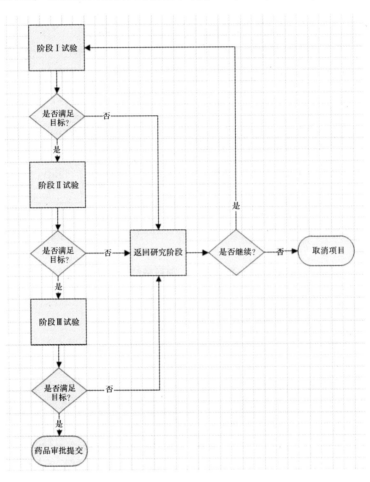

图 5-64   流程图结构

第 6 章

宏和 VBA 基础

【学习目的及要求】掌握宏和 VBA 编程技术,能够熟练掌握宏录制、宏运行、VBA 基础知识、VBA 编程、用户窗体、控件等。

1. 宏操作

(1)掌握创建宏、录制宏的主要流程。

(2)掌握运行宏的几种方法。

2. Visual Basic 编辑器

(1)熟悉 Visual Basic 编辑器的操作界面。

(2)掌握工程资源浏览器、属性、对象、代码等窗口的使用方法。

3. VBA 基础知识

(1)了解 VBA 的标识符、运算符和数据类型。

(2)理解 VBA 变量和常量。

(3)掌握 VBA 过程和函数的使用方法。

(4)掌握 VBA 的 3 种基本程序控制结构。

6.1 宏和 VBA 的主要技术

宏是指储存了一系列命令的程序。当创建一个宏命令时,只是将一系列鼠标和键盘的输入组合为一个简单命令,实现对常用任务的自动化。通过可视化宏操作,可以减少复杂工作的操作步骤,有效提高工作效率。

Visual Basic for Applications(VBA)是 Visual Basic 的一种通用宏语言,主要用于扩展 Windows 的应用程序功能,在本教程中特指整合在 Office 2010 中的 VBA(其余的还有比如 VBA for AutoCAD,VBA for CorelDraw 等)。

VBA 是基于 Visual Basic 发展而来的,它们具有相似的语言结构。在学习本章内容之前,读者应对 Visual Basic 的基本语法和程序结构有一定了解。同时初学者也可以利用 Office 2010 中的宏录制功能作为学习 VBA 编程的基础。

6.1.1 宏的使用

1. 录制宏

以 Excel 设置单元格样式为例,介绍宏录制操作。

①新建一个 Excel 文件。如果"开发工具"选项卡不可用,单击"文件"选项卡,单击"选项",然后单击"自定义功能区",在"主选项卡"列表中,选中"开发工具"复选框,然后单击"确定",开发工具选项卡如图 6-1 所示。

图 6-1 "开发工具"选项卡

②在"开发工具"选项卡上的"代码"组中,单击"录制宏",弹出"录制新宏"对话框,如图 6-2 所示。

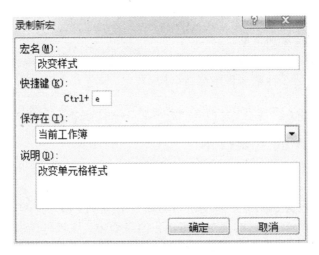

图 6-2 "录制新宏"对话框

③在"宏名"框中,输入"改变样式"。

④在"快捷键"框中,输入"e"。注意当包含该宏的工作簿打开时,该快捷键将覆盖任何对等的默认 Excel 快捷键。

⑤在"保存在"列表中,选择"当前工作簿"。注意如果要在每次使用 Excel 时都能够使用宏,请选择"个人宏工作簿"。在选择"个人宏工作簿"时,如果不存在隐藏的个人宏工作簿（Personal.xlsb）,Excel 会创建一个,并将宏保存在此工作簿中。

⑥在"说明"框中,输入"改变单元格样式",单击"确定"。

⑦执行要录制的操作。单击"A1"单元格,在"开始"选项卡上的"样式"组中,单击"单元格样式",选择"标题 1"样式,如图 6-3 所示。

图 6-3　设置单元格样式

⑧在"开发工具"选项卡上的"代码"组中,单击"停止录制"。最终完成的效果如图 6-4 所示。

图 6-4　A1 单元格加"标题 1"样式

2. 运行宏

①首先要临时将安全级别设置为"启用所有宏"。在"开发工具"选项卡上的"代码"组中,单击"宏安全性"。在"宏设置"下,单击"启用所有宏(不推荐,可能会运行有潜在危险的代码)",然后单击"确定"。注意,为帮助防止运行有潜在危险的代码,建议在使用完宏之后恢复"禁用所有宏的设置,并发出通知"。

②选中"B2"单元格,在"开发工具"选项卡上的"代码"组中,单击"宏"。在弹出的"宏"对话框中"宏名"选择"改变样式",单击"执行",则"B2"单元格也设置成了和"A1"单元格相同的样式。也可以用录制宏时自定义的快捷键"Ctrl+E"完成,如图 6-5 所示。

3. 将宏分配给对象、图形或控件

如果录制了大量的宏,并且是由其他人来使用的话,宏的作用容易引起混淆,因此应该为执行宏提供一个易于操作的界面。一般可以把宏分配给 Excel 表的对象、图形或控件。

①在"开发工具"选项卡上的"控件"组中,单击"插入",在列表中选择"按钮",然后在 Excel 工作簿中拖曳出一个按钮,自动弹出"指定宏"对话框,选择"改变样式",单击"确定"。

图 6-5　执行宏

②选中按钮,右击,在快捷菜单中选择"编辑文字",在按钮上输入文本"单击这里改变样式"。

如果想为图形等其他对象分配宏,只要右击,在快捷菜单中选择"指定宏",再设置宏名称即可。

选择宏要执行的区域单元格,单击相应的对象、图形或控件即可执行宏,如图 6-6 所示。

图 6-6　单击图片或按钮指向宏

4. 将宏指定到快速访问工具栏

①单击"文件"选项卡,再单击"选项",然后单击"快速访问工具栏"。

②在"从下列位置选择命令"列表中,选择"宏"。在宏列表中,单击"改变样式",然后单击"添加"。

③若要更改宏的按钮图像,选择该宏,单击"修改"。在"符号"下,单击要使用的按钮符号。

④若要更改将指针停留在按钮上时显示的宏名,请在"显示名称"框中键入要使用的名称,单击"确定"。

⑤单击"确定"即可将宏按钮添加到快速访问工具栏。在快速访问工具栏上,单击宏按钮即可执行宏,如图 6-7 所示。

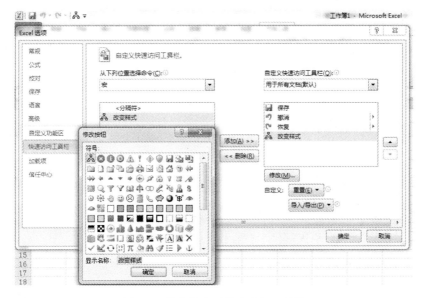

图 6-7　将宏指定到快速访问工具栏

5. 保存包含宏的工作簿

Excel 默认的保存格式为". xlsx",此文件类型不能保存包含宏的文件,如果选择该格式,则会弹出如图 6-8 所示的对话框,如果选"是",则会丢失所有的宏。因此保存类型一定要选择"Excel 启用宏的工作簿(. xlsm)"。

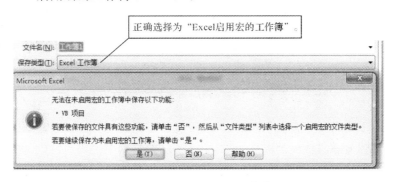

图 6-8　保存包含宏的工作薄

6. 录制宏的局限性

采用录制宏实现了多个操作指令的集合,并通过执行宏实现了自动化操作。但是宏录制器也存在着局限性,一些高级功能无法完成:

(1)录制的宏只是多个操作指令的简单集合,无判断或循环能力。

(2)人机交互能力差。用户无法进行输入,计算机无法给出相应提示。

（3）无法创建自定义窗体和对话框等人机界面。

因此，对于录制宏无法实现的功能可以使用 VBA 中的 Visual Basic 编辑器编写宏脚本来实现。

6.1.2　VBA 基础

1. Visual Basic 编辑器

在"开发工具"选项卡上的"代码"组中，单击"Visual Basic"，打开"Visual Basic 编辑器"窗口，如图 6-9 所示。

图 6-9　"Visual Basic 编辑器"窗口

Visual Basic 编辑器中根据不同的对象，设置了不同的窗口。如果能恰当地使用这些窗口，可以使编程效率有极大的提高。Visual Basic 编辑器中主要的窗口包括：代码窗口、立即窗口、本地窗口、对象浏览器、工程资源管理器、属性窗口、监视窗口、工具箱和用户窗体窗口等。

（1）工程资源管理器。以树形结构显示与用户文档相关的用户自定义窗体、模块等，以便于用户查看和使用 VBA 项目及其成员。

（2）"属性"窗口。查看和设置所选择对象相关的属性。在"视图"菜单中单击"属性窗口"命令可显示"属性"窗口。与当前对象相关的属性名显示在左半部分，对应的属性值显示在右半部分。

（3）"代码"窗口。右击某个工作表、用户窗体、模块或者类模块，在快捷菜单中选择

"查看代码"或单击"控件组"中的"查看代码",激活代码窗口,每个模块会以一个专门的窗口打开,如图 6-10 所示。

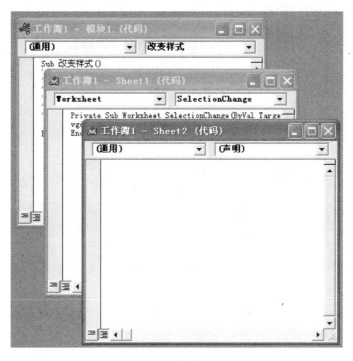

图 6-10 代码窗口

在代码窗口左上角的"对象"列表框选择某个对象,在右上角的"过程"列表框选择一个过程或者事件。当选择了一个事件,则与事件名称相关的事件过程就会显示在代码窗口中。如果在"对象"框中显示的是"通用",则"过程"框会列出所有声明,以及为此窗体所创建的常规过程。如果正在编辑模块中的代码,则"过程"框会列出所有模块中的常规过程。

之前录制的"改变样式"宏的代码如图 6-11 所示。

图 6-11 宏脚本基本结构

(4)对象浏览器。单击"视图"菜单中的"对象浏览器"命令或者按"F2"键,即可显示

如图 6-12 所示的"对象浏览器"对话框。对象浏览器显示出对象库以及工程过程的可用
类、属性、方法、事件及常数变量。Word、Excel、PowerPoint 和 Access 都拥有不同的对象
库。对象的学习读者可以参阅帮助文件。

图 6-12　"对象浏览器"对话框

（5）用户窗体。制作图形界面，实现人机交互。

①创建一个用户窗体。在 Visual Basic 编辑器的"插入"菜单中选择"用户窗体"，即
可添加一个用户窗体，包括对象窗口、浮动工具箱和属性视图，如图 6-13 所示。

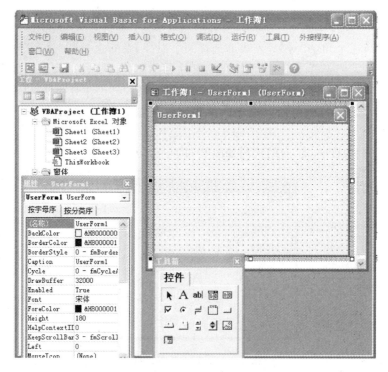

图 6-13　用户窗体

②添加控件。在工具箱中选择希望添加的控件,将其拖至窗体上。也可以右击控件工具箱,从中选择"附加控件",能够添加日历、电子表格、图形等更多可用控件。工具箱中的主要控件及其作用如表 6-1 所示。

表 6-1　主要控件及其作用

控件名称	主要作用
标签	用于显示不可编辑的文本
文字框	用于显示可编辑的文本信息
复合框	将列表框和文本框进行结合,用户可进行输入和列表框选择操作
列表框	用于显示值列表,用户可选择一个或多个列表项
复选框	用于显示选择的状态,即允许从两个值(如 True 或 False)中选择一个
选项按钮	用于显示多选项中每一项的选择状态
切换按钮	用于显示选择状态
框架	用于创建功能或视觉角度的控件组
命令按钮	用于启动、结束或中断操作
表头	用于将一系列相关控件显示为一个多表的集合
多页	用于将多页面的内容以单个控件的方式实现
滚动条	用于按滚动块位置,返回或设置变量值
旋转按钮	用于增加及减少变量数值
图像	用于显示图片,其支持格式包括:.bmp、.cur、.gif、.ico、.jpg 和 wmf 等

③设置属性。选中控件,在属性视图设置相应属性值。注意,不同控件有不同属性。

④添加事件程序。事件允许用户对窗体和控件进行操作时做出相应的反应,事件程序放置在用户窗体模块中,能够通过双击用户窗体或控件来打开代码模块窗口,或者在用户窗体或控件中单击右键,从快捷菜单中选择"查看代码"来打开代码模块窗口,或者在工程窗口中的用户窗体图标上单击右键后选择"查看代码"来打开代码模块窗口。然后,在代码模块窗口中,对用户窗体或控件添加相应的事件程序代码。

⑤显示用户窗体。打开用户窗体模块,按"F5"键可以运行宏程序,或者单击工具栏中的运行按钮,将显示用户窗体。

依据以上步骤可以设计一些图形化的人机交互界面,如图 6-14 所示。

2. VBA 基础知识

和其他的编程语言一样,VBA 也有其自身的语法基础,而且 VBA 和 VB 的语言和语法风格极其相近,如果有 VB 的基础,则学习 VBA 的基础知识将非常容易。本节将简单介绍 VBA 基础知识,为读者学习更高级的操作打下基础。

(1)标识符

标识符是一种标识变量、常量、过程、函数、类等语言构成单位的符号,利用它可以完成对变量、常量、过程、函数、类等的引用。标识符的命名规则如下。

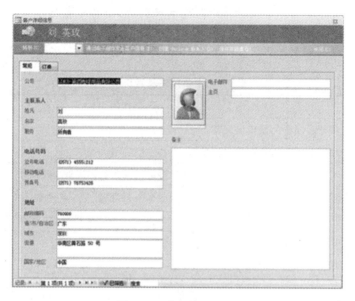

图 6-14　人机交互界面

①字母打头，由字母、数字和下划线组成，如 A987b_23Abc。

②字符长度不能大于 255 个字符。

③不能与 VB 保留字重名，如 public，private，dim，goto，next，with，integer，single 等。

（2）运算符

运算符是指用于进行某类运算的操作符号。VBA 主要有算术运算符、比较运算符和逻辑运算符。

在表达式中，当运算符不止一种时，要先处理算术运算，接着处理比较运算，然后再处理逻辑运算。所有比较运算符的优先顺序都相同；也就是说，要按它们出现的顺序从左到右进行处理。而算术运算符和逻辑运算符则必须按表 6-2 优先顺序（由上至下）进行处理。

表 6-2　运算符优先级

算术	比较	逻辑
指数运算（^）	相等（＝）	Not
负数（－）	不等（<>）	And
乘法和除法（＊、/）	小于（<）	Or
整数除法（\）	大于（>）	Xor
求模运算（Mod）	小于或相等（<=）	Eqv
加法和减法（＋、－）	大于或相等（>=）	Imp
字符串连接（&）	Like Is	

（3）数据类型

为了方便地处理不同类型的数据，VBA 定义了很多数据类型。在 VBA 中提供了多种数据类型，如表 6-3 所示。此外，还可以根据需要自定义数据类型。

表 6-3　数据类型

数据类型说明	数据类型	类型标识符	占用字节
字符串型	String	$	字符长度(0－65400)
字节型	Byte	无	1
布尔型	Boolean	无	2
整数型	Integer	%	2
长整数型	Long	&	4
单精度型	Single	!	4
双精度型	Double	#	8
日期型	Date	无	8
货币型	Currency	@	8
变体型	Variant	无	以上任意类型，可变
对象型	Object	无	4
自定义类型	Type... End Type	无	由定义内容决定

（4）变量和常量

变量是指在程序的运行过程中随时可以发生变化的量。常量是执行程序时保持常数值、永远不变的命名项目。VBA 中使用最频繁的就是变量与常量，使用它们通常使程序变得更简洁。

①VBA 中允许使用未定义的变量，其数据类型默认为变体类型 Variant。

②在模块通用声明部分，加入 Option Explicit 语句可以强制用户进行变量定义。如果不进行变量定义，则会在使用中报错。

③在 VBA 中变量的定义语句及其作用域有以下几种。

• 使用关键字 Dim 语句定义变量：表示定义为局部变量。

• 使用关键字 Private 语句定义变量：表示定义为私有变量。

• 使用关键字 Public 语句定义变量：表示定义为公有变量。

• 使用关键字 Static 语句定义变量：表示定义为静态变量。

④使用 Const 关键字定义常量并为其赋值，程序不能改变常量的值。如定义一个常量 Pi，它代表圆周率，定义语句为 Const Pi＝3.1415926 as single。

（5）过程和函数

过程是构成程序的一个模块，通常用来完成一个相对独立的功能。过程可以使得程序更清晰、更具结构性。VBA 有 Sub 过程、Function 过程、Property 过程和 Event 过程 4 种，其中最常用的是前 2 种。

①Sub 过程即子过程。该过程用于几个不同事件共同执行的过程，每个事件都可以

调用 Sub 过程。其语法格式为：

```
[Public|Private|Static] Sub <过程名>(<形式参数>)
<语句块>
End Sub
```

②Function 过程即函数过程。该过程用于完成一个独立功能，它可以有一个返回值，这是与 Sub 过程的不同之处。其语法格式为：

```
[Public|Private|Static] Function <过程名>(<形式参数>)[AS<类型>]
<语句块>
End Function
```

（6）程序控制结构

在 VBA 中有三种程序控制结构：顺序结构、选择结构和循环结构。每种结构分别代表着不同类型的程序运行方式。

①顺序结构。顺序结构是 3 种结构中最简单的结构，它可以使程序自上而下、自左向右依次执行，直到执行完所有语句或遇到 End 语句为止。在顺序结构中主要的操作是给对象赋值，以及输入输出数据。

• 如果是给变量赋值，可用"[Let]<变量名>＝<表达式>"表示。

• 如果是给对象属性赋值，可用"<对象>.<属性>＝<属性值>"表示。

②选择结构。选择结构可以根据给定的条件，控制程序运行的方向。在 VBA 中常用的选择语句有 If… Then 和 Select…Case 两种。

• If… Then 语句。该语句的作用是根据给定的逻辑表达式的值，控制执行符合条件的程序代码，共有 3 种形式。

```
第 1 种(单分支结构)
If <逻辑表达式> Then <语句>和 If <逻辑表达式> Then <语句 1>Else <语句 2>
第 2 种(双分支结构)
If <逻辑表达式> Then
    <语句>
Endif
或
If <逻辑表达式> Then
    <语句块 1>
Else
    <语句块 2>
Endif
第 3 种(多分支结构)
If <逻辑表达式 1> Then
    <语句块 1>
```

```
Elseif〈逻辑表达式 2〉Then
      〈语句块 2〉
Else
      〈语句块 n〉
      Endif
Endif
```

● Select…Case 语句。该语句可以根据表达式的值决定执行程序中的某些固定语句。其形式如下。

```
Select Case〈测试表达式〉
Case〈表达式 1〉
〈语句块 1〉
Case〈表达式 2〉
〈语句块 2〉
Case〈表达式 n〉
〈语句块 n〉
[Case else]
〈语句块 n+1〉
End Select
```

③循环结构。循环结构可以快速完成一系列重复性的操作。在 VBA 中常用的循环语句有 For…Next、Do…Loop 和 While…Wend 等 3 种。

● For…Next 语句。该语句通常用于在指定的循环次数下进行重复性操作。其形式如下。

```
For〈循环变量〉 = 〈初值〉 to 〈终值〉[step 步长]
〈循环体〉
Next〈循环变量〉
```

● Do…Loop 语句。该语句只有在满足特定的循环条件时才执行 Do…Loop 语句中的语句块。形式如下:

```
Do [ While|Until]〈逻辑表达式〉]
〈循环体〉
Loop
```

　或

```
Do
〈循环体〉
Loop [ While|Until]〈逻辑表达式〉]
```

• While…Wend 语句。该语句通常用于在指定的循环条件为 True(真)时进行的重复性操作。其形式如下。

```
While〈逻辑表达式〉
<循环体>
Wend
```

(7)VBA 程序书写规则

在编写 VBA 程序时,应该按照正确的书写规则编写,否则将会出错。VBA 程序正确的书写规则如下。

①VBA 不区分标识符的字母大小写,一律认为是小写字母。

②一行可以书写多条语句,各语句之间以冒号":"分开。

③一条语句可以多行书写。以空格加下划线"—"来表示续行符号。

6.2 项目 1　在 Word 中使用 VBA

6.2.1　项目描述

张老师用 Word 制作一份试卷时,感觉重复性工作非常多,操作太过繁琐,特别是以下几种操作:

(1)填空题的空格线是在英文状态下按住"Shift"+"_"的方法完成,需要经常切换输入法,并且空格线的长度也会不一致。

(2)判断题和选择题需要一个填写答案的括号,括号的位置设在题目最后一行的最右边,一般习惯用虚线来连接题目和括号。操作时要经常重复繁琐的设置。

(3)选择题的备选答案 A、B、C、D 四项希望放在两行上,各题中的选择项目从上到下的对齐排列非常麻烦。

(4)试卷中包含大量图片,为了排版需要应统一缩放比例。在 Word 中只能单独对某张图片设置格式,工作效率低。

通过分析可以发现,以上问题都是由于重复性任务,操作步骤繁琐造成工作效率下降。因此对于此类问题,采用 Word 中的宏和 VBA 代码是最好的选择。

6.2.2　知识要点

(1)宏录制。

(2)宏运行。

(3)宏保存。

(4)编写 VBA 代码。

(5)InlineShapes 对象。

6.2.3 制作步骤

1. 快速输入填空题的空格线

①打开"录制宏"对话框，输入宏名"空格线"，单击"键盘"，在"请按新快捷键"设置"Ctrl"+"F1"，单击"指定"按钮，可看到在当前快捷键中多了"Ctrl"+"F1"，单击"关闭"，光标变为空心箭头加磁带形式，进入录制状态，如图 6-15 所示。

图 6-15　录制宏对话框

②按住"Shift"+"_"画一段空格线，然后在"开发工具"选项卡上的"代码"组中，单击"停止录制"，就完成了宏录制。

③之后输入填空题的空格线时，只需用"Ctrl"+"F1"就可以轻松输入空格线。如果觉得空格线长度不够，可以连续按"Ctrl"+"F1"。完成效果如图 6-16 所示。

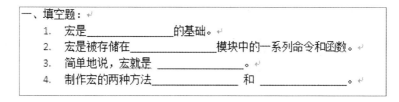

图 6-16　填空题加空格线

2. 快速输入判断题的虚线和括号

①创建一个新的宏，宏名为“虚线括号”，快捷键为“Ctrl”+“F2”，进入录制状态。

②在“视图”选项卡，单击“显示”组的“标尺”，出现“水平标尺”。在“水平标尺”的右端（希望判断题题末右括号出现的位置）单击，标尺上会出现一个制表位“┗”，双击该制表位，打开“制表位”对话框。在“对齐方式”中，选择“右对齐”；在“前导符”栏中，选择虚线来连接题目和括号，如图 6-17 所示。选择完毕，单击“确定”按钮。然后按“Tab”键，会出现一条从光标位置到行末的前导虚线。输入所需括号后，停止录制。

制表位
制表位位置(T):
37.8 字符
37.8 字符
默认制表位(F):
2 字符
要清除的制表位:
对齐方式
左对齐(L)
居中(C)
右对齐(R)
小数点对齐(D)
竖线对齐(B)
前导符
1 无(1)
2 .....(2)
3 ----(3)
4 ___(4)
5 ······(5)
设置(S)
清除(E)
全部清除(A)
确定
取消

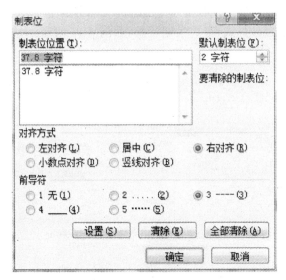

图 6-17　制表位设置

③之后输入判断题的虚线和括号时，只需用“Ctrl”+“F2”就可以自动输入前导虚线和括号。所有的括号还会自动在右端对齐，美观而且简便。效果如图 6-18 所示。

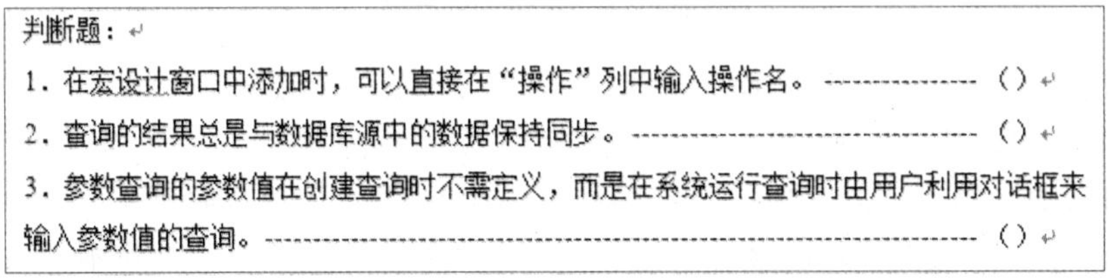
判断题：↵
1. 在宏设计窗口中添加时，可以直接在“操作”列中输入操作名。---------------（）↵
2. 查询的结果总是与数据库源中的数据保持同步。---------------------------------（）↵
3. 参数查询的参数值在创建查询时不需定义，而是在系统运行查询时由用户利用对话框来
输入参数值的查询。---（）↵

图 6-18　判断题加虚线和括号

3. 快速输入选择题的选项

①创建一个新的宏，宏名为“选择题选项”，快捷键为“Ctrl”+“F3”，进入录制状态。

②在“插入”选项卡上的“表格”组中，单击“表格”，框选插入一个 2＊2 的表格，设置表格居中对齐。选中表格，在“表格工具”功能区切换到“设计”选项卡，在“表格样式”分组中单击“边框”，选择“无框线”，如图 6-19 所示。最后在“开始”选项卡上的“段落”组中单击

"编号",选择"A.B.C."编号类型,如图 6-19 所示。退出录制状态。

图 6-19　表格边框和编号设置

③之后输入选择题的选项时,只需要按"Ctrl"+"F3"就可以实现选项的自动输入,不仅排列整齐,整体布局美观,而且选项编号"A、B、C、D"都已经自动完成。效果如图 6-20 所示。

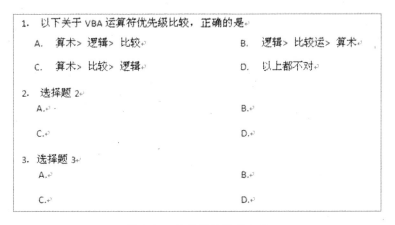

图 6-20　选择题的选项生成

4. 快速统一设置图片比例

录制宏只是一系列操作命令的集合,执行录制的宏没有循环功能,无法实现统一设置图片比例,因此需要编写 VBA 代码实现。

编写 VBA 代码时需要用到 Word VBA 的对象、集合、属性、方法和事件。由于篇幅有限,不再累述,请读者参考 Word VBA 帮助。

①打开 Visual Basic 编辑器,双击工程资源管理器中"Microsoft Word 对象"下的"ThisDocument"。

②在代码窗口添加如下代码:

```
Sub Setpicsize()'自定义宏名
Dim n              '图片个数
On Error Resume Next    '忽略错误
For n = 1 To ActiveDocument.InlineShapes.Count    '遍历所有嵌入式图片
    ActiveDocument.InlineShapes(n).LockAspectRatio = msoTrue    '锁定纵横比
    ActiveDocument.InlineShapes(n).ScaleWidth = 50    '缩放图片宽度为 50%
    ActiveDocument.InlineShapes(n).ScaleWidth = 50    '缩放图片高度为 50%
Next n
End Sub
```

③单击"运行"菜单,选择"运行子过程/用户窗体"。文档中所有的图片缩放为原始大小的 50%。

6.2.4　项目小结

本项目利用 Word 中的宏录制和 VBA 编写代码,将试卷中许多操作繁琐的重复工作变成快速统一设置的自动化操作。包含了宏录制、宏运行、VBA 代码、图形对象等知识。在使用 Word 编辑文档时,灵活使用宏来完成某项特定的任务,避免一再地重复相同的动作,可以大大提高工作效率。

6.3　项目 2　在 Excel 中使用 VBA

6.3.1　项目描述

张小姐在某家公司担任总裁秘书工作,新总裁希望了解公司各部门的基本情况,包括部门类型、负责人等信息,并能够方便地对原有部门信息进行管理。张小姐用 Excel 表罗列了部门信息情况表,但表格形式直观性不够,查询修改较为繁琐,因此张小姐利用 VBA 创建了用户窗体,实现了一个 Excel 的部门信息管理系统。

6.3.2 知识要点

(1)用户窗体。
(2)控件及其属性。
(3)VBA 对象。
(4)VBA 属性。
(5)VBA 循环结构。
(6)VBA 代码运行。

6.3.3 制作步骤

1. 建立表

①新建 Excel 表,选择"文件"选项卡,单击"另存为",文件名为"部门管理表",保存类型为"Excel 启用宏的工作簿"。
②在 Sheet1 表中输入原有部门信息,如表 6-4 所示。

表 6-4 部门信息表

负责人	部门	部门编号
王强	董事会	A
李成令	财务部	B
赵一哲	人力资源部	C
王光明	市场营销部	E

2. 建立窗体

①在 Visual Basic 编辑器中,单击"插入",选择"用户窗体"。
②在"工具箱"浮动面板上选择相应控件,拖放到窗体的合适位置,如图 6-21 所示。

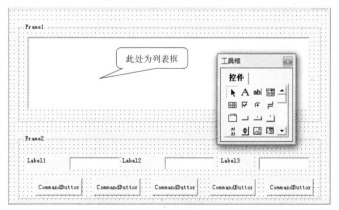

图 6-21 添加控件

③单击控件,在属性窗口中设置控件的 Caption 等属性,如图 6-22 所示。

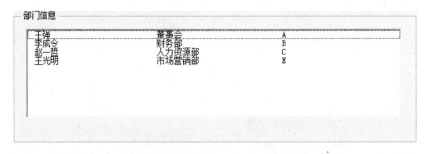

图 6-22　设置控件属性

3. 编写窗体加载事件

双击窗体空白处,进入代码窗口。在代码窗口"对象"栏下拉框中选择"UserForm",在"过程/事件"栏下拉框中选择"Initialize",编写用户窗体的初始化操作。在本例中主要是把原有部门信息写入窗体的列表框中。添加代码如下,显示效果如图 6-23 所示。

```
Private Sub UserForm_Initialize()
    Worksheets("Sheet1").Select        '选择 Sheet1 表,里面存放了部门信息
    cs = Worksheets("Sheet1").Range("a1").End(xlToRight).Column
        '返回 A1 单元格这一行的最右端的单元格列号(得到 3)
    rs = Worksheets("Sheet1").Range("A65536").End(xlUp).Row
    '返回 A1 单元格这一列的最顶端的单元格行号(得到 5)
    ListBox1.ColumnCount = cs          '设置列表框的显示列数为 3
    ListBox1.RowSource = Worksheets("Sheet1").Range("A2:" & Chr$(64 + cs) & rs & "").Address
    '设置列表框的来源为 A2:C5(char(67)为 C)
End Sub
```

图 6-23　列表框显示 Sheet1 的内容

4. 编写查询按钮单击事件代码

在编辑状态,双击查询按钮,进入代码编写窗口。在代码窗口"对象"栏下拉框中默认为"CommandButton1",在"过程/事件"栏下拉框中默认为"Click",编写查询按钮单击事件代码。在本例中主要是输入部门编号,单击查询,显示部门负责人和部门名称。添加代码如下,显示效果如图 6-24 所示。

```
Private Sub CommandButton1_Click()
If TextBox1.Text = "" Then              '部门编号文本框中未输入信息
MsgBox "请输入需要查询部门的编号"          '弹出对话框提醒错误
    Exit Sub
    End If
With Worksheets("Sheet1")
rs = Worksheets("Sheet1").Range("A65536").End(xlUp).Row        '返回值 5
    For i = 2 Tors
        If .Cells(i, 3) = TextBox1.Text Then
            '循环判断 C2、C3、C4、C5 是否和部门编号文本框的值相同
            TextBox1.Text = .Cells(i, 3)      '把 C3 的值赋给部门编号文本框
            TextBox2.Text = .Cells(i, 1)      '把 C1 的值赋给部门负责人文本框
            TextBox3.Text = .Cells(i, 2)      '把 C2 的值赋给部门名称文本框
            Exit For
        End If
    Next
End With
End Sub
```

图 6-24　查询操作

5. 编写添加按钮单击事件代码

双击添加按钮,进入代码编写窗口。在代码窗口"对象"栏下拉框中默认为"CommandButton2",在"过程/事件"栏下拉框中默认为"Click",编写添加按钮单击事件代码。在本例中主要是输入部门编号、部门负责人、部门名称,再单击添加按钮,即可在Sheet1 中添加一个部门信息。添加代码如下,显示效果如图 6-25 所示。

```
Private Sub CommandButton2_Click()
Dim ncs As Long
If TextBox1.Text = "" Or TextBox2.Text = "" Or TextBox3.Text = "" Then
   MsgBox "请输入新增部门编号,部门负责人,部门名称内容"
   Exit Sub
End If
ncs = Worksheets("Sheet1").Range("A65536").End(xlUp).Row + 1        '增加新一行
With Worksheets("Sheet1")
      .Cells(ncs, 3) = TextBox1.Text        '把部门编号文本框的值赋给 C3
      .Cells(ncs, 1) = TextBox2.Text        '把部门负责人文本框的值赋给 C1
      .Cells(ncs, 2) = TextBox3.Text        '把部门名称文本框的值赋给 C2
End With
ActiveWorkbook.Save      '保存数据
Call UserForm_Initialize      '调用窗体加载事件,重新加载数据,以显示新添加的数据
TextBox1.Text = ""      '清空文字框中的文本
TextBox2.Text = ""
TextBox3.Text = ""
End Sub
```

图 6-25　添加操作

6. 编写删除按钮单击事件代码

　　双击删除按钮,进入代码编写窗口。在代码窗口"对象"栏下拉框中默认为
"CommandButton3",在"过程/事件"栏下拉框中默认为"Click",编写删除按钮单击事件
代码。在本例中主要是在列表框中选中某个部门,再单击删除按钮,即可在列表框和
Sheet1 中删除一个部门信息。添加代码如下,显示效果如图 6-26 所示。

```
cs = ListBox1.ListIndex + 1      '获取鼠标单击列表框的记录
Ifcs = 0 Then
MsgBox "请选择一条数据"
   Exit Sub
End If
Rows(cs + 1).Delete      '删除当前选定的记录
```

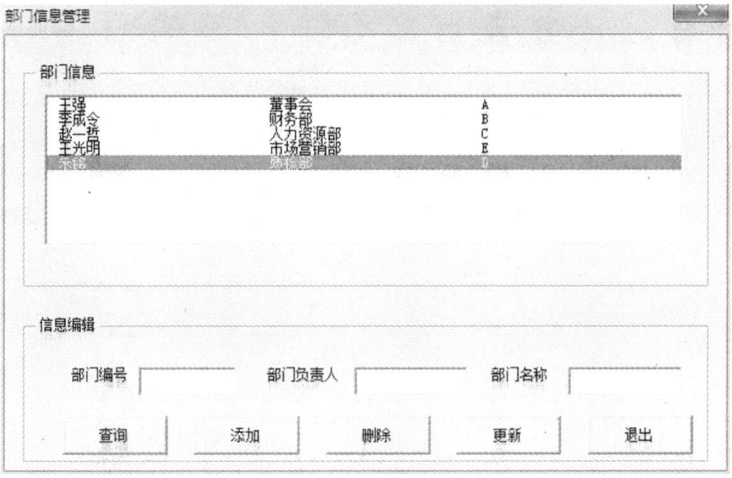

图 6-26　删除操作

7. 编写更新按钮单击事件代码

双击更新按钮,进入代码编写窗口。在代码窗口"对象"栏下拉框中默认为 "CommandButton4",在"过程/事件"栏下拉框中默认为"Click",编写更新按钮单击事件代码。在本例中主要是输入部门编号,单击查询按钮,然后再输入新的部门编号、部门负责人或部门名称,单击更新按钮。即可在 Sheet1 中更新一个部门信息。添加代码如下,显示效果如图 6-27 所示。

```
Private Sub CommandButton4_Click()
If TextBox1.Text = "" And TextBox2.Text = "" And TextBox3.Text = "" Then
    MsgBox "请先进行相应的数据查询"
End If
With Worksheets("Sheet1")
    rs = Worksheets("Sheet1").Range("A65536").End(xlUp).Row
    For i = 2 To rs
        If .Cells(i, 3) = TextBox1.Text Then
            Exit For
        End If
    Next
    .Cells(i, 3) = TextBox1.Text
    .Cells(i, 1) = TextBox2.Text
    .Cells(i, 2) = TextBox3.Text
ActiveWorkbook.Save          '保存更新数据
UserForm_Initialize          '调用窗体加载事件以显示更新后的数据
End With
End Sub
```

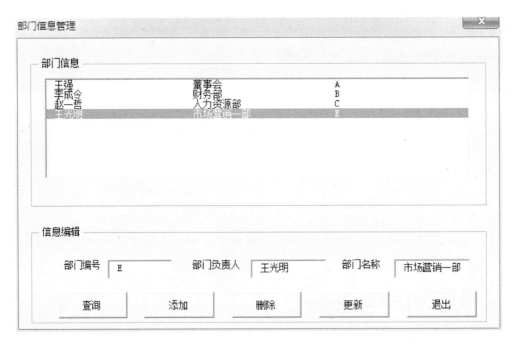

图 6-27   更新操作

8. 编写退出按钮单击事件代码

双击退出按钮，进入代码编写窗口。在代码窗口"对象"栏下拉框中默认为"CommandButton5"，在"过程/事件"栏下拉框中默认为"Click"，编写退出按钮单击事件代码。添加代码如下。

```
Unload Me
```

9. 系统封装

在工程资源管理器中选择"Microsoft Excel 对象"下的"ThisWorkbook"，双击打开代码编写窗口。在代码窗口"对象"栏下拉框中选择"Workbook"，在"过程/事件"栏下拉框中选择"Open"，编写 Excel 文件打开事件代码，实现打开 Excel 文件时直接启动用户窗体，不显示工作表。添加代码如下，显示效果如图 6-28 所示。

```
Private Sub Workbook_Open()
    Application.Visible = False      '隐藏 Excel 应用程序
    UserForm1.Show      '显示用户窗体
End Sub
```

图 6-28 系统封装后的效果

6.3.4 项目小结

本项目利用 Excel 中的 VBA 编程和用户窗体设计,完成了一个部门信息管理系统,实现了查询、添加、删除、更新等简单操作,包含了用户窗体设计、VBA 编程基础、对象和属性运用等知识。由于篇幅有限,本系统还十分简陋,读者可以以此为例,创建更多界面美观、功能复杂的 Excel 管理系统。由于 VBA 的强大交互功能,Excel 在进销存、成绩管理、工资管理等各类领域都得到了很多的应用,值得大家深入学习。

6.4 项目 3 在 PowerPoint 中使用 VBA

6.4.1 项目描述

在 PowerPoint 中用户经常会制作一些简单的选择测试题,在幻灯片放映时单击相应的选项,即可给出答题是否正确的提示。在第 3 章中已经提到可以使用幻灯片动画中的触发器来完成。但是张老师在利用 PowerPoint 制作测试题时,选择题和判断题的题量很大,采用触发器一个个单独完成,工作量太大。

因此,张老师希望将试题存到 Access 数据库中,在 PowerPoint 中通过编写 VBA 程序来实现一个简单的考试系统。

6.4.2　知识要点

（1）Access 数据库操作。
（2）VBA 连接 Access 数据库。
（3）VBA 数据库操作。
（4）PowerPoint 控件。

6.4.3　制作步骤

1. 数据库表创建

①打开 Access 2010，新建一个空数据库，保存为"test. accdb"。
②创建一个数据表，保存为"试题"。表结构如图 6-29 所示。

试题		
字段名称	**数据类型**	
题号	自动编号	
题目	备注	
A	文本	答案1
B	文本	答案2
C	文本	答案3
D	文本	答案4
正确答案	文本	
备注	备注	

图 6-29　试题表设计

③双击"试题"表，即打开表编辑窗口，按照字段要求录入数据。或者在 Excel 表中输入一个完整的试题库电子表格，再使用 Access 数据库"获取外部数据"功能实现数据的导入。完成效果如图 6-30 所示。

图 6-30　试题表数据录入

2. 连接 Access 数据库

①打开 PowerPoint 2010，在"开发工具"选项卡的"代码"组中，单击"Visual Basic"，打开"Visual Basic 编辑器"。
②在 Visual Basic 编辑器的"工具"菜单中选择"引用"，弹出"引用"对话框，勾选

"Microsoft ActiveX Data Objects 2.0 library",单击"确定",如图 6-31 所示。

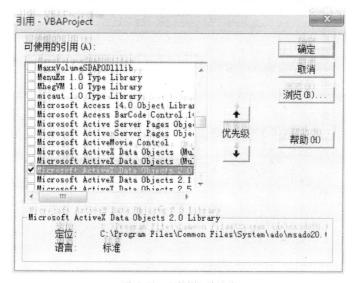

图 6-31   "引用"对话框

③在创建 VBA 宏代码中使用 ADO 的 Connection 对象中的 Open 方法建立到数据库的连接,其语法为:

```
Connection.OpenConnectionSting,UserID,Password,Options
```

其中,Connection 连接对象代表与数据库连接,它是与数据库进行的唯一会话,在使用数据库之前,必须建立 Connection 对象。语法中 ConnectionSting 为包含连接信息的字符串,UserID 参数为建立连接时使用的用户名。参数 Password 为建立连接时使用的口令。参数 Options 为用于建立连接时是否等待连接还是立即返回。

④创建数据记录表对象。在打开数据库后,还必须创建记录集对象 Recordset,同时使用 OPen 方法打开相应的数据表记录集。

3. 制作试题界面

①打开 PowerPoint,创建一张空白幻灯片,保存为"试题库.pptm",保存类型为"启用宏的 PowerPoint 演示文稿"。

②在"开发工具"选项卡的"控件"组,单击文字框、命令按钮等控件,添加控件到幻灯片中。如图 6-32 所示。

③选中控件,单击属性。在属性窗口中设置控件的 Caption 等属性。最终完成效果如图 6-33 所示。

图 6-32   "开发工具"控件组

图 6-33   试题界面

4. 编写"初始化"按钮单击事件代码

双击"初始化"按钮，进入代码编写窗口。在代码窗口"对象"栏下拉框中默认为"CommandButton5"，在"过程/事件"栏下拉框中默认为"Click"，编写"初始化"按钮单击事件代码。在本例中主要是初始化系统。添加代码如下：

```
Private Sub CommandButton5_Click()
CommandButton1.Enabled = True
CommandButton2.Enabled = True
CommandButton3.Enabled = True
CommandButton4.Enabled = True
TextBox1.Text = ""
TextBox2.Text = ""
TextBox3.Text = ""
End Sub
```

5. 编写"开始出题"按钮单击事件代码

双击"开始出题"按钮，进入代码编写窗口。在代码窗口"对象"栏下拉框中默认为"CommandButton1"，在"过程/事件"栏下拉框中默认为"Click"，编写"开始出题"按钮单击事件代码。在本例中主要是从 Access 数据库表中读取试题。添加代码如下。

放映幻灯片，单击"开始出题"按钮，效果如图 6-34 所示。

```
Dim setpxp As New ADODB. Recordset
Dim cnnpxp As New ADODB. Connection
Dim constring As String
Dim th, tm, da1, da2, da3, da4, da5 As String
Dim a(50), b(50), c(50)
Dim i, j, row, sum As Integer

Private Sub CommandButton1_Click()
constring = "Provider = Microsoft. ACE. OLEDB. 12. 0;" & "data source = " & "d:\test. accdb"
'如果你的数据库不在 D 盘, 请修改路径
cnnpxp. Openconstring
setpxp. Open "试题", cnnpxp, adOpenStatic, adLockOptimistic        '打开试题表
row = 0
With setpxp
  Do While Not . EOF
row = row + 1
setpxp. MoveNext
  Loop
End With
setpxp. MoveFirst
If Not setpxp. EOFThen
th = setpxp("题号")       '获取题号
  tm = setpxp("题目")        '获取题目
'获取四个选项
  da1 = setpxp("A")
  da2 = setpxp("B")
  da3 = setpxp("C")
  da4 = setpxp("D")
  a(i) = setpxp("正确答案")      '获取正确答案
  c(i) = setpxp("分数")       '获取分数
CommandButton1. Enabled = False       '把开始出题按变成不可用
  CommandButton2. Enabled = True        '把统计分数按钮变成可用
  If i < row Then
    CommandButton3. Enabled = True        '如果有下一题, 下一题的按钮可用
  Else
    CommandButton3. Enabled = False
  End If
  CommandButton4. Enabled = False       '上一题的按钮不可用
  TextBox1. Text = th& " " &tm       '给文本框赋值
  TextBox2. Text = "选项" + "A:" + da1 + " B:" + da2 + " C:" + da3 + " D:" + da4
  TextBox3. Text = b(i)
End If
End Sub
```

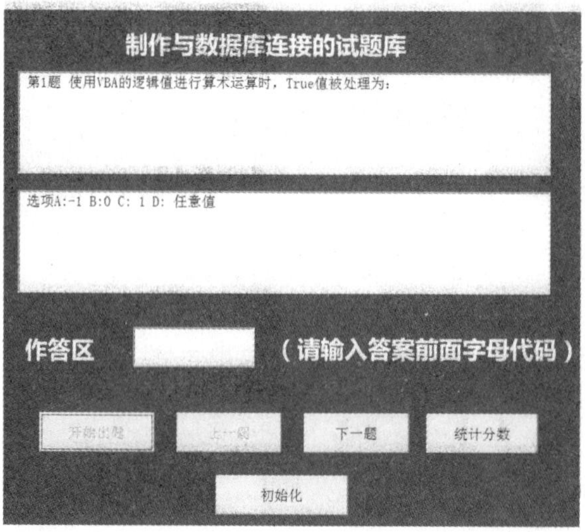

图 6-34　开始出题

6. 编写"下一题"按钮单击事件代码

双击"下一题"按钮,进入代码编写窗口。在代码窗口"对象"栏下拉框中默认为
"CommandButton3",在"过程/事件"栏下拉框中默认为"Click",编写"下一题"按钮单击事件
代码,添加代码如下。放映幻灯片,单击"下一题"按钮,即可显示数据库表中的下一条记录。

```
Private Sub CommandButton3_Click()
setpxp.MoveNext
CommandButton4.Enabled = True
If Not setpxp.EOFThen
i = setpxp("编号")
th = setpxp("题号")
    tm = setpxp("题目")
    da1 = setpxp("A")
    da2 = setpxp("B")
    da3 = setpxp("C")
    da4 = setpxp("D")
    a(i) = setpxp("正确答案")        '正确答案
    c(i) = setpxp("分数")        '读取分数
    TextBox1.Text = th + " " + tm
    TextBox2.Text = "答案 A:" + da1 + " B:" + da2 + " C: " + da3 + " D: " + da4
    TextBox3.Text = b(i)
End If
If i < row Then
    CommandButton3.Enabled = True
Else
    CommandButton3.Enabled = False
End If
End Sub
```

同理编写"上一题"按钮单击事件代码,添加代码如下。

```
Private Sub CommandButton4_Click()
If setpxp.BOF Then
    CommandButton4.Enabled = False
Else
    setpxp.MovePrevious
    CommandButton3.Enabled = True
    If Notsetpxp.BOF Then
        i = setpxp("编号")
        th = setpxp("题号")
        tm = setpxp("题目")
        da1 = setpxp("A")
        da2 = setpxp("B")
        da3 = setpxp("C")
        da4 = setpxp("D")
        a(i) = setpxp("正确答案")      '正确答案
        c(i) = setpxp("分数")        '读取分数
        TextBox1.Text = th + " " + tm
        TextBox2.Text = "答案 A:" + da1 + "B:" + da2 + " C: " + da3 + " D: " + da4
        TextBox3.Text = b(i)
        Ifi > 1 Then
            CommandButton4.Enabled = True
        Else
            CommandButton4.Enabled = False
        End If
    End If
End If
End Sub
```

7. 编写"统计分数"按钮单击事件代码

双击"统计分数"按钮,进入代码编写窗口。在代码窗口"对象"栏下拉框中默认为"CommandButton2",在"过程/事件"栏下拉框中默认为"Click",编写"统计分数"按钮单击事件代码。在本例中主要用对话框显示每个题目的正确答案和总得分。添加代码如下。

放映幻灯片,单击"统计分数"按钮,效果如图 6-35 所示。

```
Private Sub CommandButton2_Click()
i = 1
sum = 0
For i = 1 To row
    If UCase(b(i)) = UCase(a(i)) Then
sum = sum + c(i)
    End If
MsgBoxi& "," &b(i) & "," & a(i)
Next i
MsgBox "统计总分是;" & sum
End Sub
```

图 6-35   统计分数

6.4.4   项目小结

本项目利用 VBA 实现了 PowerPoint 和 Access 的协同办公,包含了数据库表建立、数据库连接、数据库表记录读取、控件使用等知识。由于篇幅有限,本交互试题型幻灯片还十分简陋,读者可以以此为例,创建更多界面美观、功能复杂的交互式 PowerPoint。VBA 的强大交互结合 Access 数据库数据操作功能,可以在各类管理系统开发中得到广泛应用。

6.5   练习实践题

1. 在 Word 2010 中,要打印文档的当前页,需要如此操作:单击"文件"选项卡,再单击"打印",然后在"设置"下,单击"打印所有页"右侧的三角箭头,再单击"打印当前页",最后单击"打印",方才完成该项任务。请运用"宏"的录制和使用为需要经常打印 Word 文档的当前页的用户提高效率。

2. 请利用 Excel 绘制印章,并通过 VBA 加载宏开发一个自动盖章程序。要求如下:

开发的加载宏(xla)文件可直接执行,执行后 Excel 将自动启动,并新增一个工具栏,该工具栏包含一个按钮(用于显示文字)和一个下拉框,下拉框的列表项内容为可使用的公章和个人章名称,如图 6-36 所示。

图 6-36 印章工具栏

选择下拉框中的相应印章,在 Excel 表格中即可添加印章图片,加盖各类印章后的 Excel 表格如图 6-37 所示。

图 6-37 印章使用效果

3.请利用 VBA 开发一个 PowerPoint 互动型幻灯片,实现对填空题的正误判断。实现效果如图 6-38 所示。

图 6-38 PowerPoint 互动型幻灯片

参考文献

1. 杰诚文化.最新 Office 2010 高效办公三合一.北京:中国青年出版社,2010
2. 成昊.新概念 Word 2007 教程(第 5 版).长春:吉林电子出版社,2008
3. 吴卿.办公软件高级应用.杭州:浙江大学出版社,2009
4. 吴卿.办公软件高级应用实践教程.杭州:浙江大学出版社,2010
5. 董培雷,玄夕同.Excel 2010 从入门到精通.北京:科学出版社,2011
6. 文杰书院.Excel 2010 电子表格处理基础教程.北京:清华大学出版社,2012
7. 陈宝明,宣军英.办公软件高级应用与案例精选.北京:中国铁道出版社,2011
8. 龙马工作室.PowerPoint 201 从新手到高手.北京:人民邮电出版社,2011
9. 起点文化编著.Access 2007 财务与会计应用.北京:电子工业出版社,2009
10. 李禹生等著.Access 数据库技术.北京:清华大学出版社,2006
11. 科教工作室编著.Access 2010 数据库应用(第二版).北京:清华大学出版社,2011.
12. Bonnie Biafore 著,隋杨译.Visio 2007 宝典.北京:人民邮电出版社,2008
13. 杨继萍.Visio 2010 图形设计标准教程.北京:清华大学出版社,2012.1
14. 张强.Excel 2007 与 VBA 编程从入门到精通.北京:电子工业出版社,2011
15. 宋翔.Office 2007 完全掌握.北京:人民邮电出版社,2007
16. Guy Hart－Davis 著.VBA 从入门 2 到精通(第 2 版).杨密译.北京:电子工业出版社,2008

教师反馈表

感谢您一直以来对浙大版图书的支持和爱护。为了今后为您提供更好、更优秀的计算机图书,请您认真填写下面的意见反馈表,以便我们对本书做进一步的改进。如果您在阅读过程中遇到什么问题,或者有什么建议,请告诉我们,我们会真诚为您服务。如果您有出书需求,以及好的选题,也欢迎来电来函。

填表日期:____年____月____日

教师姓名		所在学校名称			院　系	
性　　别	□男　□女	出生年月		职　务	职　称	
联系地址				邮　编	办公电话	
				手　机	家庭电话	
E-mail			QQ/MSN			

您是通过什么渠道知道本书的
□书店　　□经人推荐　　□网站介绍　　□图书目录　　□其他_____
您从哪里购买本书的
□书店　　□网站　　□邮购　　□学校统一订购□其他_____
您对本书的总体感觉是
□很满意　□满意　　□一般　　□不满意　　原因_____
具体来说,您觉得本书的封面设计　　□很好　□还行　□不好　□很差_____
　　　　　您觉得本书的纸张及印刷　　□很好　□还行　□不好　□很差_____
您觉得本书的技术含量　　□很高　□还可以　□一般　□很低　□极低_____
您觉得本书的内容设置　　□很好　□还可以　□一般　□不太好　□很差_____
您觉得本书的实用价值　　□很高　□还可以　□一般　□很低　□极低_____

目前主要教学专业、科研领域方向

	主授课程	教材及所属出版社	学生人数	教材满意度
课程一:				□满意　□一般　□不满意
课程二:				□满意　□一般　□不满意

教学层次:	□中职中专　□高职高专　□本科　□硕士　□博士 其他:_____
希望我们与您经常保持联系的方式 (划√)	□电子邮件信息　□定期邮寄书目　□定期电话咨询 □定期登门拜访　□通过教材科联络　□通过编辑联络

教材出版信息

方向一		□准备写　□写作中　□已成稿　□已出版　□有讲义
方向二		□准备写　□写作中　□已成稿　□已出版　□有讲义

填表说明:本表可以直接邮寄至:杭州市天目山路 148 号浙江大学西溪校区内浙江大学出版社理工事业部
联系人:马海城　　电话:0571－88216137　　手机:15158859157　　传真:0571－88925590
　　　　吴昌雷　　电话:0571－88273342　　手机:13675830904　　E-mail: changlei_wu@zju.edu.cn